高职高专通识课教材

新一代信息技术

主　编　张　磊　袁　辉

副主编　桂淮濛　耿　倩

参　编　樊　迪　王婉星　王伟晨

主　审　梅创社

西安电子科技大学出版社

内 容 简 介

  本书的宗旨是帮助高职类大学生提高信息技术基本素养，掌握信息技术基础知识，从而提高其信息技术应用能力。全书以新一代信息技术为主线，分五章介绍了大数据、人工智能、云计算、物联网、区块链等技术。每一章内容大致包括概述性介绍、关键技术与典型应用三个层次，深入浅出，通俗易懂。

  本书可以作为高职高专院校信息技术通识教育的基础教材，也可供对新一代信息技术感兴趣的读者自学使用。

图书在版编目(CIP)数据

新一代信息技术/张磊，袁辉主编. —西安：西安电子科技大学出版社，2021.8(2025.7 重印)
ISBN 978-7-5606-6137-7

Ⅰ. ①新…　Ⅱ. ①张…　②袁…　Ⅲ. ①信息技术—高等职业教育—教材　Ⅳ. ①G202

中国版本图书馆 CIP 数据核字(2021)第 151295 号

策　　划　高 樱
责任编辑　高 樱
出版发行　西安电子科技大学出版社(西安市太白南路 2 号)
电　　话　(029)88202421　88201467　　　邮　　编　710071
网　　址　www.xduph.com　　　　　　　　电子邮箱　xdupfxb001@163.com
经　　销　新华书店
印刷单位　咸阳华盛印务有限责任公司
版　　次　2021 年 8 月第 1 版　　2025 年 7 月第 9 次印刷
开　　本　787 毫米×1092 毫米　1/16　印 张　13.5
字　　数　316 千字
定　　价　46.00 元
ISBN 978-7-5606-6137-7
XDUP 6439001—9
如有印装问题可调换

前　言

　　人类能步入信息化社会，得益于计算机技术、网络技术、通信技术和传感技术等的飞速发展，如今信息化建设已经渗透到了各个行业。新一代信息技术，不只是指信息领域的一些分支技术的纵向升级，更是指信息技术的整体平台和产业的代际变迁。《国务院关于加快培育和发展战略性新兴产业的决定》中列出了国家战略性新兴产业体系，其中就包括"新一代信息技术产业"，提到"加快建设宽带、泛在、融合、安全的信息网络基础设施，推动新一代移动通信、下一代互联网核心设备和智能终端的研发及产业化，加快推进三网融合，促进物联网、云计算的研发和示范应用。着力发展集成电路、新型显示、高端软件、高端服务器等核心基础产业。提升软件服务、网络增值服务等信息服务能力，加快重要基础设施智能化改造"。

　　近年来，以大数据、人工智能、物联网、云计算和区块链为代表的新一代信息技术推动着新一轮的信息技术产业发展。新一代信息技术产业不仅重视信息技术本身和商业模式的创新，而且强调将信息技术渗透、融合到社会和经济发展的各个行业，推动其他行业的技术进步和产业发展。本书以落实国家战略，加速培养熟悉新一代信息技术的高素质人才，为实现经济高质量发展提供人才支撑为基本出发点，主要面向高职高专院校的学生，帮助他们了解大数据、人工智能、物联网、云计算和区块链等技术的基本原理和常识，熟悉新一代信息技术在各行各业中的应用，为其在后续的专业课程中更好地学习奠定基础。

　　为了尽量完整地介绍新一代信息技术的相关知识，同时考虑到技术内容的通用性、普适性与先进性，编者将本书内容划分为五章：

　　第 1 章为拥抱大数据时代，主要介绍了大数据的基本概念、关键技术以及大数据在各个行业中的应用和大数据思维变革。

　　第 2 章为走进人工智能，主要介绍了人工智能的概念、发展历史、关键技术以及人工智能在各个行业中的应用和产业发展趋势。

第 3 章为探究云计算，主要介绍了云计算的发展历史、体系结构以及云计算的优势与挑战及案例。

第 4 章为万物互联，主要介绍了物联网的"前世今生"、体系架构以及物联网实现的世界。

第 5 章为区块链的应用与未来，主要介绍了区块链的基本概念、发展史与特征，区块链的分类和区块链技术以及区块链在各个行业中的应用。

本书由陕西工业职业技术学院张磊、袁辉担任主编，桂淮濛、耿倩担任副主编，樊迪、王婉星、王伟晨参编。具体编写分工如下：耿倩编写了第 1 章；桂淮濛编写了第 2 章；张磊编写了第 3 章 3.1 节；王婉星编写了第 3 章 3.2～3.6 节；樊迪编写了第 4 章；袁辉编写了第 5 章 5.1 节，王伟晨编写了第 5 章 5.2～5.6 节。全书由张磊负责修改并统稿，梅创社主审。

由于新一代信息技术的发展日新月异，加之编者水平有限，书中难免存在不足之处，恳请广大读者批评指正，以便编者进一步完善。

编　者

2021 年 4 月

目　　录

第 1 章　拥抱大数据时代

1.1　大数据技术概述

1.1.1　大数据的基本概念

很多人对于什么是数据、常说的大数据是怎么产生的等概念通常是比较模糊的，所以本小节先厘清有关的基本概念。

1. 数据

数据是指对客观事件进行记录并可以鉴别的符号，是对客观事物的性质、状态以及相互关系等进行记载的物理符号或这些物理符号的组合，是可识别的、抽象的符号。数据和信息是两个不同的概念：信息较为宏观，它由数据的有序排列组合而成，传达给读者某个概念或方法等；而数据是构成信息的基本单位，离散的数据几乎没有任何实用价值。

随着社会信息化进程的加快，我们在日常生产和生活中每天都在不断产生大量的数据，数据已经渗透到当今每一个行业和业务职能领域，成为重要的生产要素。从创新到所有决策，数据推动着企业的发展，并使各级组织的运营更为高效。可以这样说，数据将成为每个企业获取核心竞争力的关键要素。数据资源已经和物质资源、人力资源一样，成为国家的重要战略资源，影响着国家和社会的安全、稳定与发展，因此，数据也被称为"未来的石油"。

数据有很多种，常见的数据类型包括文本、图片、音频、视频等。

(1) 文本：不能参与算术运算的任何字符。文本数据也称为字符型数据。在计算机中，文本数据一般保存在文本文件中。文本文件是一种由若干行字符构成的计算机文件，常见格式包括 ASCII、MIME 和 TXT 等。

(2) 图片：由图形、图像等构成的平面媒体。在计算机中，图片数据一般用图片格式的文件来保存。图片的格式很多，大体可以分为点阵图和矢量图两大类。我们常用的 BMP、JPG 等格式的图片属于点阵图，而由 Flash 动画制作软件所生成的 SWF 等格式的文件和由 Photoshop 绘图软件所生成的 PSD 等格式的图片属于矢量图。

(3) 音频：数字化的声音数据。在计算机中，音频数据一般用音频文件的格式来保存。音频文件是指存储声音内容的文件。把音频文件用一定的音频程序执行，就可以还原以前录下的声音。音频文件的格式很多，包括 CD、WAV、MP3、MID、WMA、RM 等。

(4) 视频：连续的图像序列。在计算机中，视频数据一般用视频文件的格式来保存。视频文件常见的格式包括 MPEG-4、AVI、DAT、RM、MOV、ASF、WMV、DivX 等。

计算机系统中数据的组织形式主要有两种，即文件和数据库。

(1) 文件。计算机系统中的很多数据都是以文件形式存在的，比如一个 Word 文件、一个文本文件、一个网页文件、一个图片文件等。一个文件的文件名包含主名和扩展名，扩展名用来表示文件的类型，比如文本、图片、音频、视频等。在计算机中，文件是由文件系统负责管理的。

(2) 数据库。计算机系统中另一种非常重要的数据组织形式就是数据库。今天，数据库已经成为计算机软件开发的基础和核心之一，在人力资源管理、固定资产管理、制造业管理、电信管理、销售管理、售票管理、银行管理、股市管理、教学管理、图书馆管理、政务管理等领域发挥着至关重要的作用。从 1968 年 IBM 公司推出第一个大型商用数据库管理系统 IMS 到现在，数据库已经经历了层次数据库、网状数据库、关系数据库和 NoSQL 数据库等多个发展阶段。关系数据库目前仍然是数据库的主流，大多数商业应用系统都构建在关系数据库基础之上。但是，随着 Web 2.0 的兴起，非结构化数据迅速增加，目前人类社会产生的数据中有 90% 是非结构化数据，因此，能够更好地支持非结构化数据管理的 NoSQL 数据库应运而生。

2. 大数据

大数据是比较抽象的概念，通常认为，大数据又称巨量数据、海量数据，是指用传统数据处理应用软件不足以处理它们大或复杂的数据集的术语。大数据也可以定义为各种来源的大量非结构化和结构化数据，它通常包含的数据大小超出了传统软件在可接受的时间内处理的能力。

麦肯锡全球研究所对大数据的解释是：一种规模大到在获取、存储、管理、分析方面大大超出了传统数据库软件工具能力范围的数据集合，具有数据规模海量、数据流转快速、数据类型多样和价值密度低四个特征。

研究机构 Gartner(第一家进行信息技术研究和分析的公司)对大数据的解释是：只有具备了新的处理模式，大数据才能具有更强的决策力、洞察发现力和流程优化能力来适应海量、高增长率和多样化的信息资产。

简而言之，大数据是现有数据库管理工具和传统数据处理应用方法都很难处理的大型、复杂的数据集。大数据技术包括大数据的采集、存储、搜索、共享、传输、分析和可视化等技术。从某种程度上说，大数据技术是数据分析的前沿技术，即从各种类型的数据中快速地获得有价值信息的能力，是基于云计算的数据处理与应用模式，通过数据的集成共享、交叉复用而形成的智力资源和知识服务能力。

1.1.2 大数据的来源

只有考虑到社会各个方面的变化趋势，我们才能真正意识到信息爆炸已经到来。我们的数字世界一直在扩张。以天文学为例,2000 年斯隆数字巡天(Sloan Digital Sky Survey)项目启动的时候,位于新墨西哥州的望远镜在短短几周内收集到的数据,已经比天文学历史上总共收集的数据还要多。到了 2010 年,信息档案已经高达 1.4×2^{42} 字节。不过 2016 年在智利投入使用的大型视场全景巡天望远镜(见图 1-1)能在五天之内就获得同样多的信息。天文学领域的变化在其他领域都在发生。2003 年,人类第一次破译人体基因密码的时候,辛苦工作了十年才完成了三十亿对碱基对的排序。大约十年之后,世界范围内的基因仪 15 分钟就可以完成同样的工作。在金融领域,美国股市每天的成交量高达 70 亿股,而其中三分之二的交易都是由建立在数学模型和算法之上的计算机程序自动完成的。这些程序运用海量数据来预测利益和降低风险。

图 1-1　大型视场全景巡天望远镜

互联网公司更是要被数据淹没了。谷歌公司每天要处理超过 24×2^{50} 字节的数据,这意味着其每天的数据处理量是美国国家图书馆所有纸质出版物所含数据量的上千倍。Facebook 每天更新的照片量超过 3.5 亿张,每天人们在网站上点击“喜欢”(Like)按钮或者写评论大约有三十亿次(见图 1-2),这就为 Facebook 公司挖掘用户喜好提供了大量的数据线索。与此同时,谷歌子公司 YouTube 每月接待多达 8 亿的访客,平均每一秒钟就会有一段长度在一小时以上的视频上传。Twitter 上的信息量几乎每年翻番。从科学研究到医疗保险,从银行业到互联网,各个不同的领域都在发生着同样的事情,那就是数据量在爆发式增长。这种增长超过了我们创造机器的速度,甚至超过了我们的想象。

图 1-2　Facebook 用户信息

南加利福尼亚大学安嫩伯格通信学院的马丁·希尔伯特进行了一个比较全面的研究，他试图得出人类所创造、存储和传播的一切信息的确切数目。他的研究范围不仅包括书籍、图画、电子邮件、照片、音乐、视频(模拟和数字)，还包括电子游戏、电话、汽车导航和信件。马丁·希尔伯特还以收视率和收听率为基础，对电视、电台这些广播媒体进行了研究。有趣的是，在 2007 年，所有数据中只有 7%是存储在报纸、书籍、图片等媒介上的模拟数据，其余全部是数字数据。但在以前情况却完全不是这样的。虽然 1960 年就有了"信息时代"和"数字村镇"的概念，但实际上，这些概念仍然是相当新颖的。甚至在 2000 年的时候，数字存储信息仍只占全球数据量的四分之一；当时，另外四分之三的信息都存储在报纸、胶片、黑胶唱片和盒式磁带这类媒介上。早期数字信息的数量是不多的，对于长期在网上冲浪和购书的人来说，那只是一个微小的部分。事实上，在 1986 年的时候，世界上约 40%的计算能力都被运用在袖珍计算器上，那时候，所有个人电脑的处理能力之和还没有所有袖珍计算器处理能力之和高。但是因为数字数据的快速增长，整个局势很快就颠倒过来了。按照希尔伯特的说法，数字数据的数量每三年多就会翻一倍，相反，模拟数据的数量则基本上没有增加。2010 年全球数据量突破 1ZB(1 ZB＝10 亿 TB)，而 2021 年全球数据量预计将超过 40ZB。这样大的数据量意味着什么？公元前 3 世纪，埃及的托勒密二世竭力收集了当时所有的书写作品，所以伟大的亚历山大图书馆可以代表世界上所有的知识量。但当数字数据洪流席卷世界之后，每个地球人都可以获得大量数据信息，相当于当时亚历山大图书馆存储的数据总量的 500 倍之多。

　　人类存储信息量的增长速度比世界经济的增长速度快 4 倍，而计算机数据处理能力的增长速度则比世界经济的增长速度快 9 倍。难怪人们会抱怨信息过量，因为每个人都受到了这种极速发展的冲击。

1．产生数据的三个发展阶段

从计算机科学角度来看，生成数据的方式主要经历了三个发展阶段。

1) 被动式生成数据

被动式生成数据是由于数据库技术的产生而产生的。

数据库技术使数据的保存和管理变得简单，业务系统在运行时产生的数据被直接保存在数据库中。此时，数据的产生是被动的，数据是随着业务系统的运行而产生的，更多地依赖于人工收集数据。

2) 主动式生成数据

主动式生成数据是由于万维网的发明与发展而产生的。

1989 年，在欧洲粒子物理研究所工作的伯纳斯·李(见图 1-3)出于高能物理研究的需要发明了万维网(World Wide Web，www 或 W3)，简称 Web。万维网的出现给全球信息的交流和传播带来了革命性的变化，实现了人们以不同方式获取信息的愿望。

万维网不同于互联网，它只是互联网所能提供的服务之一，是靠互联网运行的一项服务。万维网一般使用超文本传输协议(HyperText Transfer Protocol，HTTP)。

也许大家想不到，尽管伯纳斯·李发明的万维网在 30 年内创造出了无数财富，但发明者本人却坚持不对万维网申请专利，坚持让所有人都可以不付费而使用。伯纳斯·李也因这一杰出贡献而被称为"互联网之父"。

图 1-3　"互联网之父"伯纳斯·李

Web 1.0 开始于 1994 年，其主要特征是大量使用静态的 HTML 网页发布信息，并使用浏览器获取信息，此时主要是单向信息传递。Web 1.0 的本质是聚合、联合、搜索，其聚合的对象是巨量、无序的网络信息。Web 1.0 只解决了人们对信息搜索、聚合的需求，没有解决人与人之间沟通、互动和参与的需求。这个时期诞生了 Google、Yahoo！、百度、亚马逊等企业。

Web 2.0(始于 2004 年)的兴起，粉碎了互联网泡沫，让互联网的发展迎来了一个新的高峰。Web 2.0 的产生，使互联网上的信息传递变成了双向传递，用户既是信息的浏览者，也是信息的创造者。Facebook、新浪微博、YouTube、Twitter 等社交网站如雨后春笋般涌现，用户数量多、用户参与程度高是这些网站的特点。Web 2.0 模式大大激发了人们创造和创新的积极性，即在 Web 2.0 中，软件被当成一种服务，万维网演化成了一个成熟的、为最终用户提供网络应用的服务平台，强调用户的参与、在线的网络协作、数据存储的网络化、社会关系网络化、简易信息聚合(Really Simple Syndication，RSS)应用及文件的共享。Web 2.0 的发展加速了数据的产生，人们可以通过手机、计算机等终端随时随地生成数据。据统计，在 1 分钟内，新浪网平均有 2 万条微博产生，苹果商店平均有 4.7 万次应用下载，淘宝网平均有 6 万条商品交易记录，百度搜索大约产生 90 万次的搜索查询。在 Web 2.0 时代，数据的生成速度比 Web 1.0 时代大大加快了。

3) 感知生成数据

感知生成数据是由于物联网的飞速发展而产生的。

感知技术尤其是物联网技术的发展促使数据生成方式发生了根本性的变化。各种智能传感设备、智能仪表、监控探头和 GPS(Global Positioning System，全球定位系统) 定位等数据采集设备源源不断地自动生成、采集数据。

随着各种传感器的数据获取能力大幅提高，数据的产生与发布越来越便捷，产生数据的途径也越来越多，如当物联网发展到一定规模时，条形码、二维码、RFID(Radio Frequency Identification，射频识别)检测仪、可穿戴设备、智能感知设备、VR(Virtual Reality，虚拟现实)设备等会产生大量的数据，如图1-4所示。数据量呈现爆炸式的快速增长，描述同一事物的数据量激增，使得人们获取的数据越来越接近事物本身。

图1-4　可穿戴设备

Web 2.0和物联网的飞速发展导致海量数据的产生。2006年，广大个人用户进入了"TB"时代(个人计算机的硬盘容量从GB级提升到了TB级)，全球一共新产生了约180EB的数据；全球数据总量在2010年进入ZB时代；2011年，全球数据总量达到了1.8ZB。IDC(Internet Data Center，互联网数据中心)预计，到2025年，全球数据总量将达到175ZB。

在计算机中，最小的基本单位是bit，1 Byte＝8 bit，1 KB＝1024 Bytes。人们常常将达到PB级的数据称为大数据。

2. 信息技术转向数据技术

传统互联网技术的发展推动了电子商务B2B、B2C、C2C模式的兴起和移动互联网技术的爆发，全球主流的搜索引擎和电子商务企业正努力应对前所未有的爆发式增长的数据量。以2020年"双十一"期间淘宝天猫网共实现4982亿元的交易额为例，其服务所支撑的用户点击产生的数据量是海量并且是非结构化数据。用户所产生的数据是宝贵的资源，如果能从这类海量数据中快速地分析出数据的价值，那么就可以以此分析、理解客户的市场需求，积极改善电子商务企业的市场设施配置策略和服务模式，还可以极大地改善服务及用户体验。目前，社交网络的发展同样经历着大数据的考验，用户通过社交网络平台可以快捷地传播信息，真正实现前所未有的"身处原地而知天下"。政府机构通过分析人与人之间的社交网络关系和用户传播内容，可以监测舆情发展趋势。

大数据的产生首先源于互联网企业对日益增长的网络数据分析的需求。20世纪80年代的典型代表是Yahoo!，它首先使用"分类目录"搜索数据库；20世纪90年代的典型代表是Google，它开始运用算法分析用户搜索信息，以满足用户的实际需求；21世纪初的典型代表是Facebook，它不仅满足用户的实际需求，而且在用户产生内容的同时还创造新的需求。2010年之后，互联网社会化拉开序幕，社交网站出现了海量的视频、图片、文本、短消息及社会间关系信息数据的分析需求。

　　如何有效地为如此巨大的用户群体提供方便、快捷的服务，成为这些网站不得不解决的问题。这类问题涉及用户访问量大、并发性高和海量数据的存储与处理等。可以通过业务拆分和分布式部署来解决这些问题，把那些关联不太大的业务独立出来，部署到不同的计算机上，从而实现大规模的分布式系统，这也促进了大数据的产生。

　　由于海量非结构化、半结构化数据的出现，人们已经没有办法在可容忍的时间内使用常规软件完成存储、管理和处理数据的任务。2008 年，Nature 杂志推出了"大数据"专辑，引发了学术界和产业界的关注。人们开始把数据作为科学研究的对象和工具，基于数据来思考、设计和实施科学研究。数据不但是科学研究的结果，而且是科学研究的基础。2009 年，"大数据"成为互联网技术行业中的热门词汇。但早在 1980 年，著名未来学家阿尔文·托夫勒(Alvin Toffler)在其所著的《第三次浪潮》一书中就热情地将大数据称颂为"第三次浪潮的华彩乐章"。

　　最早提出"大数据时代"这一概念，并对大数据进行收集、分析设想的是全球知名管理咨询公司麦肯锡(McKinsey)。麦肯锡公司看到了各种网络平台记录的个人海量信息具备潜在的商业价值，于是投入大量人力、物力进行调研，并在 2011 年 6 月发布关于大数据的报告，该报告对大数据的影响、关键技术和应用领域等都进行了详尽的分析。

　　快速增长的数据量要求数据处理的速度也要紧跟步伐，才能使获得的大量数据被有效利用，否则，快速增长的数据量会成为解决问题的负担。另外，在获取数据的过程中，数据不是一成不变的，而是随着互联网的发展在时时发生变化，通常这样的数据价值会随着时间推移而呈现下降的趋势。也就是说，如果数据在获取后一定时间内没有得到有效的处理，就会导致其失去价值。

　　李国杰院士认为，信息系统需要从数据围绕着处理器转改为处理能力围绕着数据转，将计算用于数据，而不是将数据用于计算。回顾计算机技术的发展历程，可以清晰地看到计算机技术从面向计算逐步转变到面向数据的过程，将面向数据更准确地称为"面向数据的计算"。面向数据要求系统的设计和架构要以数据为核心展开。在计算机技术发展的早期，由于硬件设备体积庞大、价格昂贵，这一阶段数据的产生还是"个别"人的工作，即数据生产者主要是科学家或军事部门，他们更关注计算机的计算能力，计算能力的高低决定了一个国家科研能力和军事能力的高低。此时推动计算技术发展的主要动力是硬件的发展，这个时期是硬件的高速变革时期，即硬件从电子管迅速发展到大规模集成电路时期。1969 年，ARPANET(阿帕网，是美国国防部高级研究计划署开发的世界上第一个运营的分组交换网络，是全球互联网的始祖)的出现改变了整个计算机技术的发展历史，网络逐步成为推动技术发展的重要力量，特别是高速移动通信网络技术的发展和成熟使现在数据的生产成为全球人类的共同活动，任何人都可以随时随地产生数据。微博、博客、社交网站、视频共享网站、即时通信工具等随时都在生产数据，且数据被迅速融入全球网络中。

　　从"云计算之父"约翰·麦卡锡提出云计算的概念到"数据之父"格雷等人提出"科学研究的第四范式"，时间已经跨越了半个世纪。以硬件为核心的时代也是面向计算的时代，此时数据的构成非常简单，数据之间基本没有关联性，物理学家只处理物理实验数据，生物学家只处理生物学数据，计算和数据之间的对应关系非常简单和直接，这个时期研究计算和存储的协作机制没有太大的实用价值。但到了以网络为核心的时代，数据的构成变得非常复杂，数据来源多样化，不同数据之间存在着大量的隐含关联性，这时计算面对的数据变得非常复杂，如社会感知、微关系等应用将数据和复杂的人类社会运行相关联。由于人都是数据的生产者，因此人与人之间的社会关系和结构就被隐含到了所产生的数据之中。此时，数据的产生出现大量化、自动化、连续化、复杂化的趋势。"大数据"的概念正是在这样一个背景下出现的。

1.1.3 大数据时代的来临

近年来，信息技术瓶颈的突破或缓解、大量人群的参与、大量传感器的使用，以及行业信息化建设的不断深入，为行业应用平台积累了庞大的流量(用户)，进而积累了庞大的历史数据。政府、研究机构、企事业单位纷纷挖掘大量数据背后隐藏的价值，用于政府治理、科学研究和企业转型，成效显著，价值巨大，引起了社会各界的高度重视。

1. 技术瓶颈的突破或者缓解

首先，云计算作为一种新的技术已经得到了快速的发展，云计算已经彻底改变了人们的工作方式，也改变了传统软件企业，给企业带来了更多的商业机会。其次，云存储是将存储资源放到"云"上供人们存取的一种新兴方案。使用者可以在任何时间、任何地点，通过任何可连网的装置连接到云上，方便地存取数据。当云计算系统运算和处理的是大量数据时，云计算系统就需要配置大量的存储设备，此时云计算系统转变成为一个云存储系统，所以云存储是一个以数据存储和管理为核心的云计算系统。再次，网络技术从 IPv4 过渡到 IPv6，通信技术从 2G、3G、4G 升级到 5G，促使现代网络通信技术朝着网络全球化、宽带化、智能化、个人化、综合化方向发展。5G 技术和之前的技术相比，优势在于传输速率更高、覆盖面更广，可自动匹配网络类型等，有利于公共交流和数据共享。最后，数据的存储容量(存储硬件)类似于图书馆楼房的大小，而数据的有效组织形式(数据文件或数据库)类似于图书馆里图书的索引方法。有了大量的藏书，还需要一个很好的索引系统，这样才能在很短的时间内找到想查阅的图书，数据库就扮演了图书索引系统的功能。数据库技术主要研究如何安全高效地管理大量、持久、共享的数据。在新形势下，数据库不仅需要管理数字和文字等数据，同时还需要管理图片、视频、音频等多样化的数据。处理数据的方法越来越复杂以及数据量越来越巨大是当前数据库面临的重要挑战，急需在总的数据库管理系统中增加对复杂数据类型的存储和管理功能。NoSQL 非关系型数据库的兴起，很好地应对了大规模数据集合多种数据类型带来的挑战，尤其是解决了大量数据的存储、处理和应用难题。NoSQL 是一项革命性的数据库技术，它提倡运用非关系型的数据存储思想，相对于目前普遍使用的关系数据库技术，这一技术无疑是基于一种全新思维而提出的。具有代表性的 NoSQL 数据库有 Hbase、CouchDB、MongoDB 等。

2. 海量数据的产生

IDC 的研究报告显示，未来几年全球数据量每年的增长速度将超过 40%，2025 年全球数据量将达到 175 ZB，而且每过一分钟，全世界仅互联网就有 7.5 PB 的数据量产生，各类信息数据产生了爆炸式的膨胀。

根据相关数据统计，淘宝网每天有数千万笔交易，单日数据产生量超过 50000 GB，数据存储量达 40 PB。百度公司目前的数据量接近 10000 PB，每天大约要处理超过 60 亿次搜索请求。2017 年春节期间微信全球月活用户首次突破 10 亿人大关，音视通话总时长达到 175 亿分钟；微信公众号数量超过 2000 万个，社交微信红包月活用户已经超 8 亿人。Facebook(脸书)一天新增 32 亿条评论、3 亿张照片，信息量达 10 TB。Twitter(推特)一天新增 2 亿条推文，约有 50 亿个单词，比《纽约时报》60 年的词汇总量还多一倍，信息量达 7 TB。天网监控系统中的一个 8 Mb/s 摄像头产生的数据量是 3.6 GB/h，一个月积累的数据量可达 2.59 TB。大部分城市的摄像头多达几十万个，一个月的数据量达到数百拍字节(PB)，若需保存 3 个月，则数据存储量达 EB 量级。现在一个病人的 CT 影像往往多达 2000 幅，数据量达到几十吉字节(GB)。中国大城市的医院每天门诊上万人，全国每年门诊人数更是以数十亿计，住院人次达到 2 亿人次。按照医疗行业的相关规定，一个患者的数据通常需要保留 50 年以上。500 米口径球面射电望远镜(FAST)的早期科学数据中心位于贵州师范大学宝山校区，目前已将单波束接收机换装为更先进的 19 波束接收机；19 波束接收机每天将产生原始数据约 500 TB，处理后可压缩到 50 TB，每年按照运行 200 天计，将产生约 10 PB 的数据。

由此可见，每个行业领域每天都在不断地产生海量的数据，而这些数据则成为重要的生产要素，大数据时代已经到来。

在信息技术的推动下，我们的工作、生活已经完全离不开互联网，我们已经变成"互联网动物"，在互联网上创造了属于自己的"第二人生"。技术瓶颈也在不断地被缓解和突破，处理庞大的数据已成为可能。同时，大流量产生的数据正在迅速膨胀，它决定着企业未来的发展方向。越来越多的政府、企事业单位等机构开始意识到数据正在成为最重要的资产，数据分析能力正在成为核心竞争力。基于事实与数据作出决策或者以数据驱动的思维方式布局，将推动社会产生巨大的变革。

1.2　大数据关键技术

大数据产业是指以数据生产、采集、存储、加工、分析、服务为主的相关经济活动，包括数据资源建设，数据软硬件产品的开发、销售和租赁活动，以及相关的信息技术服务。大数据产业结构分为三类：

(1) 大数据核心产业：专门应用于大数据运行处理生命周期的软件、硬件、服务及行业大数据等。

(2) 大数据关联产业：在大数据运行处理的过程中，为其提供基础设施、处理工具、相关技术等的产业，如电子信息制造、移动互联网、云计算、物联网及虚拟现实等。目前，人工智能的突飞猛进及海量数据的积累，也为大数据带来了新的挑战和新的发展空间。未来的云计算、大数据将向人工智能全面进化，进入全新的智能领域，而大数据、云计算又是辅佐人工智能迅猛发展的两个最重要角色。

(3) 大数据融合产业：大数据在其他行业领域融合产生的新兴业态、升级业态，如智能制造、智慧农业、智慧城市、智能交通、智慧医疗、智能家居等。大数据已经融入社会的各行各业并得到了充分利用。

那么大数据产业所需要的技术支持有哪些呢？ 对大数据的处理主要包括数据生成(也称为数据采集、数据获取)、数据存储、数据处理和数据应用(也称为数据分析与挖掘)。为了完成对大数据的处理，需要计算机从硬件到软件以及信息服务方面的支持。硬件方面要有采集设备、存储设备和服务器等支持；软件方面要有数据库软件、分布式文件系统、智能搜索与分析软件、采集与监测软件等各类软件技术支持；在信息服务方面要有系统集成、IT 基础设施服务、咨询服务等支持，并且要保证信息安全。

基础软件(数据库软件和分布式文件系统)、应用软件是大数据产业价值转化变现的最关键部分，其他几种产品和服务在某种意义上是在原有计算机系统基础上持续更新并与大数据发展配套的过程。在软、硬件和信息服务领域的垂直划分中，商业智能带动的应用软件、云计算和信息安全是国内大数据技术发展的"三驾马车"，也是更具发展潜力的领域。

1.2.1　大数据采集技术

在信息化建设过程中，人们利用应用系统、移动 App 和传感器设备等积累了越来越多的行业数据，形成了大量结构化数据、半结构化数据和非结构化数据，记载了生产、分配、交换和消费的历史足迹，每一条数据都清晰地记录了某人或某物，在某一时刻、某一地方涉及的相关内容或产生的金额。随着时间的不断推移，历史业务数据积累到了 TB、PB 甚至更高的量级，人们也逐渐意识到这些数据蕴藏着潜在的关联关系。大数据采集技术是指通过 RFID(Radio Frequency Identification，射频识别)数据、传感器数据、社交网络交互数据、移动互联网数据和应用系统数据抽取等技术获得的各种类型的结构化、半结构化和非结构化的海量数据，是大数据知识服务模型的根本，也是大数据的关键环节。按获取的方式不同，大数据采集分为设备数据采集和互联网数据采集。设备数据采集分为大数据智能感知层和基础支撑层。大数据智能感知层主要包括数据传感体系、网络通信体系、传感适配体系、智能识别体系及软硬件资源接入系统，可实现对结构化、半结构化、非结构化的海量数据的智能化识别、定位、跟踪、接入、传输、信号转换、监控、初步处理和管理等。我们必须着重攻克针对大数据源的智能识别、感知、适配、传输、接入等技术中存在的难题。基础支撑层提供大数据服务平台所需的虚拟服务器，结构化、半结构化及非结构化数据的数据库，以及物联网资源等基础支撑环境。我们必须重点攻克分布式虚拟存储技术，大数据获取、存储、组织、分析和决策操作的可视化接口技术，大数据的网络传输与压缩技术，大数据隐私保护技术等方面存在的难题。常用的采集手段有通过条形码、二维码、智能卡和各类传感器等采集。互联网数据采集是指利用各种网络爬虫爬取社交网络的交互数据、移动互联网数据和电商数据等。

1.2.2　大数据预处理

数据预处理是大数据分析全流程的关键一环，直接决定了后续环节分析结果的质量高低。近年来，以大数据、物联网、人工智能、5G 为核心特征的数字化浪潮正席卷全球。随着网络和信息技术的不断普及，人类产生的数据量正在呈指数级增长，大约每两年翻一番，这意味着人类在最近两年产生的数据量相当于之前产生的全部数据量。世界上每时每刻都在产生大量的数据，包括物联网传感器数据、社交网络数据、企业业务系统数据等。面对如此海量的数据，如何有效地收集这些数据并进行清洗、转换，已经成为巨大的挑战。

大数据时代对数据精度和有效性的要求更为苛刻，因此数据的预处理过程必不可少。只有进行科学、规范的预处理过程，才能使数据分析的结论更为合理、可靠。下面对几种常见的数据预处理方法进行分析，阐明预处理的基本方法与必要性，从而为数据的深层次挖掘提供更科学可行的数据信息。

大数据的预处理过程主要是对不能采用或者采用后与实际可能产生较大偏差的数据进行替换和删除。大数据预处理过程比较复杂，主要有以下几个过程：

(1) 数据的分类和预处理。从各种渠道获得的源数据大多是"脏"数据，不符合人们的需求，如数据中含有重复数据、噪声数据(包含错误或存在偏离期望的离群值，如 salary = "-10"，明显是错误数据)，以及数据不完整(如缺少属性值)等。我们在使用数据的过程中对数据的要求是具有一致性、准确性、完整性、时效性、可信性、可解释性，因此需要对数据进行分类和预处理。

(2) 数据清洗。数据清洗是发现并纠正数据文件中可识别错误的最后一道程序，包括检查数据的一致性，处理无效值和缺失值等。数据清洗通过对"脏"数据进行分类、回归等处理，使采用的数据更为合理，即将重复、多余的数据筛选清除，将缺失的数据补充完整，将错误的数据纠正或删除，最后将其整理成可以进一步加工、使用的数据。

(3) 数据集成。数据集成是指把不同来源、格式、特点、性质的数据在逻辑上或物理上进行有机的集中，可为企业提供全面的数据共享。数据集成、归约和变换是对数据进行更深层次的提取，可使采样样本变为高特征性能的样本数据。数据集成时，模式集成和对象匹配非常重要，如何将来自于多个信息源的等价实体进行匹配(即实体识别问题)至关重要。在进行数据集成时，可能出现同一数据在系统中多次重复出现的情况，此时需要清除数据冗余，针对不同特征或数据间的关系进行相关性分析。

(4) 数据归约。数据归约是指在尽可能保持数据原貌的前提下，最大限度地精简数据量。数据归约的目的是得到数据集的简化表示。归约后的数据集要比原数据集小得多，但仍接近原数据集的完整性。常见的数据归约方法有数据立方体聚集、维归约、数据压缩、数值归约及数据离散化与概念分层等。

(5) 数据变换。数据变换是指使用规范化、数据离散化和概念分层等方法使得数据挖掘可以在多个抽象层上进行。数据变换操作是引导数据挖掘过程成功的附加预处理过程。

(6) 数据的离散化处理。数据的离散化处理就是去除数据之间的函数联系，使拟合的置信度高，不受相关函数关系的制约而产生复合性。

总而言之，数据预处理是大数据处理的关键环节。目前，大部分预处理都是基于几类典型问题进行特定的数学处理。但由于实际收集的数据受外部环境影响大，造成数据随机性变化，数据质量很难保证，同时又由于各个行业对数据的要求不同，因此在应用过程中只有结合特定应用需要，采用科学合理的数据预处理方法，才能为后续数据处理提供高质量的数据源。

1.2.3　大数据存储和管理

大数据存储和管理是大数据分析流程中的重要一环，即通过数据采集得到的数据，必须进行有效的存储和管理，才能用于高效的处理和分析。数据存储与管理是利用计算机硬件和软件技术对数据进行有效的存储和应用的过程，其目的在于充分有效地发挥数据的作用。在大数据时代，数据存储与管理面临着巨大的挑战，一方面，需要存储的数据类型越来越多，包括结构化数据、半结构化数据和非结构化数据；另一方面，涉及的数据量越来越大，已经超出了很多传统数据存储与管理技术的处理范围。因此，大数据时代涌现出了大量新的数据存储与管理技术，包括分布式文件系统和分布式数据库等。

大数据存储是利用存储器把经过预处理的数据存储起来，建立相应的数据库，形成数据中心，并进行管理和调用，重点解决复杂结构化、半结构化和非结构化大数据的管理与处理，涉及大数据的可存储、可表示、可处理、可靠性及有效传输等几个关键问题。其实在大数据概念被提出之前，人们就在探索运用各种方法来处理大量数据。在早期，人们通过不断提升服务器的性能、增加服务器集群数量来处理大规模数据，但成本和代价高昂，最终达到一个无法接受的地步，人们不得不研究其他的处理方法。2003 年，Google 公司发表了 3 篇大数据相关的技术论文(关于 MapReduce、Google File System 和 BigTable 的技术)。这 3 篇论文描述了采用分布式计算方式进行大数据处理的全新思路，其主要思想是将任务分解，然后在多台处理能力较弱的计算节点中同时处理，最后将结果合并，从而完成大数据处理。这三大技术可以说是革命性的技术，具体表现在：首先，成本降低，可以采用廉价的 PC，不用大型机和高端存储；其次，软件容错硬件故障视为常态，通过软件来保证可靠性；最后，简化了并行分布式计算，无需控制节点同步和数据交换。但是，Google 公司虽然通过论文的方式为大数据技术指明了方向，但并没有将其核心技术开源。因为 Google MapReduce 是私有技术，所以它无法被其他公司随意使用，这也成为阻碍它发展壮大的原因之一。2005 年，在 Google MapReduce 数据处理思想的启发下，Apache 基金会推出了 Hadoop。Hadoop 虽然在性能方面欠佳，但开源的格局为它注入了旺盛的生命力，Hadoop 的应用遍地开花，Yahoo!、Facebook、阿里巴巴等众多 IT 企业纷纷转向 Hadoop 平台，并且不断推动和完善它。

Hadoop 是一个开源的分布式系统基础架构。用户可以在不了解底层细节的情况下，基于 Hadoop 开发分布式的大数据存储与处理应用程序，并利用分布式集群进行高速运算和海量存储。为了达到这一目标，Hadoop 实现了一个分布式文件存储系统(Hadoop Distributed File System，HDFS)。除了分布式文件存储系统外，Apache 还在 HDFS 之上实现了分布式、面向列的数据库 HBase。同时，Hadoop 还结合 MapReduce 计算模型，提供了批处理计算框架 Hadoop Map Reduce，该框架可以直接访问 HDFS 和 HBase 上的数据并进行分析计算。此外，Apache 还在 Hadoop 基础上提供了很多数据传输、数据分析处理、管理与协同等工具(如 Avro、Hive、Pig、OoZie、ZooKeeper、Mahout、Tez 等)，使 Apache Hadoop 系列成为大数据开源界最有影响力的产品。很多企业在 Apache Hadoop 的基础上进一步完善、开源自己的产品，其中，最为著名的包括 Cloudera CDH(Cloudera's Distribution Hadoop)、HDP(Hortonworks Data Platform)等。

Hadoop 作为分布式计算平台，能够处理海量数据，并对数据进行分析。经过近 10 年的发展，Hadoop 已经形成了以下几点优势：第一，扩容能力强。Hadoop 是一个高度可扩展的存储平台，它可以存储和分发跨越数百个并行操作的、廉价的服务器数据集群。不同于传统的关系数据库不能扩展到处理大量的数据，Hadoop 能给企业提供涉及成百上千太字节(TB)的数据节点上运行的应用程序。第二，成本低。Hadoop 为企业用户提供了极具缩减成本功能的存储解决方案，通过普通廉价的机器组成服务器集群来分发处理数据，成本比较低，普通用户也很容易在自己的 PC 上搭建 Hadoop 运行环境。第三，效率高。Hadoop 能够并发处理数据，并且能够在节点之间动态地移动数据，并保证各个节点的动态平衡，因此处理数据的速度非常快。第四，可靠性高。Hadoop 自动维护多份数据副本，假设计算任务失败，Hadoop 能够针对失败的节点重新分布处理。第五，容错性强。Hadoop 的一个关键优势就是容错能力强，当数据被发送到一个单独的节点时，该数据也被复制到集群的其他节点上，这意味着故障发生时，存在另一个副本可供使用。

随着 Hadoop 的不断发展，Hadoop 生态体系越来越完善，现如今已经发展成一个庞大的生态体系。Hadoop 生态体系包含了很多子系统，下面介绍一些常见的子系统。

1. 分布式文件存储系统(HDFS)

HDFS 是 Hadoop 分布式文件存储系统的简称，是 Hadoop 生态系统中的核心项目之一，也是分布式计算中数据存储管理基础。HDFS 具有高容错性的数据备份机制，它能检测和应对硬件故障，并在低成本的通用硬件上运行。另外，HDFS 具备流式的数据访问特点，提供高吞吐量应用程序数据访问功能，适合带有大型数据集的应用程序采用。

HDFS 采用了主从(Master/Server)结构模型，一个 HDFS 集群包括一个名称节点和若干个数据节点。名称节点作为中心服务器，负责管理文件系统的命名空间及客户端对文件的访问。集群中的数据节点一般是一个节点运行一个数据节点进程，负责处理文件系统客户端的读/写请求，在名称节点的统一调度下进行数据块的创建、删除和复制等操作。每个数据节点的数据实际上是保存在本地 Linux 文件系统中的，它会周期性地向名称节点发送"心跳"信息，报告自己的状态。没有按时发送"心跳"信息的数据节点会被标记为"宕机"，不会再给它分配任何 I/O 请求。

用户在使用 HDFS 时，仍然可以像在普通文件系统中那样，使用文件名去存储和访问文件。实际上，在系统内部，一个文件会被切分成若干个数据块，这些数据块被分布存储到若干个数据节点上。当客户端需要访问一个文件时，首先把文件名发送给名称节点，名称节点根据文件名找到对应的数据块(一个文件可能包括多个数据块)，再根据每个数据块信息找到实际存储各个数据块的数据节点的位置，并把数据节点位置发送给客户端，最后客户端直接访问这些数据节点获取数据。在整个访问过程中，名称节点并不参与数据的传输。这种设计方式使得一个文件的数据能够在不同的数据节点上实现并发访问，大大提高了数据访问速度。

2. 分布式计算框架(MapReduce)

MapReduce 是一种计算模型，用于大规模数据集(大于 1 TB)的并行运算。"Map"对数据集上的独立元素进行指定的操作，生成键值对形式的中间结果；"Reduce"则对中间结果中相同"键"的所有"值"进行归约，以得到最终结果。MapReduce 这种"分而治之"的思想，极大地方便了编程人员在不会分布式并行编程的情况下，将自己的程序运行在分布式系统上。

3. 资源管理平台(YARN)

YARN(Yet Another Resource Negotiator)是 Hadoop 2.0 中的资源管理器，它可为上层应用提供统一的资源管理和调度，它的引入为集群在利用率、资源统一管理和数据共享等方面带来了巨大好处。

4. 数据迁移工具(Sqoop)

Sqoop 是一款开源的数据导入/导出工具，主要用于 Hadoop 与传统的数据库之间进行数据的转换，它可以将一个关系数据库(如 MySQL、Oracle 等)中的数据导入 Hadoop 的 HDFS 中，也可以将 HDFS 的数据导出到关系数据库中，使数据迁移变得非常方便。

5. 数据挖掘算法库(Mahout)

Mahout 是 Apache 旗下的一个开源项目，它提供了一些可扩展的机器学习领域经典算法的实现，旨在帮助开发人员更加方便快捷地创建智能应用程序。Mahout 包含许多实现，比如聚类、分类、推荐过滤、频繁子项挖掘的实现。此外，通过使用 Apache Hadoop 库，Mahout 可以有效地扩展到云中。

6. 分布式数据库(HBase)

HBase 是 Google BigTable 的克隆版，它是一个针对结构化数据的可伸缩、高可靠、高性能、分布式和面向列的动态模式数据库。和传统关系数据库不同，HBase 采用了 BigTable 的数据模型，即增强的稀疏排序映射表(Key/Value)，其中，键由行关键字、列关键字和时间戳构成。HBase 提供了对大规模数据的随机、实时读写访问；同时，HBase 中保存的数据可以使用 MapReduce 来处理，它将数据存储和并行计算完美地结合在一起。

7. 分布式协调服务(Zookeeper)

Zookeeper 是一个分布式、开放源码的应用程序协调服务，是 Google Chubby 的一个开源的实现，是 Hadoop 和 HBase 的重要组件。它是一个为分布式应用提供一致性服务的软件，提供的功能包括配置维护、域名服务、分布式同步、组服务等，用于构建分布式应用、减少分布式应用程序所承担的协调任务。

8. 基于 Hadoop 的数据仓库(Hive)

Hive 是基于 Hadoop 的一个分布式数据仓库工具，可以将结构化的数据文件映射为一张数据库表，将 SQL 语句转换为 MapReduce 任务进行运行。其优点是操作简单，降低学习成本，可以通过类 SQL 语句快速实现简单的 MapReduce 统计，不必开发专门的 MapReduce 应用，十分适合数据仓库的统计分析。

9. 日志收集工具(Flume)

Flume 是 Cloudera 提供的一个高可用、高可靠、分布式的海量日志采集、聚合和传输的系统，它支持在日志系统中定制各类数据发送方，用于收集数据。同时，Flume 提供对数据进行简单处理，并写到各种数据接收方(可定制)的能力。

随着计算机技术的发展，数据存储与管理经历了人工管理、文件系统、数据库系统三个发展阶段。在文件系统方面，由单机文件系统发展到了现在的分布式文件系统；在数据库系统方面，经历了网状数据库、层次数据库、关系数据库、NoSQL 数据库。数据存储与管理技术的不断发展，使人类能够管理的数据越来越多，效率越来越高，对后续的大数据处理分析环节起到了很好的支撑作用。

1.2.4 大数据分析

大数据分析是大数据技术的核心，是提取隐含在数据中、人们事先不知道、但又存在潜在价值的信息和知识的过程。大数据分析技术包括对已知数据信息进行分析的分布式统计分析技术，以及对未知数据信息进行分析的分布式挖掘和深度学习技术。在数据处理与分析环节，可以利用统计学、机器学习和数据挖掘方法，并结合数据处理与分析技术，对数据进行处理与分析，得到有价值的结果，服务于人们的生产和生活。统计学、机器学习和数据挖掘方法并非大数据时代的新生事物，但是，它们在大数据时代得到了新的发展——实现方式从单机程序发展到分布式程序，从而充分利用计算机集群的并行处理能力。MapReduce 和 Spark

等大数据处理技术，为高性能的大数据处理与分析提供了强有力的支撑。此外，大数据时代新生的数据仓库 Hive、流计算框架 Storm 和 Flink、大数据编程框架 Beam、查询分析系统 Dremel 等，有效地满足了企业在不同应用场景下的大数据处理与分析需求。

数据分析可以分为广义的数据分析和狭义的数据分析，广义的数据分析包括狭义的数据分析和数据挖掘。广义的数据分析是指用适当的分析方法(来自统计学、机器学习和数据挖掘等领域)对收集来的数据进行分析，提取有用信息和形成结论的过程。可以看出，在广义的数据分析中，可以使用复杂的机器学习和数据挖掘算法，也可以根本不使用这些算法，而只使用一些简单的统计分析方法，比如汇总求和、求平均值、求均方差等。狭义的数据分析是指根据分析目的，用适当的统计分析方法和工具对收集来的数据进行处理与分析，提取有价值的信息，发挥数据的作用。分布式统计分析技术基本可由数据处理技术直接完成，而分布式挖掘和深度学习技术则可以进一步细分为关联分析、聚类、分类和深度学习。

1. 关联分析

关联分析是一种简单、实用的分析技术，用于发现存在于大量数据集中的关联性或相关性，从而描述一个事物中某些属性同时出现的规律和模式。关联分析在数据挖掘领域也被称为关联规则挖掘。

关联分析的一个典型实例是购物篮分析。该实例通过发现顾客放入其购物篮中的不同商品之间的联系，分析顾客的购买习惯，了解哪些商品频繁地被顾客同时购买，这种关联的发现可以帮助零售商制定营销策略。

关联分析的算法主要分为广度优先算法和深度优先算法两大类。主要的广度优先算法有 Apriori、AprioriTid、AprioriHybrid、Partition、Sampling、DIC(Dynamic Itemset Counting)等；主要的深度优先算法有 FP-growth、ECLAT(Equivalence CLASS Transformation)、H-Mine 等。众多算法中，Apriori 算法是一种广度优先的、用于挖掘产生布尔关联规则所需频繁项集合的算法，也是最著名的关联规则挖掘算法。它有一个很重要的性质：频繁项集的所有非空子集都必须也是频繁的。但是，该算法在产生频繁项集前需要对数据库进行多次扫描，同时产生大量的候选频繁项集，这就使算法的时间和空间复杂度增大。

2. 聚类

聚类是指将物理或抽象对象的集合分组成由类似的对象组成的多个类的过程，是一种重要的人类行为。聚类与分类的不同在于聚类所要求划分的类是未知的，是在相似的基础上收集数据来进行分类的。因为聚类是将数据分类到不同的类或者簇的过程，所以同一个簇中的对象具有很大的相似性，而不同族间的对象有很大的相异性。聚类源于很多领域，包括数学计算机科学、统计学、生物学和经济学。在不同的应用领域，很多聚类技术都得到了发展，这些技术方法被用于描述数据，衡量不同数据源间的相似性，以及把数据源分类到不同的簇中。从实际应用的角度来看，聚类分析是数据挖掘的主要任务之一。同时，聚类能够作为一个独立的工具获得数据的分布状况，可观察到每一簇数据的数据特征，并集中对特定的聚簇集合作进一步的分析。聚类分析还可以作为其他算法(如分类和定性归纳算法)的预处理步骤。

聚类是数据挖掘中一个很活跃的研究领域，传统的聚类算法可以分为五类，即划分方法、层次方法、基于密度方法、基于网格方法和基于模型方法。传统的聚类算法已经成功地解决了低维数据的聚类问题，但是由于实际应用中数据的复杂性，在处理许多问题时，现有的算法经常失效，特别是在面对高维数据和大型数据的情况下。数据挖掘中的聚类研究主要集中在针对海量数据的有效和实用的聚类方法上，聚类方法的可伸缩性、高维聚类分析、分类属性数据聚类、具有混合属性数据的聚类和非距离模糊聚类等问题是目前数据挖掘研究人员最感兴趣的方向。常用的聚类算法有 K-MEANS 算法、K-MEDOIDS 算法、 CLARANS 算法、BIRCH 算法、CURE 算法等。其中，K-MEANS 算法最为著名。该算法需要人为给定一个 K 值(K 为拟分的类别数，如拟分为 2 类，则 $K = 2$，需要将其输入算法中，作为初始值)，K 的值确定了类别数，算法随机产生 K 个中心点，并进行无数次迭代，最终形成 K 个类别。该算法缺点在于需要人为确定 K 的值。

聚类的常见应用场景如下：

(1) 目标用户的群体分类。通过对从特定运营目的和商业目的中挑选出的指标变量进行聚类分析，把目标群体划分成几个具有明显特征区别的细分群体，从而可以在运营活动中为这些细分群体采取精细化、个性化的运营和服务，最终提升运营的效率和商业效果。

(2) 不同产品的价值组合。企业可以按照不同的商业目的，并依照特定的指标来为众多的品种类进行聚类分析，把企业的产品体系进一步细分成具有不同价值、不同目的的多维度产品组合，并且在此基础上分别制订相应的开发计划、运营计划和服务规划。

(3) 探测发现离群点和异常值。这里的离群点是指相对于整体数据对象而言的少数数据对象，这些对象的行为特征与整体的数据行为特征很不一致。例如，某 B2C 电商平台上，那些比较昂贵、频繁的交易，就有可能隐含欺诈的风险，需要风险控制部门提前关注。

3. 分类

分类是指在一定的有监督的学习前提下，将物体或抽象对象的集合分成多个类的过程。也可以认为，分类是一种基于训练样本数据(这些数据已经被预先贴上了标签)区分另外的样本数据标签的过程，即如何给另外的样本数据贴标签。用于解决分类问题的方法非常多，常用的分类方法主要有决策树、贝叶斯分类算法、人工神经网络、k 近邻算法、支持向量机等。

(1) 决策树是用于分类和预测的主要技术之一。决策树学习是以实例为基础的归纳学习算法，它着眼于从一组无次序、无规则的实例中推理出以决策树表示的分类规则。构造决策树的目的是找出属性和类别间的关系，用它来预测将来未知类别的记录的类别。它采用自顶向下的递归方式，在决策树的内部节点进行属性的比较，并根据不同属性值判断从该节点向下的分支，在决策树的叶节点得出结论。

(2) 贝叶斯(Bayes)分类算法(如朴素贝叶斯(Naïve Bayes)算法)是一类利用概率统计知识进行分类的算法。这些算法主要利用 Bayes 定理来预测一个未知类别的样本属于各个类别的可能性，选择其中可能性最大的一个类别作为该样本的最终类别。

(3) 人工神经网络(Artificial Neural Networks，ANN)是一种应用类似于大脑神经突触连接的结构进行信息处理的数学模型。在这种模型中，大量的节点(也可称为"神经元"或"单元")之间相互连接构成网络，即"神经网络"，以达到处理信息的目的。神经网络通常需要进行训练，训练的过程就是网络进行学习的过程。训练改变了网络节点的连接权值，使其具有分类的功能，经过训练的网络就可用于对象的识别。目前，神经网络已有上百种不同的模型，常见的有 BP 网络、径向基 RBF 网络、Hopfield 网络、随机神经网络(Boltzmann 机)、竞争神经网络(如 Hamming 网络、自组织映射网络)等。当前的神经网络普遍存在收敛速度慢、计算量大、训练时间长和不可解释等缺点。

(4) k 近邻(k-Nearest Neighbors，kNN)算法是一种基于实例的分类方法。该方法找出与未知样本 x 距离最近的 k 个训练样本，再观察这 k 个样本中多数属于哪一类，就把 x 归为哪一类。k 近邻算法是一种懒惰学习方法，它存放样本，直到需要分类时才进行分类，如果样本集比较复杂，可能会导致很大的计算开销，因此无法应用到实时性很强的场合。

(5) 支持向量机(Support Vector Machine，SVM)是一个非常著名的分类算法，它是 Vapnik 根据统计学习理论提出的一种新的学习方法，其最大特点是根据结构风险最小化准则，以最大化分类间隔构造最优分类超平面，来提高学习机的泛化能力，较好地解决了非线性、高维数、局部极小点等问题。对于分类问题，支持向量机算法根据区域中的样本计算该区域的决策曲面，由此确定该区域中未知样本的类别。

这里给出一个分类的应用实例。假设有一名植物学爱好者对鸢尾花的品种很感兴趣，于是她收集了每朵鸢尾花的一些测量数据：花瓣的长度和宽度以及花萼的长度和宽度。她还有一些鸢尾花分类的数据，也就是说，这些花之前已经被植物学专家鉴定为属于 setosa、versicolor 或 virginica 三个品种之一。基于这些分类数据，她可以确定每朵鸢尾花所属的品种。于是，她开始构建分类算法，从这些已知品种的鸢尾花测量数据中进行学习，得到一个分类模型，再使用分类模型预测新发现的鸢尾花的品种。

4. 深度学习

深度学习(Deep Learning，DL)是机器学习研究中的一个新的领域，其目的在于建立、模拟人脑进行分析学习的神经网络。深度学习可以模仿人脑的机制来解释数据，例如图像、声音和文本。深度学习的实质是通过构建具有很多隐层的机器学习模型和海量的训练数据，来学习更有用的特征，从而最终提升分类或预测的准确性。

深度学习的概念由 Hinton 等人于 2006 年提出，是一种使用深层神经网络的机器学习模型。2012 年，Hinton 的学生在图片分类赛 ImageNet 上大大降低了错误率，打败了工业界的巨头 Google 公司，该事件的学术意义十分重大，同时它也吸引了工业界对深度学习的大规模的投入，掀起了人工智能的第三次热潮。

深层神经网络是包含很多隐层的人工神经网络，它具有优异的特征学习能力，学习得到的特征对数据有更本质的刻画，从而有利于分类或可视化。与机器学习方法相同，深度机器学习方法也有监督学习与无监督学习之分，在不同的学习框架下建立的学习模型的区别很大。例如，卷积神经网络(Convolutional Neural Network，CNN)就是一种深度的监督学习下的机器学习模型，而深度置信网络(Deep Belief Net，DBN)就是一种无监督学习下的机器学习模型。当前，深度学习被用于计算机视觉、语音识别、自然语言处理等领域，并取得了大量突破性成果。运用深度学习技术，我们能够从大数据中发掘出更多有价值的信息和知识。

1.2.5　大数据可视化

在大数据时代，人们面对海量数据，有时难免显得无所适从，一方面，数据复杂、种类繁多，各种不同类型的数据大量涌现，已经大大超出了人类的处理能力，日益紧张的工作已经不允许人们在阅读和理解数据上花费大量时间；另一方面，人类大脑无法从堆积如山的数据中快速发现核心问题，必须有一种高效的方式来刻画和呈现数据所反映的本质问题。要解决这个问题，就需要数据可视化(Data Visualization)，即通过丰富生动的视觉效果，把数据以直观、生动、易理解的方式呈现给用户，从而有效地提升数据分析的效率和效果。

数据可视化是指将大型数据集中的数据以图形、图像形式表示，并利用数据分析和开发工具发现其中未知信息的处理过程。数据可视化技术的基本思想是将数据库中每一个数据项以单个图元素来表示，用大量的数据集构成数据图像，同时将数据的各个属性值以多维数据的形式表示，使人们可以从不同的维度观察数据，从而对数据进行更深入的观察和分析。虽然可视化在数据分析领域并非是最具技术挑战性的部分，但它是整个数据分析流程中最重要的一个环节，也是最后环节。

数据可视化运用计算机图形学和图像处理技术，将数据转换为图形或图像并在屏幕上显示出来，同时进行交互处理。清晰而有效地在数据与用户之间传递和沟通信息是数据可视化的重要目标。它涉及计算机图形学、图像处理、计算机辅助设计、计算机视觉和人机交互等多个技术领域，是一项研究数据表示、数据处理、决策分析等问题的综合技术。数据可视化的概念来自科学计算可视化(Visualization in Scientific Computing)，科学家们不仅需要通过图形、图像来分析由计算机算出的数据，而且需要了解数据在计算过程中的变化。

数据可视化是关于数据视觉表现形式的技术和研究。它利用计算机对抽象信息进行直观的表示，以利于快速检索信息和增强认知能力。数据可视化并不是为了向用户展示已知数据之间的规律，而是为了帮助用户通过认知数据而发现这些数据所反映的实质。种类繁多的信息源产生的大量数据，远远超出了人脑分析、解释这些数据的能力。由于缺乏大量数据的有效分析手段，大约有 95%的计算被浪费，这严重阻碍了科学研究的进展。为此，美国计算机成像专业委员会提出了解决方法——可视化技术。可视化技术作为解释大量数据最有效的手段，率先被科学与工程计算领域采用，并发展为当前热门的研究领域——科学可视化。科学可视化的主要过程是：首先把数据映射成物体的几何图元，然后把几何图元描绘成图形或图像。具有真实感的图形是通过物体表面的颜色和明暗色调来表现的，它和物体表面的材料性质、表面向视线方向辐射的光能有关，其计算复杂，计算量很大。

大数据可视化是进行各种大数据分析的最重要组成部分之一。一旦原始数据流以图形、图像形式来表示，据此作决策就变得容易多了。

数据可视化可以增强数据的呈现效果，方便用户以更加直观的方式观察数据，进而发现数据中隐藏的信息。数据可视化应用领域十分广泛，主要涉及网络数据可视化、交通数据可视化、文本数据可视化、数据挖掘可视化、生物医药数据可视化、社交数据可视化等领域。依照斯图尔特·卡德(Stuart K.Card)的可视化模型，可将数据可视化过程分为数据预处理、绘制、显示和交互四个阶段。马里兰大学教授本·施奈德曼(Ben Shneiderman)把可视化数据分为一维数据、二维数据、三维数据、高维数据、时间序列数据、层次数据和网络数据。其中，高维数据、层次数据、网络数据、时间序列数据是当前数据可视化的研究热点。

(1) 高维数据是指每一个样本数据包含 $p(p \geqslant 4)$维空间特征。人类对于数据的理解主要集中在低维空间表示上，如果只从高维数据的抽象数据值上进行分析，很难得到有用的信息。将高维数据信息映射到二维、三维空间上，方便人与数据的交互，有助于对数据进行聚类及分类。高维数据可视化的研究主要包括数据变化和数据呈现两个方面。

(2) 层次数据具有等级或层级关系。层次数据的可视化方法主要包括节点链接图和树图两种。其中，树图(Treemap)由一系列嵌套环、块来展示层次数据。

(3) 网络数据表现为更加自由、更加复杂的关系网络。分析网络数据的核心是挖掘关系网络中的重要结构性质，如节点相似性、关系传递性、网络中心性等。网络数据可视化方法应清晰地表达个体间的关系及个体的聚类关系，主要策略包括节点链接法和相邻矩阵法。

(4) 时间序列数据是指具有时间属性的数据集。针对时间序列数据的可视化方法包括线形图、动画、堆积图、时间线等。

未来大数据可视化技术的发展方向主要有以下三个：

(1) 可视化技术与数据挖掘相结合。数据可视化可以帮助人们洞察出数据背后隐藏的潜在信息，提高数据挖掘的效率，因此，可视化技术与数据挖掘紧密结合是可视化研究的一个重要发展方向。

(2) 可视化技术与人机交互相结合。实现用户与数据的交互可以方便用户控制数据，更好地实现人机交互，这是我们一直追求的目标。因此，可视化技术与人机交互相结合是可视化研究的一个重要发展方向。从大规模数据库中查寻数据可能导致高延迟，会使交互率降低，因而可感知交互的扩展性问题是大数据可视化面临的挑战之一。

(3) 可视化与大规模、高维度、非结构化数据相结合。目前，我们身处大数据时代，大规模、高维度、非结构化数据层出不穷，要将这样的数据以可视化形式完美地展示出来并非易事。因此，可视化与大规模、高维度、非结构化数据相结合是可视化研究的一个重要发展方向。

1.3　大数据应用

《大数据时代》的作者舍恩伯格曾经说过：“大数据是未来，是新的油田、金矿。”随着大数据向各个行业渗透，未来大数据将会随时随地为人类服务。大数据宛如一座神奇的钻石矿，其价值潜力无穷。它与其他物质产品不同，并不会随着使用而有所消耗，相反，它是取之不尽，用之不竭的，可不断被使用并重新释放它的能量。我们第一眼所看到的大数据的价值仅是冰山一角，绝大部分隐藏在表面之下。大数据宛如一股“洪流”注入世界经济，成为全球各个经济领域的重要组成部分。大数据已经无处不在，社会各行各业都已经融入了大数据的印迹。本节介绍大数据在各个领域的典型应用，包括医学、商业、安全防控等领域。

1.3.1　大数据在医学领域的应用

在公共卫生领域，流行病管理是一项关乎民众身体健康甚至生命安全的重要工作。一种疾病一旦在公众中爆发，就已经错过了最佳防控期，往往会造成大量的生命和经济损失。以 2003 年全球爆发的 SARS(非典)为例，据亚洲开发银行统计，SARS 使全球在此期间经济总损失额达到 590 亿美元(约 4720 亿元人民币)。其中，中国内地经济的总损失额为 179 亿美元，占当年中国 GDP 的 1.3%；中国香港经济的总损失额为 120 亿美元，占香港 GDP 的 7.6%。

在传统的公共卫生管理中，一般要求医生在发现新型病例时上报给疾控中心，疾控中心将各级医疗机构上报的数据进行汇总分析，发布疾病流行趋势报告。但是，这种从下至上的处理方式存在一个致命的缺陷：流行疾病感染的人群往往会在发病多日后，进入严重状态后才去医院就诊，医生见到患者再上报给疾控中心，疾控中心再汇总进行专家分析发布报告后，相关部门采取应对措施，整个过程会经历一个相对较长的周期，一般要滞后一到两周，而在这个时间内，流行疾病可能已经开始快速传播，导致疾控中心发布预警时，已经错过了最佳防控期。

2009 年出现了一种新的流感病毒，这种甲型 H1N1 流感结合了导致禽流感和猪流感的病毒的特点，在短短几周之内迅速传播开来。全球的公共卫生机构都担心一场致命的流行病即将来袭。有的评论家甚至警告说可能会爆发大规模流感，类似于 1918 年在西班牙爆发的影响了 5 亿人口并夺走了数千万人性命的大规模流感。更糟糕的是，我们还没有研发出对抗这种新型流感病毒的疫苗。公共卫生专家能做的只是减慢它传播的速度。但要做到这点，他们必须先知道这种流感出现在哪里。

美国和所有其他国家一样，都要求医生在发现新型流感病例时告知疾病控制与预防中心。但对于一种飞速传播的疾病，信息滞后两周的后果将是致命的。这种滞后导致公共卫生机构在疫情爆发的关键时期反而无所适从。

在甲型 H1N1 流感爆发的几周前，互联网巨头谷歌公司的工程师们在《自然》杂志上发表了一篇引人注目的论文，它令公共卫生官员们和计算机科学家们感到震惊。文中解释了谷歌为什么能够预测冬季流感的传播：不仅是全美范围的传播，而且可以具体到特定的地区和州，谷歌通过观察人们在网上的搜索记录来完成这个预测，而这种方法以前一直是被忽略的。谷歌保存了多年来所有的搜索记录，而且每天都会收到来自全球超过 30 亿条的搜索指令，如此庞大的数据资源足以支撑和帮助它完成这项工作。

谷歌公司把 5000 万条美国人最频繁检索的词条和美国疾控中心在 2003—2008 年间季节性流感传播时期的数据进行了比较。他们希望通过分析人们的搜索记录来判断这些人是否患上了流感，其他公司也曾试图确定这些相关的词条，但是它们缺乏像谷歌公司一样庞大的数据资源、处理能力和统计技术。

虽然谷歌公司的员工猜测，特定的检索词条是为了在网络上得到关于流感的信息，如"哪些是治疗咳嗽和发热的药物"，但是找出这些词条并不是重点，他们也不知道哪些词条更重要。更关键的是，他们建立的系统并不依赖于这样的语义理解。他们设立的这个系统唯一关注的就是特定检索词条的使用频率与流感在时间和空间上的传播之间的联系。谷歌公司为了测试这些检索词条，总共处理了 4.5 亿个不同的数学模型。在将得出的预测与 2007 年、2008 年美国疾控中心记录的实际流感病例进行对比后，谷歌公司的软件发现了 45 条检词条的组合，将它们用于一个特定的数学模型后，他们的预测与官方数据的相关性高达 97%。和疾控中心一样，他们也能判断出流感是从哪里传播出来的，而且判断得非常及时，不会像疾控中心一样要在流感爆发一两周之后才可以判断出。

所以，2009 年甲型 H1N1 流感爆发的时候，与习惯性滞后的官方数据相比，谷歌成为了一个更有效、更及时的指示标。公共卫生机构的官员获得了非常有价值的数据信息。惊人的是，谷歌公司的方法甚至不需要分发口腔试纸和联系医生——它是建立在大数据的基础之上的。这是当今社会所独有的一种新型能力：以一种前所未有的方式，通过对海量数据进行分析，获得有巨大价值的产品和服务，或深刻的洞见力。

1.3.2 大数据在商业领域的应用

1. Farecast 票价预测工具

大数据不仅改变了公共卫生领域，整个商业领域都因为大数据而重新洗牌。购买飞机票就是一个很好的例子。2003 年，埃齐奥尼准备乘坐从西雅图到洛杉矶的飞机去参加弟弟的婚礼。他知道飞机票越早预订越便宜，于是他在这个大喜日子来临之前的几个月，就在网上预订了一张去洛杉矶的机票。在飞机上，埃齐奥尼好奇地问邻座的乘客花了多少钱购买机票。当得知虽然那个人的机票比他买得更晚，但是票价却比他便宜得多时，他感到非常气愤。于是，他又询问了另外几个乘客，结果发现大家买的票居然都比他的便宜。

对大多数人来说，这种被敲竹杠的感觉也许会随着他们走下飞机而消失。然而，埃齐奥尼是美国最有名的计算机专家之一，从他担任华盛顿大学人工智能项目的负责人开始，他创立了许多在今天看来非常典型的大数据公司，而那时候还没有人提出"大数据"这个概念。1994 年，埃齐奥尼帮助创建了最早的互联网搜索引擎 Metacrawler，该引擎后来被 Infospace 公司收购。他联合创立了第一个大型比价网站 Netbot，后来把它卖给了 Excite 公司。他创立的从文本中挖掘信息的公司 ClearForest 则被路透社收购了。在他眼中，世界就是一系列的大数据问题，而且他认为自己有能力解决这些问题。作为哈佛大学首届计算机科学专业的本科毕业生，自 1986 年毕业以来，他也一直致力于解决这些问题。

飞机着陆之后，埃齐奥尼下定决心要帮助人们开发一个系统，用来推测当前网页上的机票价格是否合理。作为一种商品，同一架飞机上每个座位的价格本来不应该有差别。但实际上，价格却千差万别，其中缘由只有航空公司自己清楚。埃齐奥尼表示，他不需要去解开机票价格差异的奥秘，他要做的仅仅是预测当前的机票价格在未来一段时间内会上涨还是下降。这个想法是可行的，但操作起来并不是那么简单。这个系统需要分析所有特定航线机票的销售价格并确定票价与提前购买天数的关系。如果一张机票的平均价格呈下降趋势，系统就会帮助用户作出稍后再购票的明智选择；反过来，如果一张机票的平均价格呈上涨趋势，系统就会提醒用户立刻购买该机票。换言之，这是埃齐奥尼针对 9000 米高空开发的一个加强版的信息预测系统，并且是一个浩大的计算机科学项目。不过，这个项目是可行的。

于是，埃齐奥尼开始着手启动这个项目。埃齐奥尼创立了一个预测系统，它帮助虚拟的乘客节省了很多钱。这个预测系统建立在 41 天之内的 12 000 个价格样本基础之上，而这些数据都是从一个旅游网站上爬取过来的。这个预测系统并不能说明原因，只能推测会发生什么。也就是说，它不知道是哪些因素导致了机票价格的波动。机票降价是因为有很多没卖掉的座位、季节性原因，还是所谓的"周六晚上不出门"，它都不知道。这个系统只知道利用其他航班的数据来预测未来机票价格的走势。"买还是不买，这是一个问题。"埃齐奥尼沉思着。他给这个研究项目取了一个非常贴切的名字，叫"哈姆雷特"。这个小项目逐渐发展成为一家得到了风险投资基金支持的科技创业公司，名为 Farecast。通过预测机票价格的走势以及增降幅度，Farecast 票价预测工具能帮助消费者抓住最佳购买时机，而在此之前还没有其他网站能让消费者获得这些信息。

这个系统为了保障自身的透明度，会把对机票价格走势预测的可信度标示出来，供消费者参考。系统的运转需要海量数据的支持。为了提高预测的准确性，埃齐奥尼找到了一个行业机票预订数据库。而系统的预测结果是根据美国商业航空产业中每一条航线上每一架飞机内的每一个座位一年内的综合票价记录而得出的。利用这种方法，Farecast 为消费者节省了一大笔钱。棕色的头发，露齿的笑容，无邪的面孔，这就是埃齐奥尼。他看上去完全不像是一个会让航空业损失数百万潜在收入的人。但事实上，他的目光放得更长远。2008 年，埃齐奥尼计划将这项技术应用到其他领域，比如宾馆预订、二手车购买等。只要这些领域内的产品差异不大，同时存在大幅度的价格差和大量可运用的数据，就都可以应用这项技术。但是在他实现计划之前，微软公司找上了他，并以 1.1 亿美元的价格收购了 Farecast 公司。而后，这个系统被并入必应搜索引擎。

截至 2012 年，Farecast 系统用了将近十万亿条价格记录来帮助预测美国国内航班的票价。Farecast 票价预测的准确度已经高达 75%，使用 Farecast 票价预测工具购买机票的旅客，平均每张机票可节省 50 美元。Farecast 是大数据公司的一个缩影，也代表了当今世界发展的趋势。五年或者十年之前，奥伦·埃齐奥尼是无法成立这样的公司的，那时候他所需要的计算机处理能力和存储能力太昂贵了。虽说技术上的突破是这一切得以发生的主要原因，但也有一些细微而重要的改变正在发生，特别是人们关于如何使用数据的理念。

2. Nike+ 产品

再来介绍一个非常传统的制鞋企业——耐克公司，了解它是如何利用大数据产生新的活力和生机的。耐克公司作为一家提供传统消费品的企业，早就先知先觉地捕捉与挖掘新时代的消费者行为特征，率先推出 Nike+ 产品，堪称品牌数字化的典范。Nike+ 通过大数据取得营销成功的案例，为传统消费品行业在数字化环境下实施营销变革提供了有益的启示，耐克公司也凭借这个新产品变身为大数据营销的创新公司。Nike+ 是一种以 "Nike 跑鞋或腕带＋传感器" 的产品，只要运动者穿着 Nike+ 的跑鞋运动，iPod 就可以存储并显示运动的日期、时间、距离和热量消耗值等数据。用户上传数据到耐克社区后，就能与具有相同爱好的其他用户分享、讨论。

Nike+iPod 是目前 Nike+ 的前身，是耐克公司与苹果公司于 2006 年 5 月在纽约联合发布的 Nike+iPod 运动系列组件。这款组件旨在将运动与音乐结合起来。跑步者必须先拥有一双 Nike+ 的慢跑鞋，然后将 iPod 的芯片放置在鞋垫底下的芯片槽里。在跑步时，芯片进行无线感应，可以将各种跑步的信息(如距离、速度、消耗的热量等数据)传输至跑步者的 iPod nano 里，借助语音回馈，跑步者就可以得知各项信息。在运动过程中，跑步者可欣赏事先设置的歌曲。运动结束后，跑步者可将 iPod nano 与计算机连接，登录 Nike+ 网上社区，上传此次跑步数据，或者设定各项分析功能。另外，跑步者可以关注朋友的跑步进度，也可以查看世界各地拥有这款产品的用户的运动信息及排行榜。深受青少年喜爱的 Nike 跑鞋加上风靡全美的 iPod，这次合作大获成功。

然而，随着智能手机的崛起，Nike+iPod 开始陷入市场危机。一批功能类似的运动类应用开始崭露头角。与此同时，随着用户数量的增长，高额风投的进入，这些创业公司开始推出自营品牌的便携设备和运动服，与耐克公司形成直接竞争。Facebook 和 Twitter 等社交媒体从 2004 年兴起，加上移动互联网的发展突飞猛进，青少年开始逐渐习惯数字化的生活方式，而耐克公司的主要消费群体正是这些走在时代前端的青少年们。因此，对耐克公司而言，数据的重要性开始突显，其中蕴藏着无限商机。此时，由于数据在 Nike+iPod 中曾经扮演着重要角色，耐克公司开始调整 Nike+ 的定位与思路，耐克公司于 2010 年率先成立了与研发、营销等部门同属一个级别的数字运动部门(Digital Sport)。至此，运动数字化正式成为耐克公司的战略发展方向。接着，Nike+ 发力运动电子产品。耐克公司在 2012 年率先推出重量级产品 Fuel Band 运动功能手环。与以往不同的是，这款产品面向非运动人群，几乎能够测量佩戴者所有日常活动中消耗的能量。耐克公司还推出了拥有自主知识产权的全新能量计量方法 NikeFuel。这是一种标准化的评分方法，无论参与者的性别或体型如何，同一运动项目的参与者的得分相同。其后，Nike+ 布局数字运动王国。2012 年 2 月，耐克公司将 Nike+ 从跑步延伸到了篮球和训练产品上，推出了 Nike+ Basketball 和 Nike+ Training 应用，构建起两套全新的运动生态子系统。就功能而言，与之配套的运动鞋可以测量如弹跳高度等更多的运动数据。另外，耐克公司与知名导航产品供应商 TomTom 合作，推出了具有 GPS 功能的运动手表等，这些都是对其数据产品的进一步完善。值得注意的是，作为运动服饰品牌的耐克缺乏互联网基因，需要借助外部力量来提升实力。一方面，耐克公司将合作范围从苹果公司扩大到其他平台，进一步扩大用户基础。2012 年 6 月下旬，耐克公司将自己在 iOS 平台上最受欢迎的 Nike+ Running 软件移植到了 Android 平台上，同时展开与微软公司的合作，推出 Nike+Kinect Training 健身娱乐软件。另一方面，耐克剑指未来，与美国第二大孵化器合作推出了 Nike+Accelerator 项目，鼓励创业团队利用 Nike+ 平台开发出更加创新的应用，以期在运动数字化浪潮中一举确立领导地位。

至此，我们可以看到 Nike+ 的诞生并非基于大数据浪潮的时代背景，而且耐克公司的运动数字化历程比我们想象的更为久远。当前，Nike+ 为顺应了大数据时代趋势、发展运动数字化战略而推出的系列产品，包括各类可穿戴设备、Nike+ 应用软件、Nike+ 运动社交平台等。用户对 Nike+ 的使用，使耐克公司能够对数据形成从产生、收集、处理、分析到应用的 O2O(在线离线/线上到线下)闭环。

围绕 Nike+ 构建的品牌社区，其最重要的作用是吸引忠实粉丝源源不断地向耐克公司贡献身高、体重、运动信息、社交账户数据等海量用户数据。除此之外，人们还主动分享与上传自己的经验与建议。耐克公司由此对消费者个体有了更深刻的洞察。

以 Nike+ 社区的 Nike+ Running 为例，该软件可通过 GPS 数据计算出个人跑步的次数、公里数、平均速度及消耗的能量，以便用户安排私人运动计划。另外，内置的徽章激励制度还给跑步运动增加了趣味性，也使用户产生了自我突破的动力。该软件在加强社区用户的互动关系、增加使用热度和频率上也做足了功夫。用户除了能够自行查看运动数据与虚拟成就，也可将运动记录图像实时分享至 Twitter、新浪微博等社交网站，附上心情符号与文字解说，吸引好友关注，满足交际的需求与展示欲望。排行榜更是一项激发好友们不断挑战运动记录、互相鼓励、较劲的有趣设置。在中国，微信的强大力量再次为 Nike+ 注入社交血液。2013 年 "双十一" 期间，微信公众服务账号 Nike Run Club 上线，短短 10 天就吸引了数以万计的跑步爱好者。通过账号内置的跑团组建功能，这些用户迅速创建了超过 100 个跑步主题的微信群组。目前，耐克还推出了自己的篮球公共账号——Nike Basketball。

Nike+ 社区粉丝们的互动给耐克公司带来了两点好处：第一，用户主动上传的大量运动数据为耐克公司深刻理解消费者的行为奠定了厚实的基础；第二，互动让用户相互之间建立起非常牢固的关系，强化了品牌忠诚度，并在一定程度上转化为购买力。耐克公司负责全球品牌管理的副总裁 Trevor Edwards 介绍，通过 Nike+iPod 计划，40% 的 Nike+ 用户在再次购买运动鞋时选择了耐克运动鞋。

虽然 Nike+ 平台发源于传统行业，但其创造者耐克公司则是平台连接的一方。这也是 Nike+ 在短时间内能吸引大量用户关注及使用的重要原因。通过网上社区，原本就与消费者建立了密切关系的耐克公司能够轻易汇聚与自身品牌精神一致的忠诚用户，实现同边网络效应，最终累积大量与品牌、运动体验有关的高质量数据。这些数据正是 Nike 宝贵的战略资源。不同于 Netflix 将对用户数据的挖掘结果回馈于主营的视频业务本身，也不同于淘宝网单独推出的数据魔方咨询服务，Nike+ 数据带来的赢利可能是多方面的：一方面，通过对用户数据的分析，耐克公司能够获得关于消费者的更深邃洞察，将这些发现应用于营销活动的各个环节，全面实现数字化营销，从而享受到顾客忠诚度增强、销售收入上涨等喜人成果。另一方面，数据也为耐克公司开辟了可能的新利润来源。耐克公司完全能够发挥原有品牌资产的杠杆作用，将对顾客行为的全面理解融入运动计划制订、健身软件开发、运动型可穿戴设备设计等与消费者运动生活有关的各项业务中，从传统的服装行业进军到更加新兴的"蓝海"领域。同时，同处于运动产业的其他公司也可受益于 Nike+ 平台累积的用户数据。耐克公司甚至可以开辟行业咨询服务，发展更多可能盈利的点。但是，如何发掘现有丰富的 Nike+ 用户资源，加强跨边网络效应，吸引同业公司参与其中，开拓新的盈利模式，是耐克公司接下来需要思考的重要问题。

身处于数据充斥时代的很多企业，目前仍停留在空谈概念或手握大把数据但不知从何用起的阶段。Nike+ 的案例却生动地说明，品牌确实能直面大数据浪潮并受益其中。据耐克公司年报，2012—2014 年间，公司盈利一直呈增长趋势，而增长的动力正是 Nike+ 旗下的各类产品，以及由此带来的消费者与品牌间的日益紧密的联系。正如耐克公司首席执行官 Mark Parker 所说："对耐克而言，运动数字部门是至关重要的。它将成为消费者体验耐克产品时的关键因素。"

1.3.3　大数据在安全防控领域的应用

近年来，随着网络技术在安防领域的发展，高清摄像头在安防领域应用的不断升级，以及项目建设规模的不断扩大，安防领域积累了海量视频监控数据，并且每天都在以惊人的速度生成大量的新数据。例如，中国很多城市都在开展平安城市的建设，在城市的各个角落布置摄像头，7×24 小时不间断采集各个位置的视频监控数据，数据量之大，超乎想象。

除了视频监控数据，安防领域还包括大量其他类型的数据，如结构化、半结构化和非结构化数据。结构化数据包括报警记录、系统日志记录、运维数据记录、摘要分析等结构化描述记录，以及各种相关的信息数据库，如人口信息、地理数据信息、车辆管理和驾驶证管理信息等；半结构化数据包括人脸建模数据、指纹记录等；非结构化数据主要包括视频录像和图片记录，如监控视频录像、报警录像、摘要录像、车辆卡口图片、人脸抓拍图片、报警抓拍图片等。所有这些数据一起构成了安防大数据基础。

之前，这些数据的价值并没有被充分发挥出来，跨部门、跨领域、跨区域的联网共享较少，检索视频数据仍然以人工手段为主，不仅效率低下，而且效果并不理想。基于大数据的安防要实现的目标是通过跨区域、跨领域安防系统联网，实现数据共享、信息公开以及智能化的信息分析、预测和报警。以视频监控分析为例，大数据技术可以支持在海量视频数据中实现视频图像统一转码、摘要处理、视频剪辑、视频特征提取、图像清晰化处理、视频图像模糊查询、快速检索和精准定位等功能，同时深入挖掘海量视频监控数据背后的有价值信息，快速反馈信息，以辅助决策判断，从而让安保人员从繁重的人工视频回溯工作中解脱出来，不需要投入大量精力从大量视频中低效查看相关事件线索，可在很大程度上提高视频分析效率，缩短视频分析时间。

智能视频分析通过接入各种摄像机，以及 DVR、DVS 和流媒体服务器等各种视频设备，并通过智能化图像识别处理技术，对各种安全事件主动预警，且通过实时分析，将报警信息传到综合监控平台及客户端。具体来讲，智能视频分析系统通过摄像机实时"发现警情"，并"看到"视野中的监视目标，同时通过自身的智能化识别算法判断这些被监视目标的行为是否存在安全威胁，对已经出现或将要出现的威胁，及时通过声音、视频等形式向综合监控平台或后台管理人员发出报警。智能视频分析是计算机图像视觉技术在安防领域应用的一个分支，是一种基于目标行为的智能监控技术。

智能视频分析技术用于视频监控方案通常有两种：第一种是基于智能视频处理器的前端解决方案。在这种工作模式下，所有的目标跟踪、行为判断、报警触发都由前端智能分析设备完成，只需将报警信息通过网络传输至监控中心即可。第二种是基于工业计算机的后端智能视频分析解决方案。在这种工作模式下，所有的前端摄像机仅仅具备基本的视频采集功能，而所有的视频分析都必须汇集到后端或者关键节点处由计算机统一处理。在市场中，第一种方案应用居多，视频分析设备被放置在 IP 摄像机之后，就可以有效地节约视频流占用的带宽；而第二种方案只能控制若干关键的监控点，并且对计算机性能和网络带宽要求比较高。

智能视频分析技术的研究分支有人脸识别、物体识别、遗留物检测、入侵检测、视频检索、人数统计和车型检测等。其中，人脸识别(可利用手机、iPad 等终端设备对人员进行识别、读取相关信息)可用于公路管理员查看人员身份，协助抓捕和寻找目标人物；物体识别通过对物体的识别(如识别出刀具、枪支、危险品)，在银行、商场、超市等场所协助安保人员提前预防危险事件的发生，保障人员和商场的安全；入侵检测通过对监控图像序列进行处理和分析，识别人或物体入侵的行为，并且对有潜在危险的行为进行报警，以避免危险事故的发生，从而有效地保证安全。

智能视频分析技术广泛应用于公共安全、建筑智能化、智能交通等相关领域。但是，在实际环境中，光照变化、目标运动的复杂性、遮挡、目标与背景色相似、杂乱背景等因素，都会增加目标检测与跟踪算法设计的难度。其难点问题主要体现为背景的复杂性、目标特征的取舍、遮挡问题，以及兼顾实时性与健壮性。接下来介绍安防中的一个重要任务——套牌车查找。

套牌车又叫"克隆车"，简称"套牌"。在现实生活中，不法分子伪造和非法套取真牌车的号牌、型号和颜色，使走私、拼装、报废和盗抢来的车辆在表面披上了"合法"的外衣。套牌行为严重扰乱公安机关对公共安全的管控，扰乱运输市场的经营秩序，扰乱国家的经济秩序，损坏真车主的合法权益，制造社会不稳定因素，已被国家坚决禁止。伪造、变造、买卖机动车牌证及机动车入户、过户、验证的有关证明文件，构成犯罪的，依照《中华人民共和国刑法》第二百八十条第一款(伪造、变造、买卖国家机关公文、证件、印章罪)的规定处罚。"买赃车套牌上路行驶，问题就不仅仅是套牌那么简单，已经构成共犯，要受到刑律的严惩!"套牌车查找是指协助公安机关，利用大数据技术在茫茫车海中找出套牌车。下面给出的实例中的车流数据来源于"天网监控系统"，范围限定在山东省 17 个地市所有交通卡口采集的视频数据。这里的交通卡口指主要道路、重点单位和热点位置等，如主干道的十字路口。为了完成套牌车查找任务，需要捕获一辆车经过卡口的关键信息，如车牌号、车型、颜色、位置、方向和经过时间等。位置和时间信息可直接取自摄像头自身的配置信息，非常简单，在实际开放的场景中，对车牌号、车型、颜色和方向进行识别，是任务的核心和关键。这里只阐述对车型的检测和识别。

1. 数据采集

天网监控系统在每个卡口的上方安置有摄像头，每个摄像头源源不断地采集视频数据。如果是一个 8 Mb/s 的摄像头，一小时能采集 3.6 GB 的数据，那么一个城市每月产生的数据达到上千万吉字节(GB)，整个山东省 17 个地市每月采集的数据量非常庞大。

2. 数据分析

根据大数据处理的一般流程，我们需要先进行视频数据的预处理，再进行数据分析与挖掘。这里直接进入数据分析，是因为在作数据分析前必须要进行模型训练。针对车型检测而言，训练模型就是要告知计算机，什么样的汽车是第一类车、第二类车等，或者是小型车、微型车等。数据分析主要涉及训练模型、车型检测和套牌车筛查。

1) 训练模型

训练模型是数据分析的核心，可分为两个环节——训练和建模。通过已知的数据和目标，调节算法的参数，这就是训练。这里以一元一次函数为例介绍。当我们选定一个函数来拟合一堆历史数据时，如选择 $y=kx+b$ 函数，需要将历史数

据分成 x 部分的和 y 部分的值，组成实数对(也叫训练数据)，如(1, 0)、(2.1, 0.9)等。在训练时，任意指定 k 和 b 的初值，并将众多的实数对送入函数，取代 x 的值和 y 的值，经过无数次的迭代等处理，让误差或者损失函数减少到某个特定的范围值内，这时可以认为 k 和 b 的值(即函数参数)就确定了下来。

接着，系统将训练出来的参数值 k 和 b 映射到函数中，就得到针对特定问题的模型。因此，一旦函数 $y=kx+b$ 的参数 k 和 b 被确定，整个函数的图像也就完全被确定，并能得出函数的性质，如能确定直线经过的象限、斜率等信息。同时，系统将预留的部分实数对(也被称为测试数据)送入函数中，进一步判断函数对历史数据拟合的优劣程度。

上述是针对一个 x 和一个 y 的数据来确定整个训练模型的，那么针对车型的多个数据来实现训练模型的思路也是一样的，但要复杂得多。从天网监控系统采集到的视频数据被命名为生数据，也就是未经加工处理的数据集。系统将生数据分成两个部分，分别是训练数据集和测试数据集；数据量可按 2∶1 的比例分配，即训练数据占 2 份，测试数据占 1 份，也可以按 9∶1 分配，分配比例没有严格的界定。接下来，系统需要对训练数据集和测试数据集进行加工处理(专业术语是标注)，这也是将生数据转化为熟数据的过程。视频数据标注的工作量往往非常庞大，原因主要有两个：需要人工进行标注和需要标注的视频帧数量大。这就像人类学习一样，需要见多才能识广，机器学习同样也需要积累大量不同的数据进行比对，来增加预判的准确性。视频标注需要人工参与，可以利用某种工具或者软件，在训练数据集和测试数据集视频帧中标注出一辆车的轮廓，一般用矩形框框出，同时需要捕获该辆车在视频帧中的位置信息，如矩形框左上角的顶点位置信息、矩形框的长度和宽度信息，这些信息能确定视频帧中的一张子图，这样便可告知计算机，像子图这样的一个实例就是某类车型(如小型车)。数据标注完成之后，将所有子图实例按照某种规则提取出特征向量，该特征向量就是函数自变量 x 的值，小型车用"+1"标记，成为因变量 y 的值。自变量 x 和因变量 y 组成数据对，形成数据集的一个正样本。与此同时，我们还得告知计算机，哪些是不属于某类车型的实例，形成负样本。在负样本中，y 被标注为"-1"，也就是"$y=-1$"；x 是一张负实例子图片的特征向量，这张负实例子图片往往是视频中的背景子图或者是残缺的部分车型图。准备好熟数据后，我们要从众多机器学习算法中选择一个合适的算法，将标注好的训练数据集送入到算法中进行训练，这个过程往往需要庞大的计算量(计算量大小根据选择的算法模型和训练数据集规模的不同而不同)。如果选择深度学习中的卷积神经网络算法，当网络层数增加时，参数的数量也急剧增加，有时需要对上亿个参数进行估计；如果训练数据集的规模庞大，还需要借助 Hadoop 等平台计算框架。机器学习中几个经典的算法，在训练阶段都非常复杂，有时需要好几天的时间才能把模型训练出来。但是，其训练原理和上述找一元一次函数表达式中的 k 和 b 的值类似，这里不作详细阐述。

2) 车型检测

模型训练完毕后，需要进一步检验模型的准确性和其他性能，即进入测试阶段(也是车型检测阶段)。模型测试是指将熟数据中作为测试数据集的数据送入模型中，模拟真实场景下模型对车型检测的准确性。有时，视频帧在送入模型中检测时，还需要对视频帧进行预处理，主要涉及白化处理、几何变换、归一化、平滑、复原和增强等，主要目的是消除视频帧中的无关信息，恢复有用的真实信息，增强有关信息的可检测性和最大限度地简化数据，从而改进特征抽取、图像分割、匹配和识别的可靠性。在检测结果子图中，我们能看到一个矩形框将小汽车框住，说明该检测模型已准确地检测到小汽车，并且检测到指定的车型。同时，该框附有检测结果信息，如矩形框左上角位置信息，以及矩形框的长度、宽度信息。模型的准确率判断就是将矩形框的位置信息与测试数据集中预先人工标定的矩形框位置信息进行比较，如果检测出来的矩形框与人工标定的矩形框重叠，重叠面积比例大于一个值(一般为 0.5 以上)时，就可以判断为检测正确，否则判断为检测错误。如果准确率达到行业领域的实际应用标准，该模型就可以在行业中进行推广，为安防、民生服务。

以上过程仅仅完成对车型的检测，对车牌号、颜色和方向等的识别，可以选择类似的思路，也可以参照其他的方法。经过某卡口的一辆车，系统最终能捕获到它的车牌号、车型、颜色、位置、方向和时间等信息。同时，系统也将非结构化数据转换成了结构化数据。在山东省 17 个地市所有交通卡口中，每天采集到这样的结构化数据(行车记录数据)将近亿条，涉及 2300 万车辆信息、3000 驾驶员和 9000 万人口。

3) 套牌车筛查

有了结构化数据后，即使记录条数上亿，完成套牌车筛查也不是问题。在结构化数据下，针对套牌车的筛查，可以设置很多规则，这里仅仅列举一个规则。例如，在行车记录中有一辆车牌号为鲁 A*****的黑色小型车，在 2017 年 8 月 27 日 18 时 48 分 01 秒经过山东济南市龙奥南路 1 号卡口。从行车记录中查到，同样是一辆车牌号为鲁 A*****的黑色小型车，在 2017 年 8 月 27 日 18 时 50 分 58 秒经过山东省淄博市淄博齐园牛山路 2 号卡口。时间间隔不到 3 分钟，但是实际距离约 120 千米。这就是说，如果这辆车与前一辆车是同一辆车，它不可能在不到 3 分钟的时间内跑完 120 千米，套牌车嫌疑便产生了。这样，系统根据车牌号比对一天的车辆行驶信息，耗时 30 分钟便可查出 4000 多辆嫌疑车。

1.4　大数据思维变革

在大数据时代，数据就是一座"金矿"，而思维是打开矿山大门的钥匙，只有建立符合大数据时代发展的思维，才能最大限度地挖掘出大数据的潜在价值。所以，大数据的发展，不仅取决于大数据资源的扩展，还取决于大数据技术的应用，更取决于大数据思维的形成。只有具有大数据思维，才能更好地运用大数据资源和大数据技术。也就是说，大数据的发展必须是数据、技术、思维三大要素的联动。

机械思维可以追溯到古希腊思辨的思想和逻辑推理的能力，最有代表的是欧几里得的几何学和托勒密的地心说。其核心思想可以概括成以下三点：第一，世界变化的规律是确定。第二，因为有确定性作保障，所以规律不仅可以被认识，而且可以用简单的公式或者语言描述清楚。第三，这些规律应该是放之四海而皆准的，可以应用到各种未知领域来指导实践。

这些其实是机械思维中积极的部分。机械思维更广泛的影响是作为一种准则指导人们的行为，其核心思想可以概括成确定性(或者可预测性)和因果关系。在牛顿经典力学体系中，可以把所有天体运动的规律用几个定律来讲清楚，并且应用到任何场合都是正确的，这就是确定性。类似地，当我们给物体施加一个外力时，它获得一个加速度，而加速度的大小取决于外力和物体本身的质量，这是一种因果关系。没有这些确定性和因果关系，我们就无法认识世界。

人类社会的进步在很大程度上得益于机械思维，但是到了信息时代，它的局限性越来越明显。首先，并非所有的规律都可以用简单的原理来描述。其次，像过去那样找到因果关系规律性已经变得非常困难，因为简单的因果关系规律性都已经被发现了，剩下那些没有被发现的因果关系规律性具有很强的隐蔽性，发现的难度很高。再次，随着人类对世界认识得越来越清楚，人们发现世界本身存在着很大的不确定性，并非如过去想象的那样一切都是可以确定的。因此，在现代社会里，人们开始考虑在承认不确定性的情况下如何取得科学上的突破，或者把事情做得更好，这也就导致了一种新的方法论的诞生。

不确定性在我们生活的世界里无处不在。我们经常可以看到这样一种怪现象，很多时候专家们对未来各种趋势的预测是错的，这在金融领域尤其常见。如果读者有心统计一些经济学家们对未来的看法，就会发现它们基本上是对错各一半。这并不是因为他们缺乏专业知识，而是由于不确定性是这个世界的重要特征，以至于我们按照传统的方法——机械论的方法，很难作出准确的推测。

世界的不确定性来自两方面。一方面是当我们对这个世界了解得越来越细致之后，会发现影响世界的变量其实非常多，已经无法通过简单的办法或者公式算出结果，因此我们宁愿采用一些针对随机事件的方法来处理它们，人为地把它们归为不确定的一类。另一方面来自客观世界本身，它是宇宙的一个特性。在宏观世界里，行星围绕恒星运动的速度和位置是可以很准确地计算的，从而可以画出它的运动轨迹。可是在微观世界里，电子在围绕原子做高速运动时，我们不可能同时准确地测出它在某一时刻的位置和运动速度，当然也就不能描绘出它的运动轨迹了。科学家们只能用一种密度模型来描述电子的运动，在这个模型里，密度大的地方表明电子在那里出现的机会多，反之，则表明电子出现的机会少。

世界的不确定性，折射出在信息时代的方法论：获得更多的信息，有助于消除不确定性，因此，谁掌握了信息，谁就能获取财富，这就如同在工业时代，谁掌握了资本谁就能获取财富一样。当然，用不确定性这种眼光看待世界，再用信息消除不确定性，不仅能够赚钱，而且能够把很多智能型的问题转化成信息处理的问题。具体而言，就是利用信息来消除不确定性的问题。比如下象棋，每一种情况都有几种可能，因而难以决定最终的选择，这就是不确定性的表现；再比如要识别一个人脸的图像，实际上可以看成从有限种可能性中挑出一种，因为全世界的人数是有限的，这也就把识别问题变成了消除不确定性的问题。

数据学家认为，世界的本质是数据，万事万物都可以看作可以理解的数据流，这为我们认识和改造世界提供了一个从未有过的视角和世界观。人类正在不断地通过采集、量化、计算、分析各种事物，来重新解释和定义这个世界，并通过数据来消除不确定性，对未来加以预测。现实生活中，为了适应大数据时代的需要，我们不得不转变思维方式，努力把身边的事物量化，以数据的形式对待，这是实现大数据时代思维方式转变的"核心"。

现在的数据量相比过去大了很多，量变带来了质变，人们的思维方式、做事情的方法就应该和以往有所不同。这其实是帮助我们理解大数据概念的一把钥匙。在大数据之前，计算机并不擅长利用人类智能来解决问题，但是今天这些问题换个思路就可以解决了，其核心就是变智能问题为数据问题。由此，全世界开始了新的一轮技术革命——智能革命。在方法论的层面，大数据是一种全新的思维方式。按照大数据的思维方式，我们做事情的方式与方法需要从根本上改变。

大数据不仅是一次技术革命，也是一次思维革命。从理论上说，相对于人类有限的数据采集和分析能力，存在于自然界和人类社会的数据是无限的。如何才能"慧眼识珠"，以有限的方式找到我们所需的数据，无疑需要一种思维的指引。因此，就像经典力学和相对论的诞生改变了人们的思维模式一样，大数据也在潜移默化地改变着人们的思想。

在《大数据时代：生活、工作与思维的大变革》一书中明确指出，大数据时代最大的转变就是思维方式的三种转变：全样而非抽样、效率而非精确、相关而非因果。此外，人类研究和解决问题的思维方式，正在朝着"以数据为中心"和"我为人人，人人为我"的方式迈进。

1. 全样而非抽样

过去，由于数据采集、数据存储和处理能力的限制，在科学分析中，通常采用抽样的方法，即从全集数据中抽取一部分样本数据，通过对样本数据的分析，来推断全集数据的总体特征。抽样的基本要求是要保证所抽取的样品单位对全部样品具有充分的代表性。抽样的目的是用被抽取样品单位的分析、研究结果来估计和推断全部样品特性，这是科学实验、质量检验、社会调查普遍采用的一种经济有效的工作和研究方法。通常，样本数据规模要比全样数据小很多，因此，可以在可控的代价内实现数据分析的目的。比如，假设要计算洞庭湖的银鱼的数量，我们可以事先对10 000条银鱼打上特定记号，并将这些鱼均匀地投放到洞庭湖中。过一段时间进行捕捞，在捕捞上来的10 000条银鱼中，发现其中4条银鱼有特定记号，那么我们可以得出结论，洞庭湖大概有2500万条银鱼。

但是，抽样分析方法有优点也有缺点。抽样保证了在客观条件达不到的情况下，得出一个相对准确的结论，让研究有的放矢。但是，抽样分析的结果具有不稳定性，比如，在上面的洞庭湖银鱼的数量分析中，有可能今天捞到的鱼中存在4条打了特定记号的银鱼，明天去捕捞有可能存在400条打了特定记号的银鱼，这给分析结果带来了很大的不稳定性。

现在，我们已经迎来大数据时代，大数据技术的核心就是海量数据的实时采集、存储和处理。例如，感应器、手机导航、网站点击和微博等能够收集大量数据，分布式文件系统和分布式数据库技术提供了理论上近乎无限的数据存储空间，分布式并行编程框架 MapReduce 提供了强大的海量数据并行处理能力。因此，有了大数据技术的支持，科学分析完全可以直接针对全集数据而不是抽样数据，并且可以在短时间内得到分析结果，速度之快，超乎我们的想象。比如谷歌的 Dremel 可以在 2、3 秒内完成 PB 级别数据的查询。

2. 效率而非精确

过去，我们在科学分析中采用抽样分析方法，就必须追求分析方法的精确性，因为，抽样分析只是针对部分样本的分析，其分析结果被应用到全集数据以后，误差会被放大，这就意味着，抽样分析的微小误差被放大到全集数据以后，可能会变成一个很大的误差，导致"失之毫厘，谬之千里"的结果。因此，为了保证误差被放大到全集数据时仍然处于可以接受的范围，就必须确保抽样分析结果的精确性。正是由于这个原因，传统的数据分析方法往往更加注重提高算法的精确性，其次才是提高算法效率。现在，大数据时代采用全样分析而不是抽样分析，全样分析结果就不存在误差被放大的问题，因此，追求高精确性已经不是其首要目标。大数据时代数据分析具有"秒级响应"的特征，要求在几秒内就给出针对海量数据的实时分析结果，否则就会丧失数据的价值，因此，数据分析的效率成为关注的核心。

例如，用户在访问天猫或京东等电子商务网站进行网购时，用户的点击流数据会被实时发送到后端的数据分析平台进行处理，平台会根据用户的特征，找到与其购物兴趣匹配的其他用户群体，然后把其他用户群体曾经买过的商品、而该用户还未买过的相关商品，推荐给该用户。显然，这个过程的时效性很强，需要"秒级"响应，如果要过一段时间才给出推荐结果，很可能用户已经离开网站了，这就使得推荐结果变得没有意义。所以，在这种应用场景当中，效率是被关注的重点，分析结果的精确度只要达到一定程度即可，不需要一味苛求更高的准确率。

此外，在大数据时代，我们能够更加"容忍"不精确的数据。传统的样本分析师们很难容忍错误数据的存在，因为他们一生都在研究如何避免错误数据出现。在收集样本时统计学家会用一整套的策略来减少错误发生的概率。在结果公布之前，他们也会测试样本是否存在潜在的系统性偏差。这些策略包括根据协议或由受过专门训练的专家来采集样本。但是，即使只是少量的数据，这些规避错误的策略实施起来也还是耗费巨大。尤其是当我们收集所有数据的时候，这种策略就更行不通了——不仅耗费巨大，而且在大规模数据的基础上要保持数据收集标准的一致性也不太现实。我们现在拥有各种各样、参差不齐的海量数据，很少有数据完全符合预先设定的数据条件，因此，我们必须要能够容忍不精确数据的存在。

大数据时代要求我们重新审视精确性的优劣。如果将传统的思维模式运用于数字化、网络化的 21 世纪，就会错过重要的信息。执迷于精确性是信息缺乏时代和模拟时代的产物。在那个信息贫乏的时代，任意一个数据点的测量情况都对结果至关重要，所以需要确保每个数据的精确性，才不会导致分析结果的偏差。在今天的大数据时代，在数据量足够多的情况下，这些不精确数据会被淹没在大数据的海洋里，它们的存在并不会影响数据分析的结果和其带来的价值。

3. 相关而非因果

过去，数据分析的目的有两方面：一方面是解释事物背后的发展机理。比如，某个地区的一家大型超市在某个时期内净利润下降很多，这就需要 IT 部门对相关销售数据进行详细分析找出产生该问题的原因。另一方面是预测未来可能发生的事件。比如，实时分析微博数据，当发现人们对雾霾的讨论明显增加时，就可以建议销售部门增加口罩的进货量，因为人们关注雾霾的一个直接结果是，大家会想到购买一个口罩来保护自己的身体。不管是哪个目的，其实都反映了一种"因果关系"。但是，在大数据时代，因果关系不再那么重要，人们转而追求"相关性"而非"因果性"。比如，我们在淘宝网上购买了一个汽车防盗锁以后，淘宝网还会自动提示，购买相同物品的其他客户还购买了汽车坐垫。也就是说，淘宝网只会告诉我们"购买汽车防盗锁"和"购买汽车坐垫"之间存在相关性，并不会告诉我们为什么其他客户购买了汽车防盗锁以后还会购买汽车坐垫。在无法确定因果关系时，数据为我们提供了解决问题的新方法。数据中包含的信息帮助我们消除不确定性，而数据之间的相关性在某种程度上可以取代原来的因果关系，帮助我们得到想要知道的答案，这就是大数据思维的核心。从因果关系到相关性，这个过程并不是抽象的，而是通过具体的方法让人们从数据中寻找相关性，最后去解决各种各样的难题。

4. 以数据为中心

在科学研究领域，在很长一段时期内，无论是做语音识别、机器翻译、图像识别的学者，还是做自然语言理解的学者，都分成了界限明确的两派，一派坚持采用传统的人工智能方法解决问题，简单来讲就是模仿人，而另一派倡导采用数据驱动方法。这两派在不同的领域力量不一样，在语音识别和自然语言理解领域，提倡采用数据驱动的这一派较快地占据了上风；而在图像识别和机器翻译领域，在较长时间里，提倡采用数据驱动这一派处于下风。这其中主要的原因是：在图像识别和机器翻译领域，过去的数据量非常少，而且这种数据的积累非常困难。图像识别领域以前一直非常缺乏数据，在互联网出现之前，没有一个实验室有上百万张图片。在机器翻译领域，所需要的数据除了一般的文本数据外，还需要大量的双语(甚至是多语种)对照的数据，而在互联网出现之前，难以找到类似的数据。

由于数据量有限，在最初的机器翻译领域，较多的学者采用人工智能的方法，让计算机研发人员将语法规则和双语词典结合在一起。1954 年，IBM 以计算机中的 250 个词语和 6 条语法规则为基础，将 60 个俄语词组翻译成了英语，结果振奋人心。事实证明，机器翻译最初的成功误导了人们。1966 年，一群机器翻译的研究人员意识到，翻译比他们想象得更困难，他们不得不承认他们的失败。机器翻译不能只是让计算机熟悉常用规则，还必须教会计算机处理特殊的语言情况。毕竟，翻译不仅是记忆和复述，也涉及选词，而明确地教会计算机这些操作，是非常不现实的。在 20 世纪 80 年代后期，IBM 的研发人员提出了一个新的想法。与单纯教给计算机语言规则和词汇不同，他们试图让计算机自己估算一个词或一个词组，适合用来翻译另一种语言中的一个词和词组，然后决定翻译那个词和词组在另一种语言中的对等词和词组。20 世纪 90 年代，IBM 的 Candide 项目花费了大概 10 年的时间，将大约有 300 万句的加拿大议会资料译成了英语和法语并出版。由于是官方文件，翻译的标准非常高。以那个时候的标准来看，数据量非常庞大。统计机器学习从产生之日起，就巧妙地把翻译的挑战变成了一个数学问题，而这似乎很有效！机器翻译在短时间内就有了很大的突破。

在 20 世纪 90 年代互联网兴起之后，由于数据的获取变得非常容易，可用的数据量愈加庞大，因此，从 1994 年到 2004 年的 10 年里，机器翻译的准确性提高了一倍。其中，20%左右的贡献来自方法的改进，80%左右的贡献则来自数据量的提升。虽然每一年计算机在解决各种智能问题上的进步幅度并不大，但是经过十几年量的积累，最终促成了质变。

数据驱动方法从 20 世纪 70 年代开始起步，到 20 世纪八九十年代得到缓慢但稳步的发展。进入 21 世纪后，互联网的出现使得可用的数据量剧增，数据驱动方法的优势越来越明显，最终完成了从量变到质变的飞跃。如今很多需要类似人类才能做的事情，计算机已经可以胜任了，这得益于数据量的增加。全世界各个领域数据不断向外扩展，渐渐形成了另外一个特点，那就是很多数据开始出现交叉，各个维度的数据从点和线渐渐联成了网，或者说，数据之间的关联性极大地增强。在这样的背景下，大数据出现了，使得"以数据为中心"的思想和解决问题的方式的优势逐渐得到显现。

5. 我为人人，人人为我

"我为人人，人人为我"是大数据思维的又一体现，城市的智能交通管理便是体现该思维的例子。在智能手机和智能汽车(特斯拉等)出现之前，世界上很多大城市虽然都有交通管理(或者控制)中心，但是它们能够得到的交通路况信息最快也有 20 分钟的滞后。如果没有能够跟踪足够多的人出行情况的实时信息工具，一个城市即使部署再多的采样观察点，再频繁地报告各种交通事故和拥堵的情况，整体交通路况信息的实时性也不会有很大提升。但是，在能够定位的智能手机出现后，这种情况得到了根本的改变。智能手机足够普及且大部分用户共享了他们的实时位置信息(符合大数据的完备性)，使得做地图服务的公司，比如 Google 或者百度，有可能实时地得到任何一个人口密度较大的城市的人员流动信息，并且根据其流动的速度和所在的位置，区分步行的人群和行进的汽车。

由于收集信息的公司和提供地图服务的公司是一家，因此从数据采集、数据处理到信息发布，中间的延时微乎其微，提供的交通路况信息要及时得多。使用过 Google 地图服务或者百度地图服务的人，对比智能手机和智能汽车出现前后的情况，都能很明显地感觉到其中的差别。当然，更及时的信息可以通过分析历史数据来预测。一些科研小组和公司的研发部门，已经开始利用一个城市交通状况的历史数据，结合实时数据，预测一段时间以内(比如一个小时)该城市各条道路可能出现的交通状况，并且帮助出行者规划最好的出行路线。

　　上面的实例很好地阐释了大数据时代"我为人人，人人为我"的全新理念和思维。每个使用导航软件的智能手机用户，一方面共享自己的实时位置信息给导航软件公司(比如百度地图)，使得导航软件公司可以从大量用户那里获得实时的交通路况大数据；另一方面，又可以在享受导航软件公司提供的基于交通大数据的实时导航服务。

第 2 章　走进人工智能

2.1　认识人工智能

自 1946 年第一台计算机诞生，人们一直希望计算机能够具有更加强大的功能。进入 21 世纪，由于计算能力的提高和大数据的积累，人们发现人工智能可以使计算机更加智能，这不仅可以创造一些新行业，也可以给传统行业赋能，从而促进了人工智能的新一轮热潮。

人工智能是计算机学科的一个分支，20 世纪 70 年代以来被称为世界三大尖端技术(空间技术、能源技术、人工智能)之一，也被认为是 21 世纪三大尖端技术(基因工程、纳米科学、人工智能)之一。这是因为近 30 年来它获得了迅速的发展，在很多学科领域都获得了广泛应用，并取得了丰硕的成果。人工智能已逐步成为一个独立的分支，无论在理论和实践上都自成一个系统。

在国家政策层面，2017 年 7 月 20 日国务院印发了《新一代人工智能发展规划》，在 2018 年的中国政府工作报告中更明确提出"加强新一代人工智能研发应用"。国外科技发达的国家，如法国、德国、美国、日本等也出台相关扶持政策。

在产业界，许多信息技术企业都相继涉足人工智能领域。例如，以做硬件著称于世的 IBM 公司已经转型做人工智能了，许多的互联网企业如百度、谷歌、微软等也全面转型人工智能。如今，许多创业公司更是以人工智能为主攻方向。

在实际产品开发方面，人工智能技术也得到了广泛应用，如寒武纪 1H8 等 AI 芯片、百度 Apollo 计划开放的自动驾驶平台、手机的指纹识别与人脸识别产品等。

2.1.1　人工智能的概念

人工智能(Artificial Intelligence，AI)是研究、开发用于模拟、延伸和扩展人的智能的理论、方法、技术及应用系统的一门新的技术科学。人工智能是一门极富挑战性的学科，属于自然科学和社会科学的交叉学科，涉及计算机科学、心理学、神经科学、生物学、数学、社会学、哲学和语言学等。因此，人工智能研究的是使机器能够胜任一些通常需要人类智能才能完成的复杂工作，该领域的研究包括机器人、语音识别、图像识别、自然语言处理和专家系统等。人工智能自诞生以来，理论和技术日益成熟，应用领域也不断扩大，可以设想，未来人工智能带来的科技产品将会是人类智慧的"容器"。人工智能不是人的智能，但能像人那样思考，也可能超过人的智能。

人工智能之父马文·明斯基提出，"人工智能是一门科学，是使机器做那些需要人类通过智能来做的事情"。斯坦福大学人工智能研究中心的尼尔逊(N. J. Nilsson)教授认为，"人工智能是关于知识的科学，即怎样表示知识、怎样获得知识和怎样使用知识的科学"。麻省理工学院温斯顿(P. H. Winston)教授认为，"人工智能就是研究如何使计算机去做过去只有人才能做的赋有智能的工作"。斯坦福大学费亨鲍姆(E. A. Feigenbaum)教授则认为，"人工智能是一个知识信息处理系统"。综合各种不同的人工智能观点，可以将人工智能定义为研究人类智能活动的规律，构造具有一定智能的人工系统，即研究如何让计算机去完成以往需要人的智力才能胜任的工作，也就是研究如何应用计算机的软、硬件来模拟人类某些智能行为的基本理论、方法和技术。

人工智能是涵盖十分广泛的科学，它由不同的领域组成，如机器学习、计算机视觉等，从事人工智能的人必须懂得计算机知识、心理学和哲学等。

随着科学技术的不断发展，人们对人工智能的定义也不断发生变化，不同的定义将人们导向不同研究方向。人工智能的定义描述主要包括以下五种：

(1) 人工智能是不可思议的计算机程序，使机器可以完成人们认为机器不能胜任的工作。随着计算机技术的发展和程序设计的复杂化，原来不能完成的很多工作都可以由计算机来完成。例如：在与人类的棋类对战中，计算机已经完胜了人类，1962年阿瑟·萨缪尔(Arthur Samuel)的程序战胜了一位盲人跳棋高手，1997年计算机"深蓝"在国际象棋的对抗赛中战胜了卡斯帕罗夫，2016年AlphaGo 4∶1大胜李世石，2017年升级后的AlphaGo与数十位中、日、韩围棋高手过招，战绩为60∶0。

(2) 人工智能是与人类思考方式相似的计算机程序，能够遵循思维中的逻辑规律进行思考。人类的思考方式本身就是一个非常复杂的技术与哲学问题。早期人工智能的研究人员让人工智能程序遵循逻辑学的基本规律进行运算、归纳或推演。利用人类专家知识和逻辑规律构建的专家系统曾被认为就是人工智能，但很快人们发现了专家系统的局限性。科学家从心理学和生物学角度出发研究大脑的工作原理，20世纪50年代提出了有关神经元的处理模型，但当时的计算机运算能力不足，神经网络算法具有先天的局限性；20世纪70年代后，神经网络再次成为研究热点；2010年后，支持深度学习的神经网络得到了广泛应用。神经网络只在一定程度上模拟了人类大脑的工作方式。

(3) 人工智能是与人类行为相似的计算机程序，只要计算机程序的功能表现与人类在类似环境下行为相似，就可以认为该程序是该领域的人工智能程序。这种思想是在深度学习模型处理机器翻译、语音识别、主题抽取等与自然语言相关的问题时，将各种输入信息量化为信号序列，然后将这些量化后的数据输入神经网络进行训练。整个模型可以智能工作，最终结果与人类的工作过程很类似。

(4) 人工智能是会学习的计算机程序，这一定义也符合人类认知的特点。机器学习在2000—2010年爆发了惊人的威力，特别是在计算机视觉领域。现在最典型的人工智能系统是通过学习大量数据训练经验模型的方法，模拟人类学习成长过程。在人工智能技术中，机器学习扮演着核心的角色。

机器学习和人类学习还存在着较大的差别，人类学习不需要大规模的训练数据，能够将其他领域的学习经验进行迁移。面对复杂的世界，人类可以使用自己的抽象能力，仅凭几个例子就能举一反三，归纳规则。

(5) 人工智能是根据对环境的感知做出合理的行动，并获得最大收益的计算机程序。这一定义强调人工智能主动感知环境，并能据此作出反应，从而达到目标，不再强调模仿人类的思维方式。

2.1.2　图灵测试

关于如何界定人工智能，早在人工智能学科还未正式诞生之前，就由英国数学家艾伦·图灵(Alan Turing)在 1950 年提出了著名的"图灵测试"。图灵指出不要问机器是否能思维，而是要看它能否通过如下测试：让人与机器分别在两个房间里，二者之间可以通话，但彼此都看不到对方。如果通过对话，人的一方不能分辨对方是人还是机器，那么就可以认为对方的那台机器达到了人类智能的水平。为了进行这个测试，图灵还设计了一个很有趣且智能性很强的对话内容，称为"图灵的梦想"。

现在许多人仍把图灵测试作为衡量机器智能的准则，但也有许多人认为图灵测试仅仅反映了结果，没有涉及思维过程，即使机器通过了图灵测试，也不能认为机器就有智能。针对图灵测试，哲学家约翰·塞尔勒在 1980 年设计了"中文屋思想实验"说明这一观点。在中文屋思想实验中，一个完全不懂中文的人在一间密闭的屋子里，有一本中文处理规则的书。他不必理解中文就可以使用这些规则。屋外的测试者不断通过门缝给他写一些有中文语句的纸条。他在书中查找处理这些中文语句的规则，根据规则将一些中文字符抄在纸条上作为相应语句的回答，并将纸条递出房间。这样，从屋外的测试者来看，仿佛屋里的人是一个以中文为母语的人，但他实际上并不理解他所处理的中文，也不会在此过程中提高自己对中文的理解。用计算机模拟这个系统，可以通过图灵测试。这说明一个按照规则执行的计算机程序不能真正理解其输入、输出的意义。许多人对塞尔勒的中文屋思想实验进行了反驳，但还没有人能够彻底将其驳倒。

在过去数十年里，"图灵测试"仍被广泛地认为是人工智能的重要标准，人工智能的研究也正朝着这个方向前进。特别是在专业领域内，人工智能能够充分利用计算机的特点，具有显著的优越性。当然，早期的图灵测试是假设被测试对象位于密室中。后来，与人对话的可能是位于网络另一端的聊天机器人。随着智能语音、自然语言处理等技术的飞速发展，人工智能已经能用语音对话的方式与人类交流，而不被发现是机器人。在 2018 年的谷歌开发者大会上，谷歌公司向外界展示了其人工智能技术在语音通话应用上的最新进展，比如通过 Google Duplex 个人助理来帮助用户在真实世界中预约了美发沙龙和餐馆。

2.2　人工智能的发展历史

人工智能的发展需要数据、算法及计算能力的支撑。通常认为，支撑人工智能在某一领域广泛应用的四要素分别为算法、算力、数据及应用场景。在人工智能的发展过程中，无论是人工智能概念的几次兴衰，还是人工智能技术及应用的进展，都与相应时代的信息技术发展水平及市场需求密不可分。

1956 年，麦肯锡等 10 位来自不同学科的科研人员举办了为期两个月的暑假学术研讨会，会上提出了人工智能的概念，标志着人工智能学科的诞生。从最初不切实际的预测，到之后各种专家系统的出现，实现了人工智能走向实际应用的新局面。后来因为专家系统无法解决复杂问题，人工智能一度处于低迷期。直到今天，人工智能又进入了新的蓬勃发展期。人工智能经过 60 多年的发展，尽管道路曲曲折折，但是发展到今天，无论是理论创新还是各种应用，应该说是精彩纷呈。

2.2.1　人工智能的诞生

1936 年，英国数学家艾伦·图灵提出"理论计算机"模型(被称为图灵机)，创立了"自动机理论"。1937 年，世界上第一台数字计算机 ABC 在爱荷华州立大学开始研制。1943 年，Warren McCulloch 和 Walter Pitts 两位科学家提出了"神经网络"的概念。1946 年，美国科学家莫克利等人制成了世界上第一台电子数字计算机 ENIAC，随后又有不少人为计算机的实用化不懈奋斗，这项划时代的成果为人工智能研究奠定了坚实的物质基础。

1950 年，艾伦·图灵在他的论文《计算机器与智能》(Computing Machinery and Intelligence)中提出了著名的图灵测试(Turing Test)。同时，图灵还预言会创造出具有真正智能的机器的可能性。1951 年夏天，当时普林斯顿大学数学系的一位 24 岁的研究生马文·明斯基(Marvin Minsky)建立了世界上第一个神经网络机器 SNARC(Stochastic Neural Analog Reinforcement Calculator)。在这个只有 40 个神经元的小网络里，人们第一次模拟了神经信号的传递。这项开创性的工作为人工智能奠定了深远的基础。明斯基由于在人工智能领域的一系列奠基性的贡献，于 1969 年获得计算机科学领域的最高奖——图灵奖。1954 年，美国人乔治·戴沃尔设计了世界上第一台可编程机器人。

信息技术的快速发展催生了人们用机器进行思考的念头。1956 年夏季，以麦卡锡、明斯基、罗切斯特和香农等为首的一批有远见卓识的年轻科学家在美国达特茅斯学院聚会，共同研讨论用机器模拟智能的一系列有关问题，并首次提出了"人工智能"这一术语，标志着"人工智能"学科的正式诞生。

2.2.2　第一次兴衰

人工智能的诞生震动了全世界，人们第一次看到了由机器来产生模拟智能的可能性，当时部分专家乐观地预测，20 年内机器将能做人所能做的一切。虽然到目前为止，我们也没有能看到这样一台机器的身影，但是它的诞生所点燃的热情确实为这个新兴领域的发展注入了无穷的活力。

1963 年，当时刚成立的美国国防部高级研究计划署(DARPA)给麻省理工学院拨款 200 万美元，开启了新项目 Project MAC(The Project on Mathematics and

Computation)。不久后，当时最著名的人工智能科学家明斯基和麦卡锡加入了这个项目，并推动了在视觉和语言理解等领域的一系列研究。Project MAC 项目培养了一大批最早期的计算机科学和人工智能人才，对这些领域的发展产生了非常深远的影响。这个项目也是现在赫赫有名的麻省理工学院计算机科学与人工智能实验室(MIT CSAIL)的前身。

在巨大的热情和投资的驱动下，一系列新成果在这个时期应运而生。麻省理工学院的约瑟夫·维森鲍姆(Joseph Weizenbaum)教授在 1964 年到 1966 年间建立了世界上第一个自然语言对话程序 Eliza——通过简单的模式匹配和对话规则与人聊天。虽然从今天的眼光来看，这个对话程序显得有点简陋，但是当它第一次展露在世人面前的时候，确实令世人惊叹。日本早稻田大学也在 1967 年启动 WABOT 项目。1972 年，世界上第一个全尺寸人形智能机器人——WABOT-1 诞生。该机器人身高约 2 m，重 160 kg，包括肢体控制系统、视觉系统和对话系统，有两只手、两条腿，胸部装有两个摄像头，全身共有 26 个关节，手部还装有触觉传感器。它不仅能对话，还能在视觉系统的引导下在室内走动和抓取物体。

但当时计算机的性能还很弱，专家们对人工智能的研究还处于探索理解阶段，这些产品还远不能达到普通大众及投资者预期效果。当时，计算机有限的内存和处理速度不足以解决任何实际的人工智能问题，要求程序对这个世界具有儿童水平的认识，目标确实太高了。另外，当时的信息与存储并不能支撑建立如此巨大的数据库，也没人知道一个程序怎样才能具有如此丰富的信息。由于没有太大进展，对人工智能提供资助的机构对无明确方向的人工智能研究逐渐停止了资助。在应用方面，如机器翻译，由于完全无法处理自然语言中的歧义和丰富多样的表达方式，导致笑话百出。过于乐观的目标与实际应用的无力，招致如剑桥大学数学家詹姆教授等人的指责："人工智能即使不是骗局，也是庸人自扰。"人工智能进入了第一次寒冬。

2.2.3 第二次兴衰

专家系统的兴盛引领着人工智能第二次浪潮。1976 年，斯坦福大学肖特利夫(Shortliffe)等人成功研制医疗专家系统 MYCIN，可协助内科医生用于血液感染病的诊断、治疗和咨询。1980 年，卡耐基·梅隆大学为迪吉多公司(DEC)开发了一套名为 XCON 的专家系统，它可以帮助迪吉多公司根据客户需求自动选择计算机部件的组合，这套系统当时每年可以为迪吉多公司节省 4000 万美元。XCON 的巨大商业价值极大地激发了工业界对人工智能尤其是专家系统的热情。1981 年，斯坦福研究院杜达等人成功研制地质勘探专家系统 PROSRECTOR，可用于地质勘测数据分析，探查矿床的类型、蕴藏量、分布。同年，日本经济产业省拨款 8.5 亿美元，用于研发第五代计算机项目，在当时被叫作人工智能计算机。随后，英国、美国纷纷响应，开始向信息技术领域的研究提供大量资金。1984 年，在美国人道格拉斯·来纳特的带领下，启动了 Cye 项目，其目标是使人工智能的应用能够以类似人类推理的方式工作。1986 年，美国发明家查尔斯·赫尔制造出人类历史上首个 3D 打印机。

值得一提的是，专家系统的成功也逐步改变了人工智能发展的方向。科学家们开始专注于通过智能系统来解决具体领域的实际问题，尽管这和他们建立通用智能的初衷并不完全一致。

在研究领域，1977 年我国数学家、人工智能学家吴文俊提出了初等几何判定问题的机器定理证明方式——吴氏方法。1982 年，约翰•霍普菲尔德(John Hopfield)提出了一种新型的网络形式，即霍普菲尔德神经网络(Hopfield Net)，在其中引入了相联存储的机制。1986 年，大卫•鲁梅尔哈特(David Rumelhart)、杰弗里•辛顿(Geoffrey Hinton)和罗纳德•威廉姆斯(Ronald Williams)联合发表了里程碑意义的经典论文：《通过误差反向传播学习表示》(Learning Representations by Back-propagating Errors)。在这篇论文中，他们通过实验展示了反向传播算法(Back Propagation，BP)，可以在神经网络的隐藏层中学习对输入数据的有效表达。从此，反向传播算法被广泛用于人工神经网络的训练。

硬件的发展以及软件在市场上的成功应用，加上政府的重视，人工智能又进入了第二个繁荣期。然而，专家系统的实用性仅仅局限于某些特定情景，并不能做到为所欲为。到了 20 世纪 80 年代晚期，美国 DARPA 的新任领导认为，人工智能并非"下一个浪潮"，拨款将倾向于那些看起来更容易出成果的项目。LISP 计算机，这种广泛被看好可以实现自然语言处理、知识工程、工业分析的计算机类型，由于缺乏真实应用场景，危机中的资本很快对此失去了耐心，泡沫急速破碎，相关公司近乎全线破产。人工智能又一次成为了欺骗与失望的代名词。

专家系统之后缺乏新的应用场景，资本界对人工智能发展缺乏耐心，再加上市场上又出现了资本界追捧的新宠儿——个人计算机，因而人工智能进入了第二次寒冬。

2.2.4　第三次浪潮

1997 年 5 月，IBM 公司的计算机"深蓝"战胜国际象棋世界冠军卡斯帕罗夫，成为首个在标准比赛时限内击败国际象棋世界冠军的计算机系统。2011 年，Watson(沃森)作为 IBM 公司开发的使用自然语言回答问题的人工智能程序参加美国智力问答节目，打败两位人类冠军，赢得了 100 万美元。2016 年 3 月 15 日，Google 人工智能 AlphaGo 与围棋世界冠军李世石的人机大战最后一场落下帷幕。人机大战第 5 场经过长达 5 个小时的搏杀，以李世石认输结束，最终李世石与AlphaGo 总比分定格在 1∶4。这一次的人机对弈，主要是从科普的层面，让人工智能正式被世人所熟知。整个人工智能市场也像是被引燃了导火线，开始了新一轮爆发。

2006 年，杰弗里•辛顿出版了《Learning Multiple Layers of Representation》一书，奠定了后来神经网络的全新架构，至今仍然是人工智能深度学习的核心技术之一。杰弗里•辛顿也被人称为"深度学习"之父、AI 教父，是他引领了神经网络的研究与应用的潮流，将"深度学习"从边缘课堂变成了谷歌等互联网巨头所仰赖的核心技术,使得人工智能发展到今天仍然炙手可热。2013 年之后,杰弗里·辛顿进入谷歌公司负责 AI 研究。

　　2007 年,在斯坦福大学任教的华裔科学家李飞飞发起并创建了 ImageNet 项目。为了向人工智能研究机构提供足够数量可靠的图像资料,ImageNet 号召民众上传图像并标注图像内容。ImageNet 目前已经包含了 1400 万张图片数据,涵盖了 2 万多个类别。尤其是 2012 年,多伦多大学在挑战赛上设计的深度卷积神经网络算法被业内认为是深度学习革命的开始。2015 年,何恺明等利用拥有 152 层的深度残差网络对 ImageNet 中超过 1400 万张图片进行训练,其识别错误率低至 3.57%,在图像识别领域第一次超过人类,并远优于经过训练的普通人。至此,深度学习算法开始被广泛运用在产品开发中。Facabook 成立了人工智能实验室,探索深度学习领域,借此为用户提供更智能化的产品体验;Google 收购了语音和图像识别公司 DNNResearch,推广深度学习平台;百度公司创立了深度学习研究院;剑桥大学建立了人工智能研究所等。2015 年,Google 开源了利用大量数据直接就能训练计算机来完成任务的第二代机器学习平台 TensorFlow,科学技术方面的研究一直在积极推进。

　　华裔科学家吴恩达及其团队在 2009 年开始研究使用图像处理器进行大规模无监督式机器学习工作,尝试让人工智能程序完全自主地识别图形中的内容。2012 年,吴恩达取得了惊人的成就,向世人展示了一个超强的神经网络,它能够在自主观看数千万张图片之后,识别那些包含小猫的图像内容。这是历史上在没有人工干预下,机器自主强化学习的里程碑式事件。2009 年,谷歌公司开始秘密测试无人驾驶汽车技术;2012 年,谷歌公司成为第一个通过美国内华达州自驾车测试的公司。

　　2013 年,谷歌公司收购了世界顶级的机器人技术公司——波士顿动力。它崛起于美国国防部的 DARPA 大赛,其生产的双足机器人和四足机器狗具有超强的环境适应能力和未知情况下的行动能力。图像识别技术正逐渐从成熟走向深入,如从日常的人脸识别到照片中的各种对象识别,从手机的人脸解锁到增强现实空间成像技术,以及图片、视频的语义提取等。智能音箱的背后技术是语音助手,国内厂商如阿里巴巴、小米、百度、腾讯等都推出了各自的智能语音音箱,一时间智能音箱产品遍地开花。2018 年,谷歌公司发布了语音助手的升级版,展示了语音助手自动电话呼叫并完成主人任务的场景,其中包含了多轮对话、语音全双工等新技术,这可能预示着新一轮自然语言处理和语义理解技术的到来。

　　人机对战从形式上向大众推广了人工智能概念,深度学习又从技术层面上大幅提升了人工智能水平,人工智能迎来了春天,进入了一个新的爆发期。世界各国的政府和商业机构纷纷把人工智能列为未来发展战略的重要部分。由此,人工智能的发展迎来了第三次浪潮。值得指出的是,在这一波人工智能浪潮中,硬件的发展及云计算的兴起提供了算力保障,因特网上的大量数据给人工智能提供了"温床",移动应用的天量数据给电商客户画像与精准营销提供了"燃料",再加上物联网的海量数据给人工智能应用提供了数据支撑,人工智能在很多具体应用场景中都将大有作为。

人工智能大体可分为专用人工智能和通用人工智能。目前的人工智能主要是面向特定任务(比如下围棋)的专用人工智能,其处理的任务需求明确、应用边界清晰、领域知识丰富,在局部智能水平的单项测试中往往能够超越人类智能。例如,AlphaGo 在围棋比赛中战胜人类冠军,人工智能程序在大规模图像识别和人脸识别中达到了超越人类的水平,人工智能系统识别医学图片等达到专业医生水平。

　　相对于专用人工智能技术的发展,通用人工智能尚处于起步阶段。事实上,人的大脑是一个通用的智能系统,可处理视觉、听觉、判断、推理、学习、思考、规划、设计等各类问题。人工智能方向应该是从专用智能向通用智能发展的。

　　目前,全球产业界充分认识到人工智能技术引领新一轮产业革命的重大意义,把人工智能技术作为许多高技术产品的引擎和占领人工智能产业发展的战略高地。大量的人工智能应用促进了人工智能理论的深入研究。

2.3　人工智能的关键技术

　　人工智能包括机器学习、知识图谱、自然语言处理、人机交互、机器视觉、人工神经网络与深度学习、生物识别等七个关键技术。

2.3.1　机器学习

　　人工智能近年在人机博弈、计算机视觉、语言处理等诸多领域都获得重要进展,在人脸识别、机器翻译等任务中已经达到甚至超越了人类的表现。举世瞩目的围棋"人机大战"中,AlphaGo 以绝对优势先后战胜过去 10 年最强的人类棋手、世界围棋冠军李世石和柯洁,让人类领略到了人工智能技术的巨大潜力。可以说,近年来人工智能技术所取得的成就,除了计算能力的提高及海量数据的支撑,很大程度上得益于目前机器学习理论和技术的进步。

　　知识是智能的基础,要使计算机有智能,就必须使它有知识。人们可以把有关知识归纳、整理在一起,并使用计算机可接受、处理的方式输入到计算机中去,使计算机具有知识。显然,这种方法不能及时地更新知识,特别是计算机不能适应环境的变化。为了使计算机具有真正的智能,必须使计算机像人类那样,具有获得新知识、学习新技巧并在实践中不断完善、改进的能力,从而实现自我完善。

　　机器学习是一门涉及统计学、系统辨识、逼近理论、神经网络、优化理论、计算机科学、脑科学等诸多领域的交叉学科,研究计算机怎样模拟或实现人类的学习行为,以获取新的知识或技能。重新组织已有的知识结构使之不断改善自身的性能,是人工智能技术的核心。基于数据的机器学习是现代智能技术中的重要方法之一,研究从观测数据(样本)出发寻找规律,并利用这些规律对未来数据或无法观测的数据进行预测。

　　机器模仿人的学习过程,如同模仿一个婴儿认识一些动物的过程。一个婴儿要区分猫和狗时,需要将不同的动物图片给婴儿看,并告诉婴儿这些图片哪些是猫哪些是狗。当婴儿学习了一段时间后,凭借已有的经验就能够较为准确地区分出猫和狗,即使提供了婴儿没有学习过的新的猫和狗的图片,婴儿凭借已有的学习经验也能够判断出来是哪种动物。但由于学习的图片数量有限,因此还是会出错,如将狗的照片给婴儿看,婴儿可能会错误地认定为猫的图片,这主要是由于学习的经验还不够,当婴儿学习了足够多的动物图片,积累了足够的学习经验后,判断的结果将会更加准确。婴儿识别动物图片的学习过程可以归纳为学习已有的图片,并根据图片的特征积累丰富的学习经验,再根据学习经验对其他图片进行判断识别。学习的图片越多,积累的经验越丰富,对未知图片的识别准确率就越高。

由上可知,机器学习的过程实际上就是计算机通过对输入的动物图片进行学习的过程,即在计算机内部建立一个识别模型,学习每张图片的同时指出对应图片的编号,计算机可根据学习图片数据和图片的编号来完善它的识别模型,持续进行学习训练。每训练一定次数后对识别模型的结果进行测试,如果测试的结果不能满足要求,则继续对动物图片进行学习,直到训练出来的识别模型结果符合要求后保存该识别模型;再使用识别模型来识别未知动物的图片。如果训练出来的识别模型能够有效识别各类动物图片,则该识别模型有效。

机器学习可以分为以下五大类。

1. 监督学习

从给定的训练数据集中学习一个函数,当新的数据到来时,可以根据这个函数预测结果。监督学习的训练数据集要求是输入和输出,也可以说是特征和目标。训练数据集的目标是由人标注的。常见的监督学习算法包括分类和回归,它们的主要区别就是输出结果是离散的还是连续的。识别动物图片的案例即为监督学习。

在分类任务中,数据集是由特征向量和它们的标签组成的,在学习了这些数据之后,给定一个只知道特征向量而不知道标签的数据,可以求它的标签是哪一个。例如:预测明天是阴天、晴天还是雨天,就是一个分类任务;小明估计自己的期末成绩能不能及格,就是一个分类任务。

在回归分析中,数据集给出一个函数和它的一些坐标点,然后通过回归分析的算法来估计原函数的模型,求出一个最符合这些已知数据集的函数解析式,接着就可以用来预估其他位置输出的数据了。当输入一个自变量时,就会根据这个模型解析式输出一个因变量,这些自变量就是特征向量,因变量就是标签,而且标签的值是连续变化的。例如:预测明天的气温是多少度,就是回归任务。

2. 无监督学习

无监督学习与监督学习相比,训练数据集中没有人为标注的结果。常见的无监督学习算法有聚类算法和关联规则抽取。

聚类算法的目标是创建对象分组,使得同一组内的对象尽可能相似,而处于不同组内的对象尽可能相异。例如:小明想知道自己属于哪一类学生,就是聚类问题。

关联规则抽取在生活中得到了很多应用。沃尔玛拥有世界上最大的数据仓库系统,为了能够准确了解顾客在其门店的购买习惯,沃尔玛对其顾客的购物行为进行购物分析，想知道顾客经常一起购买的商品是哪些，最后通过分析发现跟尿布一起购买最多的商品竟是啤酒。经过大量实际调查和分析，揭示了一个隐藏在"尿布与啤酒"背后的美国人的一种行为模式：在美国，一些年轻的父亲下班后经常要到超市去买婴儿尿布，而他们中有 30%～40%的人同时也为自己买一些啤酒。产生这一现象的原因是：美国的太太们常叮嘱她们的丈夫们下班后为小孩买尿布，而丈夫们在买尿布后又随手带回了他们喜欢的啤酒。

3. 半监督学习

模式识别和机器学习领域研究的重点问题是监督学习与无监督学习相结合的一种学习方法。半监督学习使用大量的未标记数据以及同时使用标记数据，来进行模式识别工作。当使用半监督学习时，将会要求尽量少的人员来从事标注工作，同时又能够带来比较高的准确性，因此，半监督学习目前正越来越受到人们的重视。

4. 迁移学习

随着计算硬件和算法的发展，缺乏有标签数据的问题逐渐凸显出来，不是每个领域都会像 ImageNet 那样花费大量的人工标注来产生一些数据，尤其针对工业界，每时每刻都在产生大量的新数据，标注这些数据是一件耗时耗力的事情。因此，目前监督学习虽然能够解决很多重要的问题，却也存在着一定的局限性，基于这样的一个环境，迁移学习变得尤为重要。

迁移学习是将已经训练好的模型参数迁移到新的模型，即帮助新模型训练数据集。迁移学习适用场景：假定源域中有较多的样本，能较好地完成源任务，但目标域中样本量较少，不能较好地完成目标任务，即分类或者回归的性能不稳定。这时候，可以利用源域的样本或者模型来协助提升目标任务的性能。

5. 增强学习

通过观察周围环境来学习。每个动作都会对环境有所影响，学习对象根据观察到的周围环境的反馈来作出判断。增强学习问题经常在信息论、博弈论、自动控制等领域讨论，被用于解释有限理性条件下的平衡态，设计推荐系统和机器人交互系统。一些复杂的强化学习算法在一定程度上具备解决复杂问题的通用智能，可以在围棋和电子游戏中达到或者超过人类水平。

增强学习是从动物学习、参数扰动自适应控制等理论发展而来的，其基本原理是：如果智能体(Agent)的某个行为策略导致环境正的奖赏(强化信号)，那么 Agent 以后产生这个行为策略的趋势便会加强。Agent 的目标是在每个离散状态发现最优策略，以使期望的折扣累积奖赏达到最大。

增强学习把学习看作试探评价过程，Agent 选择一个动作用于环境，环境接受该动作后状态发生变化，同时产生一个强化信号(奖或惩)反馈给 Agent，Agent 根据强化信号和环境当前状态再选择下一个动作，选择的原则是使受到正强化(奖)的概率增大。选择的动作不仅影响立即强化值，而且影响环境下一时刻的状态及最终的强化值。

增强学习不同于连接主义学习中的有监督学习，主要表现在教师信号上，增强学习中由环境提供的强化信号是 Agent 对所产生的好坏作出的一种评价(通常为标量信号），而不是告诉 Agent 如何去产生正确的动作。由于外部环境提供了很少的信息，Agent 必须靠自身的经历进行学习。通过这种方式，Agent 在行动-评价的环境中获得知识，改进行动方案以适应环境。

机器学习强调三个关键词：算法、经验、性能。在数据的基础上，通过算法构建出模型并对模型进行评估。评估的性能如果达到要求，就用该模型来测试其他数据；如果达不到要求，就要调整算法来重新建立模型，再次进行评估。如此循环往复，最终获得满意的模型来处理其他数据。机器学习技术和方法已经被成功应用到多个领域，比如个性推荐系统、金融反欺诈、语音识别、自然语言处理和机器翻译、模式识别、智能控制等。

2.3.2 知识图谱

由于互联网内容具有大规模、异质多元、组织结构松散等特点，给人们有效获取信息和知识提出了挑战。谷歌公司为了利用网络多源数据构建的知识库来增强语义搜索，提升搜索引擎返回的答案质量和用户查询的效率，于 2012 年 5 月 16 日首先发布了知识图谱。

知识图谱又称为科学知识图谱，在图书情报界称为知识域可视化或知识领域映射地图，是显示知识发展进程与结构关系的一系列不同的图形，即用可视化技术描述知识资源及其载体，并挖掘、分析、构建、绘制和显示知识及它们之间的相互关系。

知识图谱是一种互联网环境下的知识表示方法。知识图谱目的是为了提高搜索引擎的能力，改善用户的搜索质量以及搜索体验。随着人工智能的技术发展和应用，知识图谱作为关键技术之一，已被广泛应用于智能搜索、智能问答、个性化推荐、内容分发等领域。现在的知识图谱已被用来泛指各种大规模的知识库。谷歌、百度和搜狗等搜索引擎公司为了改进搜索质量，纷纷构建知识图谱，分别称为知识图谱、知心和知立方。

知识图谱以结构化的形式描述客观世界中概念、实体间的复杂关系，将互联网的信息表达成更接近人类认知世界的形式，提供了一种更好地组织、管理和理解互联网海量信息的能力。它把复杂的知识领域通过数据挖掘、信息处理、知识计量和图形绘制而显示出来，揭示知识领域的动态发展规律。

1. 知识图谱的体系架构

知识图谱的架构主要包括自身的逻辑结构以及体系架构，知识图谱在逻辑结构上可分为模式层与数据层两个层次，数据层主要是由一系列的事实组成，而知识将以事实为单位进行存储。如果用(实体 1，关系，实体 2)、(实体，属性，属性值)这样的三元组来表达事实，可选择图数据库作为存储介质，例如开源的 Neo4j、Twitter 的 FlockDB、JanusGraph 等。模式层构建在数据层之上，主要是通过本体库来规范数据层的一系列事实表达。本体是结构化知识库的概念模板，通过本体库而形成的知识库不仅层次结构较强，并且冗余程度较小。

知识图谱的体系架构是指其构建模式的结构，如图 2-1 所示。

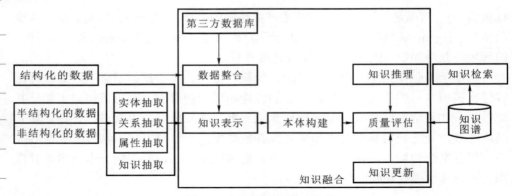

图 2-1　知识图谱的体系架构

大规模知识库的构建与应用需要多种智能信息处理技术的支持。通过知识抽取技术，可以从一些公开的半结构化、非结构化的数据中提取出实体、关系、属性等知识要素。通过知识融合，可消除实体、关系、属性等指称项与事实对象之间的歧义，形成高质量的知识库。知识推理则是在已有的知识库基础上进一步挖掘隐含的知识，从而丰富、扩展知识库。分布式的知识表示形成的综合向量对知识库的构建、推理、融合以及应用均具有重要的意义。

1) 知识抽取

知识抽取主要是面向开放的链接数据，通过自动化的技术抽取出可用的知识单元，知识单元主要包括实体(概念的外延)、关系以及属性三个知识要素，并以此为基础，形成一系列高质量的事实表达，为上层模式层的构建奠定基础。知识抽取有以下三个主要工作：

(1) 实体抽取：在技术上我们更多称为 NER(Named Entity Recognition，命名实体识别)，是指从原始语料中自动识别出命名实体。由于实体是知识图谱中的最基本元素，其抽取的完整性、准确、召回率等将直接影响到知识库的质量。因此，实体抽取是知识抽取中最为基础与关键的一步。

(2) 关系抽取：目标是解决实体间语义链接的问题。早期的关系抽取主要是通过人工构造语义规则以及模板的方法识别实体关系。随后，实体间的关系模型逐渐替代了人工预定义的语法与规则。

(3) 属性抽取：主要是针对实体而言的，通过属性可形成对实体的完整勾画。由于实体的属性可以看成是实体与属性值之间的一种名称性关系，因此可以将实体属性的抽取问题转换为关系抽取问题。

2) 知识表示

近年来，以深度学习为代表的表示学习技术取得了重要的进展，可以将实体的语义信息表示为稠密、低维、实值向量，进而在低维空间中高效计算实体、关系及其之间的复杂语义关联，对知识库的构建、推理、融合以及应用均具有重要的意义。

3) 知识融合

由于知识图谱中的知识来源广泛，存在知识质量良莠不齐、来自不同数据源的知识重复、知识间的关联不够明确等问题，所以必须要进行知识的融合。知识融合是高层次的知识组织，使来自不同知识源的知识在同一框架规范下进行异构数据整合、消歧、加工、推理验证、更新等步骤，达到数据、信息、方法、经验以及人的思想的融合，形成高质量的知识库。

其中，知识更新是一个重要的部分。人类的认知能力、知识储备以及业务需求都会随时间而不断递增。因此，知识图谱的内容也需要与时俱进，不论是通用知识图谱，还是行业知识图谱，它们都需要不断地迭代更新，扩展现有的知识，增加新的知识。

2. 知识图谱应用

知识图谱为互联网上海量、异构、动态的大数据表达、组织、管理以及利用提供了一种更为有效的方式，使得网络的智能化水平更高，更加接近于人类的认知思维。

1）智能搜索

用户输入查询后，搜索引擎不仅仅去寻找关键词，而且首先要进行语义的理解。比如，对查询分词之后，对查询的描述进行归一化，从而能够与知识库进行匹配。查询的返回结果，是搜索引擎在知识库中检索相应的实体之后，给出的完整知识体系。

Google 的知识图谱首先应用在搜索引擎上，有着一些特征：用户搜索次数越多，范围越广，搜索引擎就能获取越多的信息和内容；赋予字串新的意义，而不只是单纯的字串；融合了所有的学科，以便用户搜索时的连贯性；为用户找出更加准确的信息，作出更全面的总结，并提供更有深度的相关信息；把与关键词相关的知识体系系统化地展示给用户；用户只需登录 Google 旗下 60 多种在线服务中的一种，就能获取在其他服务上保留的信息和数据；Google 从整个互联网汲取有用的信息，让用户能够获得更多相关的公共资源。

谷歌公司的知识图谱从以下三个方面提升 Google 搜索效果：

(1) 找到最想要的信息。

用户的语音很可能是模棱两可的，即一个搜索请求可能代表多重含义，知识图谱会将信息全面展现出来，让用户找到自己最想要的那种含义。现在，Google 能够理解这其中的差别，并可以将搜索结果范围缩小到用户最想要的那种含义。

(2) 提供最全面的摘要。

有了知识图谱，Google 可以更好地理解搜索的信息，并总结出与搜索话题相关的内容。例如，当用户搜索"玛丽·居里"时，不仅可看到居里夫人的生平信息，还能获得关于其教育背景和科学发现方面的详细介绍。此外，知识图谱也会帮助用户了解事物之间的关系。

(3) 让搜索更有深度和广度。

由于知识图谱构建了一个与搜索结果相关的完整的知识体系，所以用户往往会获得意想不到的发现。在搜索中，用户可能会了解到某个新的事实或新的联系，促使其进行一系列的全新搜索查询。

2) 深度问答

问答系统是信息检索系统的一种高级形式，能够以准确简洁的自然语言为用户提供问题的解答。多数问答系统更倾向于将给定的问题分解为多个小的问题，然后逐一去知识库中抽取匹配的答案，并自动检测其在时间与空间上的吻合度等，最后将答案进行合并，以直观的方式展现给用户。例如，苹果的智能语音助手 Siri 能够为用户提供回答、介绍等服务，就是引入了知识图谱的结果。知识图谱使得机器与人的交互看起来更加智能。

3) 社交网络

Facebook 于 2013 年推出了 Graph Search 产品，其核心技术就是通过知识图谱将人、地点、事情等联系在一起，并以直观的方式支持精确的自然语言查询。例如，输入查询式："我朋友喜欢的餐厅""住在纽约并且喜欢篮球和中国电影的朋友"等，知识图谱会帮助用户在庞大的社交网络中找到与自己最具相关性的人、照片、地点和兴趣等。Graph Search 提供的上述服务贴近个人的生活，满足了用户发现知识以及寻找最具相关性的人的需求。

4) 垂直行业应用

从领域上来说，知识图谱通常分为通用知识图谱和特定领域知识图谱。在金融、医疗、电商等很多垂直领域，知识图谱正在带来更好的领域知识、更低金融风险、更完美的购物体验。更多的，如教育科研、图书馆、证券业、生物医疗以及需要进行大数据分析的一些行业，对整合性和关联性的资源需求迫切，知识图谱可以为其提供更加精确规范的行业数据以及丰富的表达，帮助用户更加便捷地获取行业知识。

2.3.3　自然语言处理

自然语言处理是指用计算机对自然语言的形、音、义等信息进行处理，即对字、词、句、篇章的输入、输出、识别、分析、理解、生产等的操作和加工。自然语言处理的具体表现形式包括机器翻译、文本摘要、文本分类、文本校队、信息抽取等。自然语言处理的几个核心环节包括知识的获取与表达、自然语言理解、自然语言生成等，也相应出现了知识图谱、对话管理、机器翻译等研究方向。其应用场景包括商品搜索、商品推荐、对话机器人、机器翻译、舆情监控、广告、金融风控等。

语言是人类区别于其他动物的本质特性。在所有生物中，只有人类才具有语言能力。人类的多种智能都与语言有着密切的关系。人类的逻辑思维以语言为形式，人类的绝大部分知识也是以语言文字的形式记载和流传下来的。

自然语言是指汉语、英语、法语等人们日常使用的语言，是自然而然地随着人类社会发展演变而来的语言，不是人造的语言，它是人类学习、生活的重要工具。概括来说，自然语言是指人类社会约定俗成的，区别于人工语言，也就是程序设计语言、机器语言。由于人工语言在设计之初就考虑到这些含糊、歧义的风险性，因此，人工语言虽然在长度和规则上都有一定的冗余，但保证了无二义性。

自然语言处理是计算机科学领域与人工智能领域中的一个重要方向。它研究能实现人与计算机之间用自然语言进行有效通信的各种理论和方法。自然语言处理是一门集语言学、计算机科学、数学于一体的科学。因此，这一领域的研究会涉及自然语言，即人们日常使用的语言，所以它与语言学的研究有着密切的联系，但又有着重要的区别。自然语言处理并不是一般地研究自然语言，而是在研制能有效地实现自然语言通信的计算机系统，特别是其中的软件系统。

　　实现人机间的信息交流，是人工智能界、计算机科学和语言学界所共同关注的重要问题。用自然语言与计算机进行通信，这是人们长期以来所追求的。因此它既有明显的实际意义，同时也有重要的理论意义，即人们可以用自己最习惯的语言来使用计算机，而无需再花大量的时间和精力去学习不太习惯的各种计算机语言。但实现人机间自然语言通信，意味着要使计算机既能理解自然语言文本的意义，也能以自然语言文本来表达给定的意图、思想等。前者称为自然语言理解，后者称为自然语言生成。因此，自然语言处理大体包括了自然语言理解和自然语言生成两个部分。

　　自然语言处理的应用包罗万象，例如机器翻译、手写体和印刷体字符识别、语音识别、信息检索、信息抽取与过滤、文本分类与聚集、舆情分析和观点挖掘等，它涉及与语言处理相关的数据挖掘、机器学习、知识获取、知识工程、人工智能研究与语言计算相关的语言学研究。

　　2016 年 9 月，Google 的 DeepMind 团队公布了其在语言合成领域的最新成果 WaveNet。它是一种原始音频波形深度生成模型，能够模仿人类的声音。WaveNet 利用真实的人类声音剪辑和相应的语言、语言特征来训练其卷积神经网络，让其能够辨别语音和语言的模式。WaveNet 的效果是惊人的，其输出的音频明显更接近自然人声。WaveNet 通过实际产生的声波而非语言本身，将文本转换成声音。该系统通过神经网络来模拟人脑，直接用音频的原始波形建模，这背后来自每秒高达 16000 个样本波形的强大数据库的支持。此外，每一个样本都需要基于之前的样本来建立对于声波样式的预测。

2.3.4　人机交互

　　人机交互是一门研究系统与用户之间的交互关系的学科。系统可以是各种各样的机器，也可以是计算机化的系统和软件。人机交互界面通常是指用户可见的部分。用户通过人机交互界面与系统交流，并进行操作。人机交互是与认知心理学、人机工程学、多媒体技术、虚拟现实技术等密切相关的综合学科。传统的人与计算机之间的信息交换主要依靠交互设备来进行，主要包括键盘、鼠标、操纵杆、数据服务、眼动跟踪器、位置跟踪器、数据手套、压力笔等输入设备，以及打印机、绘图仪、显示器、头盔式显示器、音箱等输出设备。人机交互技术除了传统的基本交互和图形交互外，还包括语音交互、情感交互、体感交互及脑机交互等技术。

　　人机交互具有广泛的应用场景，比如，日本建成了一栋可应用"人机交互"技术的住宅，如图 2-2 所示。人们可以通过该装置，用意念不用手就能自由操控家用电器。该住宅主要是为帮助身体有残疾以及老年人创造便捷的生活环境。用户头部戴着含有"人机交互"技术的特殊装置，该装置通过读取用户脑部血流的变化以及脑波变动数据实现无线通信。连接网络的计算机通过识别装置发来的无线信号向机器传输指令。目前，此装置判断的准确率达到 80%，并且能够从人的意识出现开始在最短 6.5 秒内机器就可以识别。

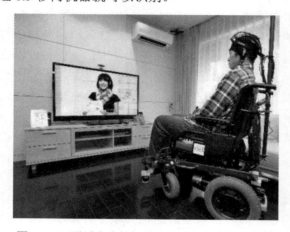

图 2-2　可通过意念操控家电的"人机交互"住宅

2.3.5　机器视觉

机器视觉是人工智能正在快速发展的一个分支。机器视觉或计算机视觉是用机器代替人眼进行测量和判断，是模式识别研究的一个重要方面。参照人类的视觉系统，摄像机等成像设备是机器的"眼睛"，机器视觉的作用就是要模拟人的大脑(主要是视觉皮层区)的视觉能力，如图 2-3 所示。机器视觉通常分为底层视觉与高层视觉两类。底层视觉主要执行预处理功能，如边缘检测、移动目标检测、纹理分析以及立体造型、曲面色彩等。其主要目的是使看见的对象更突出。这时还不是理解阶段。高层视觉主要是理解对象，需要掌握与对象相关的知识。机器视觉的前言课题包括：实时图像的并行处理，实时图像的压缩、传输与复原，三维景物的建模识别，动态和实时视觉等。

图 2-3　依靠机器视觉技术自动识别人和动物

机器视觉系统是指先通过图像摄取装置将被摄取的目标转换成图像信号，传送给专用的图像处理系统，然后根据像素分布和宽度、颜色等信息将图像信号转换成数字信号，最后图像系统对这些信号进行各种运算，抽取目标的特征，进而根据判别的结果来控制现场的设备动作。机器视觉的主要研究目标是使计算机具有通过二维图像认知三维环境信息的能力，能够感知与处理三维环境中物体的形状、位置、姿态、运动等几何信息。

机器视觉系统最基本的特点就是提高生产的灵活性和自动化程度。在一些不适于人工作业的危险工作环境或者人工视觉难以满足要求的场合，常用机器视觉来替代人工视觉。同时，在大批量重复性工业生产过程中，用机器视觉检测方法可以大大提高生产的效率和自动化程度。

如今，中国正成为世界机器视觉发展最活跃的地区之一，应用范围涵盖了工业、农业、医药、军事、航天、气象、天文、公安、交通、安全、科研等领域。其重要原因是中国已经成为全球制造业的加工中心，高要求的零部件加工及其相应的先进生产线，使许多具有国际先进水平的机器视觉系统和应用经验也进入了中国。

经历过长期的蛰伏，2010 年中国机器视觉市场迎来了爆发式增长。数据显示，当年中国机器视觉市场规模达到 8.3 亿元，同比增长 48.2%，其中智能相机、软件、光源和板卡的增长幅度都达到了 50%，工业相机和镜头也保持了 40%以上的增幅，皆为 2007 年以来的最高水平。

2011 年，中国机器视觉市场步入后增长调整期，相较 2010 年的高速增长，虽然增长率有所下降，但仍保持很高的水平。2011 年中国机器视觉市场规模为 10.8 亿元，同比增长 30.1%，增速同比 2010 年下降 18.1 个百分点，其中智能相机、工业相机、软件和板卡都保持了不低于 30%的增速，光源也达到了 28.6%的增长幅度，增幅远高于中国整体自动化市场的增长速度。电子制造行业仍然是拉动需求高速增长的主要因素。2011 年机器视觉产品电子制造行业的市场规模为 5.0 亿人民币，增长 35.1%，市份额达到了 46.3%，其中电子制造、汽车、制药和包装机械占据了近 70%的机器视觉市场份额。

机器视觉研究领域已经衍生出了一大批快速成长的、有实际作用的应用。具体如下：

(1) 人脸识别：Snapchat 和 Facebook 使用人脸检测算法来识别人脸。

(2) 图像检索：Google Images 使用基于内容的查询来搜索相关图像，并通过算法分析查询图像中的内容且根据最佳匹配内容返回结果。

(3) 游戏和控制：使用立体视觉较为成功的游戏应用产品是微软 Kinect。

(4) 监测：用于监测可疑行为的监视摄像头遍布于各大公共场所中。

(5) 智能汽车：机器视觉是检测交通标志、灯光和其他视觉特征的主要信息来源。

2.3.6　人工神经网络与深度学习

1. 人工神经网络

人工神经网络是 20 世纪 80 年代以来人工智能领域兴起的研究热点。人工神经网络是一种应用类似于大脑神经突触连接的结构进行信息处理的数学模型。在工程与学术界也常直接简称为神经网络或类神经网络。神经网络是一种运算模型，由大量的节点(或称神经元)之间相互连接构成。每个节点代表一种特定的输出函数，称为激励函数(Activation Function)。每两个节点间的连接都代表一个对于通过该连接信号的加权值，称之为权重，这相当于人工神经网络的记忆。网络的输出则依据网络的连接方式、权重和激励函数的不同而不同。而网络自身通常都是对自然界某种算法或者函数的逼近，也可能是对一种逻辑策略的表达。

人工神经网络的构筑理念是受到生物(人或其他动物)神经网络功能的运作启发而产生的。人工神经网络通常是通过一个基于数学统计学类型的学习方法(Learning Method)得以优化，所以人工神经网络也是数学统计学方法的一种实际应用。通过统计学的标准数学方法，我们能够得到大量的可以用函数来表达的局部结构空间；另一方面在人工智能学的人工感知领域，我们可以通过数学统计学的应用，使人工神经网络能够具有类似人的简单的决定能力和简单的判断能力，这种方法比起正式的逻辑学推理演算更具有优势。

人工神经网络从信息处理角度对人脑神经元网络进行抽象，建立某种简单模型，并按不同的连接方式组成不同的网络。

早在 1943 年，神经和解剖学家克洛奇(W. S. McCulloch)和数学家匹兹(W. Pitts)就提出了神经元的数学模型(M-P 模型)，从此开创了神经科学理论研究的时代。20世纪 60 年代至 70 年代，由于神经网络研究自身的局限性，致使其研究陷入了低谷。特别是著名人工智能学者明斯基(Minsky)等人在 1969 年以批评的观点编写的很有影响的《感知机》一书，直接导致了神经网络进入萧条时期。到 20 世纪 80年代，对神经网络的研究取得突破性进展，特别是鲁梅尔哈特(Rumelhart)等人提出多层前向神经网络的 BP 学习算法，霍普菲尔德(J. J. Hopfield)提出霍普菲尔德神经网络模型，有力地推动了神经网络的研究，由此人工神经网络的研究进入了一个新的发展时期，取得了许多研究成果。

人工神经网络的特点和优越性，主要表现在三个方面：

(1) 具有自学习功能。例如实现图像识别时，只在先把许多不同的图像样板和对应的应识别的结果输入人工神经网络，网络就会通过自学习功能，慢慢学会识别类似的图像。自学习功能对于预测有特别重要的意义。预期未来的人工神经网络计算机将为人类提供经济预测、市场预测、效益预测，其应用前途是远大的。

(2) 具有联想存储功能。用人工神经网络的反馈网络就可以实现这种联想。

(3) 具有高速寻找优化解的能力。寻找一个复杂问题的优化解，往往需要很大的计算量，利用一个针对某问题而设计的反馈型人工神经网络，发挥计算机的高速运算能力，可以很快找到优化解。

人工神经网络特有的非线性适应性信息处理能力，克服了传统人工智能方法对于直觉如模式、语音识别、非结构化信息处理方面的缺陷，使之在神经专家系统、模式识别、智能控制、组合优化、预测等领域得到成功应用。人工神经网络与其他传统方法相结合，将推动人工智能和信息处理技术不断发展。近年来，人工神经网络正向模拟人类认知的道路上更加深入发展，与模糊系统、遗传算法、进化机制等结合，形成计算智能，成为人工智能的一个重要方向，将在实际应用中得到发展。将信息几何应用于人工神经网络的研究，为人工神经网络的理论研究开辟了新的途径。神经计算机的研究发展很快，已有产品进入市场。例如，光电结合的神经计算机为人工神经网络的发展提供了良好条件。

2. 深度学习

2016 年，加拿大多伦多大学 Geoffrey Hinton 教授和他的学生在"Science"上发表的文章掀起了深度学习的浪潮，在计算机视觉、自然语言处理等多个领域取得了突破性的进展。特别是随着云计算、大数据技术的发展，深度学习具有更加广阔的应用。

深度学习的概念源于人工神经网络的研究。含多隐层的多层感知器就是一种深度学习结构。深度学习通过组合低层特征形成更加抽象的高层来表示属性类别或特征，以发现数据的分布式特征表示。

深度学习的概念由 Hinton 等人于 2006 年提出。基于深度置信网络提出非监督贪心逐层训练算法，为解决深层结构相关的优化难题带来希望，随后提出多层自动编码器深层结构。此外，Lecun 等人提出的卷积神经网络是第一个真正多层结构学习算法，它利用空间相对关系减少参数数目以提高训练性能。人工智能、机器学习与深度学习的关系如图 2-4 所示。

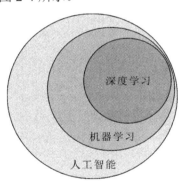

图 2-4　人工智能、机器学习与深度学习的关系

深度学习是机器学习研究中的一个新的领域，其动机在于建立、模拟人脑进行分析学习的神经网络，它模仿人脑的机制来解释数据，例如图像，声音和文本。

同机器学习方法一样，深度机器学习方法也有监督学习与无监督学习之分，不同的学习框架下建立的学习模型也是不同的。例如，卷积神经网络(Convolutional Neural Network，CNN)就是一种深度的监督学习下的机器学习模型，而深度置信网络(Deep Belief Net，DBN)就是一种无监督学习下的机器学习模型。

深度学习实际上是指基于深度神经网络的学习，即深度人工神经网络所进行的学习过程。业界没有特别定义具体有多少层的神经网络才是深度神经网络，因此通常将超过两层的神经网络，即一个隐藏层和一个输出层以上的神经网络都称为深度神经网络。深度学习的概念具有另一层次的含义，一个深度学习网络能够学到深层次的内容，即能够提取到基于统计学指标、传统机器学习或显示的特征与内容描述所无法表述的内容。

深度神经网络之所以如此具有吸引力，主要是因为它能够通过大量的线性分类器和非线性关系的组合来完成平时难以处理的问题。这是一种非常新颖且非常具有吸引力的解决方法，人类对机器学习中的环节干预越少，意味着距离人工智能真正实现的方向越近。

2.3.7　生物识别

在当今信息化时代，如何准确鉴定一个人的身份、保护信息安全，已成为一个必须解决的关键性社会问题。传统的身份认证由于极易伪造和丢失，越来越难以满足社会的需求，目前最为便捷与安全的解决方案无疑是生物识别技术。它不但简捷快速，而且利用它可进行安全、可靠、准确的身份认定，同时更易于配合计算机与安全、监控、管理系统整合，实现自动化管理。由于其广阔的应用场景、巨大的社会效益和经济效益，已引起各国的广泛关注和高度重视。生物识别技术涉及的内容十分广泛，包括指纹、掌纹、人脸、虹膜、指静脉、声纹、步态等多种生物特征，其识别过程涉及图像处理、机器视觉、语音识别、机器学习等多项技术。目前，生物特征识别作为重要的智能化身份认证技术，在金融、公共安全、教育、交通等领域得到了广泛的应用。

生物识别技术(Biometric Identification Technology)是指利用人体生物特征进行身份认证的一种技术。更具体一点，生物特征识别技术就是通过计算机与光学、声学、生物传感器和生物统计学原理等高科技手段密切结合，利用人体固有的生理特性和行为特征来进行个人身份的鉴定。

生物识别系统是对生物特征进行取样，提取其唯一的特征并且转化成数字代码，并进一步将这些代码组合成特征模板。人们同识别系统交互进行身份认证时，识别系统获取其特征并与数据库中的特征模板进行比对，以确定是否匹配，从而决定接受或拒绝该人。

在目前的研究与应用领域中，生物特征识别主要关系到计算机视觉、图像处理与模式识别、计算机听觉、语音处理、多传感器技术、虚拟现实、计算机图形学、可视化技术、计算机辅助设计、智能机器人感知系统等其他相关的研究。已被用于生物识别的生物特征有手形、指纹、脸形、虹膜、视网膜、脉搏、耳廓等，行为特征有签字、声音、按键力度等。基于这些特征，生物特征识别技术已经在过去的几年中取得了长足的进展。

1. 指纹识别

指纹识别已被全球大部分国家政府接受与认可，并广泛地应用到政府、军队、银行、社会福利保障、电子商务和安全防卫等机构及领域。在我国，北大高科等对指纹识别技术的研究开发已达到可与国际先进技术抗衡，中科院的汉王科技公司在一对多指纹识别算法上取得重大进展，达到的性能指标中拒识率小于 0.1%，误识率小于 0.0001%，居国际先进水平。指纹识别技术在我国已经得到较广泛的应用，随着网络化的更加普及，指纹识别的应用将更加广泛。

2．人脸识别

人脸识别的实现包括面部识别(多采用"多重对照人脸识别法"，即先从拍摄到的人像中找到人脸，从人脸中找出对比最明显的眼睛，最终判断包括两眼在内的领域是不是想要识别的面孔)和面部认证(为提高认证性能已开发了"摄动空间法"，即利用三维技术对人脸侧面及灯光发生变化时的人脸进行准确预测，以及"适应领域混合对照法"，使得对部分伪装的人脸也能进行识别)两方面，基本实现了快速而高精度的身份认证。由于其属于非接触型认证，仅仅看到脸部就可以实现很多应用，因此可被应用在证件中的身份认证、重要场所中的安全检测和监控、智能卡中的身份认证以及计算机登录等网络安全控制等多种不同的安全领域。随着网络技术和桌上视频的广泛采用及电子商务等网络资源的利用，对身份验证提出了新的要求，依托于图像理解、模式识别、计算机视觉和神经网络等技术的人脸识别技术在一定应用范围内获得了成功。目前，国内该项识别技术在警用等安全领域用得比较多。这项技术亦被用在现在的一些中、高档相机的辅助拍摄方面(如人脸识别拍摄)。

3．皮肤芯片

皮肤芯片是通过把红外光照进一小块皮肤并通过测定的反射光波长来确认人的身份。其理论基础是：每个具有不同皮肤厚度和皮下层的人类皮肤都有其特有的标记。由于皮肤、皮层和不同结构具有个性和专一特性，这些都会影响光的不同波长。目前，Lumidigm 公司开发了一种包含银币大小的两种电子芯片的系统：第一个芯片用光反射二极管照明皮肤的一片斑块，然后收集反射回来的射线；第二个芯片处理由照射产生的"光印"(Light print)标识信号。相对于指纹(Finger printing)和面认(Face recognition)所采用的采集原始形象并通过仔细处理大量数据来从中抽提出需要特征的生物统计学方法，光印不依赖于形象处理，使得设备只需较少的计算能力。

昆明恐怖袭击事件发生后，经历 40 余小时，全部罪犯落网。公安部的公告中提到了侦破、追捕过程中运用的两大科技手段：DNA 鉴定和指纹对比。这两项技术是目前世界范围内应用最广、最为成熟的犯罪侦查技术之一。在抓捕过程中，政府通过对犯罪现场的侦查获得罪犯指纹，然后在追捕过程中通过不断收集嫌疑人指纹并进行核对，以此判断罪犯的行踪，确保追捕方向的准确性。

4．声纹识别

此外，追捕过程中的另一项重要应用是利用通信追踪+声纹识别来抓捕罪犯。恐怖分子在逃亡过程中，通常会与组织、同伙保持联系。此时通过通信追踪+声纹识别，可以为侦查追捕提供最新的罪犯位置和身份信息。通过监听已抓获罪犯的通信，判断与其联系的人员身份，然后进行定位，可以快速地抓获漏网成员。声纹与指纹一样，是稳定且唯一的生物特征。尽管每个人的语音声学特征可以因生理、病理、心理和模拟、伪装等原因产生变异，但其声纹图谱仍具有相当的稳定性。现代的声纹技术已经可以对录音和经过处理的声音进行解析和还原，以确定发言人的真实身份。

美国中央情报局就曾一直使用语音识别系统对拉登的录音进行鉴识。拉登的音像信息每一次公布，美国情报部门都会通过语音鉴识技术来辨别其真伪，2010年，正是拉登的信使艾哈迈德在一次电话通信中被情报部门锁定，致使拉登的行踪暴露。目前的语音鉴识技术已经相当成熟，实际上，早在20世纪70年代，美国情报部门就开始使用这一技术监测前苏联领导人。

声纹识别除了可以用于识别说话人，还可以进行语意的判断，以此掌握恐怖组织的具体行动部署。当然，这种应用对技术有更高的要求。通常除了理解表层的话语主题以外，还需要对话语的深层信息包括特定对象的语言风格进行鉴识。语言风格实际上就是个人长期形成的语言应用特点系列。2002年11月，拉登的一段录音在卡塔尔半岛电视台播放。当月18日，美国白宫发言人斯科特·麦克莱伦称，"我们的情报专家已经确认，那盘录音带是真的"。麦克莱伦披露，美国中央情报局和国家安全局情报专家、语言学家将此录音与拉登此前的录音进行了比对。不久，美联社详细报道了对拉登语言风格的鉴识结果：讲话者在此次录音中使用了和以往本·拉登录音带中相似的语言，包括寻章摘句的修辞风格与柔和的语音语调。

2.4　人工智能技术的应用

人工智能诞生以来，理论和技术日益成熟，应用领域也不断扩大。从当前来看，无论是各种智能穿戴设备，还是各种进入家庭的陪护、安防、学习机器人、智能家居、医疗系统，这些改变我们生活方式的新事物都是人工智能的研究与应用成果。随着数据量爆发性的增长及深度学习的兴起，人工智能已经并将继续在金融、汽车、零售及医疗等方面发挥极为重要的作用。人工智能在金融领域的智能风控、市场预测、信用评级等领域都有了成功的应用。谷歌、百度、特斯拉、奥迪等科技和传统巨头纷纷加入自动驾驶技术的研发，阿尔法巴(Alphabus)智能驾驶公交系统于2017年12月在深圳上线运行。医疗领域，人工智能算法被应用到新药研制，在提供辅助诊疗、癌症检测等方面都有突破性进展。在商业零售领域，人工智能将协助商店选址，自动客服，实施定价促销、搜索、销售预测、补货预测等。

人工智能产业链包括基础层、技术层、应用层。基础层的核心是数据的收集与运算，是人工智能发展的基础。基础层主要包括智能芯片、智能传感器，为人工智能应用提供数据支撑及算力支撑。技术层以模拟人的智能相关特征为出发点，构建技术路径。通常认为，计算机视觉、智能语音用以模拟人类的感知能力；自然语言处理、知识图谱用于模拟人类的认知能力。应用层是指人工智能在各行业领域中的实际应用。目前，人工智能已经在多个行业领域中取得了较好的应用，包括安防、教育、医疗、零售、金融、制造业等。

人工智能已经在多个行业领域取得了巨大的成功，但在人工智能技术向各行各业渗透的过程中，由于使用场景复杂度的不同、技术发展水平的不同，导致不同产品的成熟度也不同。比如在安防、金融、教育等行业的核心环节已有人工智能成熟产品，技术成熟度和用户心理接受度都较高；个人助理和医疗行业在核心环节已出现试验性的初步成熟产品，但由于场景复杂，涉及个人隐私和生命健康问题，当前用户心理接受度较低；自动驾驶和咨询在核心环节则尚未出现成熟产品，无论是技术方面还是用户心理接受度方面，都没有达到足够的成熟。

在人工智能技术向各行各业渗透的过程中，安防和金融行业的人工智能使用率最高，零售、交通、教育、医疗、健康、制造业次之。安防行业一直围绕着视频监控在不断改革升级，在政府的大力支持下，我国已建成集数据传输和控制于一体的自动化监控平台，随着计算机视觉技术出现突破，安防行业迅速向智能化方向前进。金融行业拥有良好的数据积累，在自动化的工作流与相关技术的运用上有不错的成效，组织机构的战略与文化也较为先进，因此人工智能技术也得到了良好的应用。零售行业在数据积累、人工智能应用基础、组织结构方面均有一定基础。交通行业则在组织基础与人工智能应用基础上优势明显，并已经开始布局自动驾驶技术。教育行业的数据积累虽然薄弱，但行业整体对人工智能持重点关注的态度，同时开始在实际业务中结合人工智能技术，因此未来发展可预期。医疗与健康行业拥有多年的医疗数据积累与流程化的数据使用过程，因此在数据与技术基础上有着很强的优势。制造业虽然在组织机构上的基础相对薄弱，但拥有大量高质量的数据积累及自动化的工作流，为人工智能技术的介入提供了良好的技术铺垫。

2.4.1　智能家居与个人助理

智能家居通过物联网技术将家中的各种设备(如音视频设备、照明系统、窗帘控制、空调控制、安防系统、数字影院系统、影音服务器、影柜系统、网络家电等)连接到一起，提供家电控制、照明控制、电话远程控制、室内外遥控、防盗报警、环境检测、暖通控制、红外转发以及可编程定时控制等多种功能和手段。与普通家居相比，智能家居不仅具有传统的居住功能，还兼备建筑、网络通信、信息家电、设备自动化，提供全方位的信息交互功能，甚至为各种能源费用节约资金。例如：借助智能语音技术，用户应用自然语言实现对家居系统各设备的操控，如开关窗帘或窗户、操控家用电器和照明系统、打扫卫生等操作；借助机器学习技术，智能电视可以从用户看电视的历史数据中分析其兴趣和爱好，并将相关的节目推荐给用户；通过应用声纹识别、脸部识别、指纹识别等技术进行开锁等；通过大数据技术可以使智能家电实现对自身状态及环境的自我感知，具有故障诊断能力；通过收集产品运行数据，发现产品异常，主动提供服务，降低故障率；此外，还可以通过大数据分析、远程监控和诊断，快速发现产品问题并解决问题，从而提高效率。

近年来，随着智能语音技术的发展，智能音箱成为一个爆发点。小米、天猫等企业纷纷推出自身的智能音箱，不仅成功打开家居市场，也为未来更多的智能家居用品培养了用户习惯。但目前家居市场智能产品种类繁杂，如何打通这些产品之间的沟通壁垒，以及建立安全可靠的智能家居服务环境，是该行业下一步的发力点。

个人助理包括智能手机上的语音助理、语音输入、家庭管家和陪护机器人等。典型产品有科大讯飞、Google Home 等。与此相关的技术研究有：小米集团正在建设的智能家居国家人工智能开放平台；科大讯飞正在建设的智能语音国家人工智能开放平台。

2.4.2 智能安防

随着科学技术的发展与进步，以及 21 世纪信息技术的腾飞，智能安防技术已迈入一个全新的领域，它与计算机之间的界限正在逐步消失。没有安防技术，社会就会显得不安宁，世界科学技术的前进和发展就会受到影响。近年来，中国安防监控行业发展迅速，视频监控数量不断增长，在公共和个人场景下监控摄像头的安装总数已经超过了 1.5 亿。而且，在部分一线城市，视频监控已经实现了全覆盖。不过，相对于国外而言，我国安防监控领域仍然有很大的成长空间。

在民用安防领域，每个用户都是极具个性化的，利用人工智能强大的计算能力及服务能力，可以为每个用户提供差异化的服务，提升个人用户的安全感，真正满足人们日益增长的服务需求。以家庭安防为例，当检测到家庭中没有人员时，家庭安防摄像机可自动进入布防模式，有异常时，给予闯入人员声音警告，并远程通知家庭主人。而当家庭成员回家后，又能自动撤防，保护用户隐私。夜间，安防系统通过一定时间的自学习，掌握家庭成员的作息规律，在主人休息时启动布防，确保夜间安全，省去人工布防的烦恼，真正实现人性化。

截至目前，安防监控行业的发展经历了四个发展阶段，分别为模拟监控、数字监控、网络高清和智能监控时代。每一次行业变革都得益于算法、芯片和零部件的技术创新，以及由此带动的成本下降。因而，产业链上游的技术创新与成本控制成为安防监控系统功能升级、产业规模增长的关键，也成为产业可持续发展的重要基础。

利用人工智能的视频分析技术，针对安全监控录像，可以：

(1) 随时从视频中检测出行人和车辆。

(2) 自动找到视频中异常的行为，并及时发出带有具体地点信息的警报。

(3) 自动判断人群的密度和人流的方向，提前发现过密人群带来的潜在危险，帮助工作人员引导与管理人流。

智能安防包括智能监控、安保机器人等。头部企业与典型产品包括海康威视、旷视科技、上海依图、商汤科技等。其中，海康威视正在建设视频感知国家人工智能开放平台，旷视科技正在建设图像感知国家人工智能开放平台，上海依图正在建设视觉计算国家人工智能开放平台，商汤科技正在建设智能视觉国家人工智能开放平台。

2.4.3 智慧医疗

人工智能在医疗中的应用为解决"看病难"的问题提供了新的思路，目前世界各国的诸多研究机构都投入很大的力量，开发对医学影像进行自动分析的技术。这些技术可以自动找到医学影像中的重点部位，并进行分析对比。人工智能分析的结果可以为医生诊断提供参考信息，从而有效减少误诊或者漏诊。典型应用包括药物研发、医学影像、辅助治疗、健康管理、基金检测、智慧医院等领域。除此之外，有些新技术还能够通过多张医疗影像重建人体内器官的三维模型，帮助医生设计手术方案，确保手术更加精准。智慧医疗通过打造健康档案区域医疗信息平台，利用最先进的物联网技术，实现患者与医务人员、医疗机构、医疗设备之间的互动，逐步达到信息化。在不久的将来，医疗行业将融入更多人工智能、传感技术等高科技，使医疗服务走向真正意义的智能化，推动医疗事业的繁荣发展。

沃森医疗人工智能系统是自 2007 年开始，由 IBM 公司的首席研究员大卫·费卢奇(David Ferrucci)所领导的 DeepQA 计划小组开发的人工智能系统，它是 20 多名 IBM 研究员四年心血的结晶，并以 IBM 创始人托马斯·J.沃森(T. J. Wastson)的姓命名。几十年的丰富研究经验和深度学习，使"沃森健康"成为家族中最为成熟的产品，2012 年"沃森健康"甚至通过了相当于美国执业医师资格评定标准的考试。在已经形成的"沃森健康"产品线中，"沃森肿瘤"成为全球医疗领域人工智能最领先的产品，美国癌症协会也正在利用 Wastson 技术挖掘相关数据，以期为肿瘤患者提供个性化的治疗。"沃森肿瘤"拥有较强的学习能力，目前已经存储并学习了美国十几家医疗机构的大量肿瘤病例、超过 300 种医学专业期刊、超过 200 本肿瘤专著、超过 1500 万的论文研究数据。2015 年 7 月，"沃森肿瘤"医生进入商用以来，已覆盖肺癌、乳腺癌、胃癌等多个治疗领域。沃森医疗人工智能系统曾仅用 10 分钟的时间就判断出一名 60 岁女性患有罕见的白血病，并向研究人员提出治疗方案，为这名女性的康复作出重要贡献。"沃森"是认知计算领域的杰出代表，在一定程度上它代表了一个新的技术革命时代的来临，它包含信息分析、自然语言处理和自我学习领域的大量技术创新，能通过云计算分析大量的数据，解读复杂的问题，并提出基于证据的决策检测和答案。

目前，在垂直领域的图像算法和自然语言处理技术已可基本满足医疗行业的需求，市场上出现了众多技术服务商，例如提供智能医学影像技术的德尚韵兴，研发人工智能细胞识别医学诊断系统的智微科技，提供智能辅助诊断服务平台的若水医疗，统计及处理医疗数据的易通天下等。尽管智能医疗在辅助诊断、疾病预测、医疗影像辅助诊断、药物开发等方面发挥着重要作用，但由于各医院之间医学影像数据、电子病历等不流通，导致企业与医院之间合作不透明等问题，使得技术发展与数据供给之间存在矛盾。

智慧医疗包括医疗健康的监测诊断、智慧医疗设备等。头部企业或典型产品包括 Enlitic、Intuitive Sirgical、碳云智能等。腾讯公司正在建设医疗影像国家人工智能开放平台。

2.4.4　智能金融

智能金融即人工智能与金融的全面融合，以人工智能、大数据、云计算、区块链等高新科技为核心要素，全面赋能金融机构，提升金融机构的服务效率，拓展金融服务的广度和深度，使得全社会都能获得平等、高效、专业的金融服务，实现金融服务的智能化、个性化、定制化。人工智能技术在金融业中可以用于服务客户、支持授信、各类金融交易和金融分析中的决策，并用于风险防控和监督，将大幅改变金融现有格局，金融服务将会更加个性化与智能化。对于金融机构的业务部门来说，智能金融可以帮助获客，精准服务客户，提高效率；对于金融机构的风控部门来说，智能金融可以提高风险控制，增加安全性；对于用户来说，智能金融可以实现资产优化配置，体验到金融机构更加完美的服务。人工智能在金融领域的应用主要包括以下几个方面：

(1) 智能获客。依托大数据，对金融用户进行"画像"，通过需求响应模型，极大地提升获客效率。

(2) 身份识别。以人工智能为内核，通过人脸识别、声纹识别、指静脉识别等生物识别手段，再加上各类票据、身份证、银行卡等证件票据的 OCR 识别等技术手段，对用户身份进行验证，大幅降低核验成本，有助于提高安全性。

(3) 大数据风控。通过大数据、算力、算法的结合，搭建反欺诈、信用风险等模型，多维度控制金融机构的信用风险和操作风险，同时避免资产损失。

(4) 智能投资顾问。基于大数据和算法能力，对用户与资产信息进行标签化，精准匹配用户与资产。

(5) 智能客服。基于自然语言处理能力和语音识别能力，拓展客服领域的深度和广度，大幅降低服务成本，提升服务体验。

(6) 金融云。依托云计算能力的金融科技，为金融机构提供更加安全高效的全套金融解决方案。

2.4.5 智能制造

智能制造是一种由智能机器和人类专家共同组成的人机一体化智能系统，它在制造过程中能进行智能活动，诸如分析、推理、判断、构思和决策等。通过人与智能机器的合作共事，去扩大、延伸和部分取代人类专家在制造过程中的脑力劳动。它把制造自动化的概念更新，扩展到柔性化、智能化和高度集成化。我国是工业大国，随着各种产品的快速迭代以及现代人对于定制化产品的强烈需求，工业制造系统必须变得更加"聪明"，而人工智能则是提升工业制造系统的最强动力。

智能制造对人工智能的需求主要表现在以下三个方面：

(1) 智能装备：包括自动识别设备、人机交互系统、工业机器人以及数控机床等具体设备，涉及跨媒体分析推理、自然语言处理、虚拟现实智能建模及自主无人系统等关键技术。

(2) 智能工厂：包括智能设计、智能生产、智能管理以及集成优化等具体内容，涉及跨媒体分析推理、大数据智能、机器学习等关键技术。

(3) 智能服务：包括大规模个性化定制、远程运维以及预测性维护等具体服务模式，涉及跨媒体分析推理、自然语言处理、大数据智能、高级机器学习等关键技术。

目前，人工智能在制造业领域的应用主要有三个方面：视觉检测、视觉分拣和故障预测。

1. 视觉检测

2018 年 7 月，阿里云 ET 工业大脑落地浙江正泰电器股份有限公司，可以识别 20 余种产品瑕疵，比人快 2 倍。在正泰新能源的电池片车间里，装有阿里 ET 工业大脑的质检机器快速地吞吐着电池片，另一边的机器屏幕上不断闪烁着机器的判断结果：绿灯表示通过，红灯则表示有瑕疵。随后，一块块电池片就被机械臂分门别类地放到对应的位置。

传统的人工质检需要人工时刻盯着机器屏幕，从红外线扫描图中发现电池片EL(电致发光)缺陷，速度大约保持在 2 秒一张。如果一张电池片的瑕疵难以判断，可能还要再花上几秒思考，一天最多看 1、2 万张电池片。此外，长时间的人工质检对工人的视力损伤极大。如今，借助视觉计算等人工智能技术，ET 工业大脑可以成功胜任在线质检这一岗位。通过一台装有 ET 工业大脑的质检机器可以将工人数减少一半，而检测速度可达到人的 2 倍以上。阿里云 ET 工业大脑通过深度学习，集中学习 40000 多张样片，再通过图像识别算法，ET 工业大脑将图像转换为机器能读懂的二进制语言，从而能让质检机器实时、自动判断电池片的缺陷。

在深度神经网络发展之前，机器视觉已经长期应用在工业自动化系统中，如仪表板智能集成测试、金属板表面自动控伤、汽车自身检测、纸币印刷质量检测、金相分析、流水线生成检测等，大体分为拾取和放置、对象跟踪、计量、缺陷检测几种。其中，将近 80% 的工业视觉系统主要用在检测方面，包括用于提高生产效率、控制生产过程中的产品质量、采集产品数据等，如图 2-5 所示。机器视觉自动化设备可以代替人工不知疲惫地进行重复性的工作，也可以代替人工在危险工作环境或人工视觉难以满足要求的场合下工作。

图 2-5　采用人工智能技术自动检测

据工业级机器视觉行业研究报告，目前进入中国市场的国际机器视觉品牌已经超过 100 多家，中国本土的机器视觉企业也超过 100 家，产品代理商超过 200 家，专业的机器视觉系统集成商超过 50 家，涵盖了光源、工业镜头、工业相机、图像采集卡等多种机器视觉产品。

在人工智能浪潮下，基于深度神经网络，图像识别准确率有了进一步的提升，也在缺陷检测方面取得了更多的应用。国内不少机器视觉公司和新兴创业公司，也都开始研发人工智能视觉缺陷检测设备，例如高视科技等。不同行业对视觉检测的需求各不相同。

2. 视觉分拣

工业上有许多需要分拣的作业，采用人工的话，速度缓慢且成本高，而采用工业机器人可以大幅降低成本，提高速度。近年来，国内陆续出现了一些基于深度学习和人工智能技术解决机器人视觉分拣问题的企业，如埃尔森、梅尔曼德、库柏特等，通过计算机视觉识别出物理及其三维空间位置，指导机械臂进行正确的抓取，如图 2-6 所示。

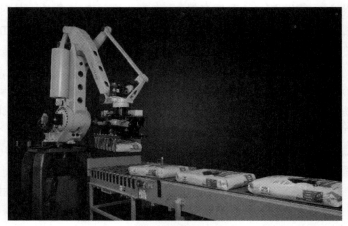

图 2-6　智能分拣

埃尔森 3D 定位系统是国内首家机器人 3D 视觉引导系统，针对散乱、无序堆放工件的 3D 识别与定位，可通过 3D 快速成像技术对物体表面轮廓数据进行扫描，形成点云数据，然后对点云数据进行智能分析处理，即加以人工智能分析、机器人路径自动规划、自动防碰撞技术，计算出当前工件的实时坐标，并发送指令给机器人实现抓取定位的自动完成。埃尔森目前已成为 KUKA、ABB 等国际知名机器人厂商的供应商，也为多个世界 500 强企业提供解决方案。

库柏特的机器人智能无序分拣系统，通过 3D 扫描仪和机器人实现了对目标物品的视觉定位、抓取、搬运、旋转、摆放等操作，可对自动化流水生产线中无序或任意摆放的物品进行抓取和分拣。系统继承了协作机器人、视觉系统、吸盘/智能夹爪，可应用于机床无序上下料、激光标刻无序上下料，也可用于物品检测、物品分拣和产品分拣包装等。目前能实现规则条形工件 100% 的拾取成功率。

3. 故障预测

在制造流水线上有大量的工业机器人，如果其中一个机器人出现了故障，当人感知到这个故障时，可能已经造成大量的不合格品，从而带来不小的损失。如果能在故障发生以前就检知的话，可以有效作出预防，减少损失。基于人工智能和物联网技术，通过在工厂各个设备加上传感器，对设备运行状态进行监测，并利用神经网络建立设备故障的模型，则可以在故障发生前对故障进行预测，将可能发生故障的工件替换，从而保障设备的持续无故障运行。

国外 AI 故障预测平台公司 Uptake，估值已经超过 20 亿美元。Uptake 是一个提供运营洞察的 SaaS 平台，该平台可利用传感器采集前端设备的各项数据，然后利用预测性分析技术及机器学习技术，提供设备预测性诊断，能效优化等管理解决方案，帮助工业客户改善生产力、可靠性及安全性。3DSignals 也开发了一套预测维护系统，不过主要基于超声波对机器的运行情况进行监听。

2.4.6　自动驾驶

当前，自动驾驶研究的大幕已经拉开，有多家公司投入到了自动驾驶技术的研发当中。现在的自动驾驶汽车通过多种传感器，如视频摄像头、激光雷达、卫星定位系统(北斗卫星导航系统 BDS、全球定位系统 GPS)等，来对行驶环境进行实时感知。智能驾驶系统可以对多种感知信号进行综合分析，通过结合地图与指示标志，实时规划驾驶路线并发出指令，控制汽车的运行。2015 年 12 月 12 日，百度无人驾驶汽车首次在北京五环进行测试，自动驾驶的最高时速达 100 千米/小时，完成了国内无人驾驶汽车首次于城市、环路及高速道路混合路况下的全自动驾驶，自动完成了跟车减速、转向、超车、上下高速公路匝道等一系列复杂动作。2016 年 9 月初举办的百度世界大会上，北汽新能源与百度合作的最新研发成果——北汽百度无人驾驶汽车首次亮相，如图 2-7 所示。这部无人驾驶汽车首次达到无人驾驶分级中"L4 级"，做到了完全"无人驾驶"。

图 2-7　北汽百度无人驾驶汽车

目前，自动驾驶技术可细分为中央处理系统、激光雷达、地图构建三类，这三者形成无人驾驶闭环系统，让无人驾驶汽车在行驶的过程中不断学习驾驶技术，从而变得更加智能。中央处理系统是自动驾驶汽车的核心，承担着实时处理道路数据信息的重任。它必须能够像人一样持续地集中精力分析信息并作出判断，比如什么时候加速、什么时候刹车、什么时候超车，还要在城市交通系统中实时注意道路的路标、指示灯、附近的车辆和行人等。激光雷达是自动驾驶汽车的眼睛，实时注视道路状况。自动驾驶汽车在复杂的道路把这些模拟的图像信息传给中央处理系统，然后由中央处理系统对无人车的位置和环境作出判断。

与自动驾驶相关的智能交通系统是将先进的信息技术、数据通信传输技术、电子传感技术、控制技术及计算机技术等有效地集成并运用于整个地面交通管理系统，建立起一种大范围、全方位发挥作用的，实时、准确、高效的综合交通运输管理系统。智能交通系统应用最广泛的国家是日本，其次是美国、欧洲国家。

通过交通信息采集道路中的车辆流量、行车速度等进行分析后形成实时路况，决策系统据此调整道路红绿灯时长，调整可变车道或潮汐车道的通行方向等，通过信息发布系统将路况推送到导航软件和广播中，让人们合理规划行驶路线。通过不停车收费系统，实现对通过 ETC 入口站的车辆身份及信息自动采集、处理、收费和放行，有效提高了通行能力，简化了收费管理，降低了环境污染。

2.4.7　智能客服

为了应对新的挑战，很多企业开始引入人工智能技术打造智能客服系统，智能客服可以像人一样和客户交流沟通。它可以听懂客户的问题，对问题的意义进行分析(比如客户是询问价格，还是咨询产品的功能)，进行准确得体且个性化的响应，从而提升客户的体验。对企业来说，这样的系统不仅能够提高回应客户的效率，还能自动地对客户的需求和问题进行统计分析，为之后的决策提供依据。目前，智能客服已经在多个行业领域中得到应用，除了电子商务，还包括金融、通信、物流和旅游等。

智能客服能够降低人工成本，全天候、高效率地应对客户的咨询。智能客服已完全实现在金融领域中的应用，人工客服日渐减少，目前支付宝智能客服的自助率已经达到 97%，智能客服的解决率达到 78%，比人工客服的解决率还高出了 3 个百分点。

智能客服更多服务于简单话务，人工客服则向高端化转变。人工智能机器人在实时服务、快速高效、稳定精确等方面已经表现出了无可取代的优势。智能客服技术的快速发展，将使得简单话务被智能机器取代，人工服务向高端化、专业化转变，以顾问的身份帮助客户解决业务问题，维系客户关系。

智能客服基于自然语言处理服务和语音识别能力，拓展了客服领域的深度和广度，大幅降低服务成本，从而提升服务体验。

2.4.8　智慧教育

人工智能进入教育领域最主要能实现对知识的归类，以及利用大数据的搜集，通过算法为学生计算学习曲线，为使用者匹配高效的教育模式。同时，针对儿童幼教的机器人能通过深度学习与儿童进行情感上的交流。智慧教育主要体现在智能评测、个性化辅导、儿童陪伴等场景。科大讯飞、乂学教育等企业早已开始探索人工智能在教育领域的应用。

义学教育的松鼠 AI 可以为学生提供精准的个性化教育方案。松鼠 AI 智适应学习系统是以学生为中心的智能化、个性化教育，在教、学、评、测、练等教学过程中应用人工智能技术，在模拟优秀教师的基础之上，达到超越真人教学的目的，有效解决了传统教育课时费用高、名师资源少、学习效率低等问题。另一方面，松鼠 AI 自主研发的 MCM 系统可以真正实现素质教育的培育。通过将每一种学习思维进行拆分理解，可以检测出学生的思维模式、学习能力和学习方法。即使是评估分数相同的学习者，MCM 系统都可以分析出其不同的学习能力、学习速度和知识点盲点、薄弱点，从而精确刻画出学习者的用户画像，帮学生发扬优势，补足短板。

2.4.9　人脸识别

　　人脸识别系统的研究始于 20 世纪 60 年代，80 年代后随着计算机技术和光学成像技术的发展得到提高，而真正进入人脸识别系统初级的应用阶段则在 90 代年后期，并且以美国、德国和日本的技术实现为主。人脸识别系统成功的关键在于是否拥有尖端的核心算法，并使识别结果具有实用化的识别率和识别速度。人脸识别系统集成了人工智能、机器识别、机器学习、模型理论、专家系统、视频图像处理等多种专业技术，同时需结合中间值处理的理论与实现，是生物特征识别的最新应用，其核心技术的实现，展现了弱人工智能向强人工智能的转化。

1. 人脸识别系统组成

　　人脸识别系统主要包括四个组成部分：人脸图像采集及检测、人脸图像预处理、人脸图像特征提取以及匹配与识别。

　　1）人脸图像采集及检测

　　(1) 人脸图像采集：不同的人脸图像都能通过摄像镜头采集下来，比如静态图像、动态图像、不同的位置、不同表情等方面都可以得到很好的采集。当用户在采集设备的拍摄范围内时，采集设备会自动搜索并拍摄用户的人脸图像。

　　(2) 人脸检测：在实际中主要用于人脸识别的预处理，即在图像中准确标定出人脸的位置和大小。人脸图像中包含的模式特征十分丰富，如直方图特征、颜色特征、模板特征、结构特征及 Haar 特征等。人脸检测就是把这其中有用的信息挑出来，并利用这些特征实现人脸检测。

　　主流的人脸检测方法基于以上特征采用 Adaboost 学习算法，该算法是一种用来分类的方法，它把一些比较弱的分类方法合在一起，组合出新的很强的分类方法。

　　人脸检测过程中使用 Adaboost 算法挑选出一些最能代表人脸的矩形特征(弱分类器)，按照加权投票的方式将弱分类器构造为一个强分类器，再将训练得到的若干强分类器串联组成一个级联结构的层叠分类器，有效地提高了分类器的检测速度。

　　2）人脸图像预处理

　　对于人脸的图像预处理是基于人脸检测结果，对图像进行处理并最终服务于特征提取的过程。系统获取的原始图像由于受到各种条件的限制和随机干扰，往往不能直接使用，必须在图像处理的早期阶段对它进行灰度校正、噪声过滤等图像预处理。对于人脸图像而言，其预处理过程主要包括人脸图像的光线补偿、灰度变换、直方图均衡化、归一化、几何校正、滤波以及锐化等。

3）人脸图像特征提取

人脸识别系统可使用的特征通常分为视觉特征、像素统计特征、人脸图像变换系数特征、人脸图像代数特征等。人脸特征提取就是针对人脸的某些特征进行的。人脸特征提取，也称人脸表征，它是对人脸进行特征建模的过程。人脸特征提取的方法分为两大类：一种是基于知识的表征方法，另一种是基于代数特征或统计学习的表征方法。

基于知识的表征方法主要根据人脸器官的形状描述以及他们之间的距离特性来获得有助于人脸分类的特征数据，其特征分量通常包括特征点间的欧氏距离、曲率和角度等。人脸由眼睛、鼻子、嘴、下巴等局部器官构成，对这些局部器官和它们之间结构关系的几何描述，可作为识别人脸的重要特征，这些特征被称为几何特征。基于知识的人脸表征主要包括基于几何特征的方法和模板匹配法。当今，为了应对新冠肺炎疫情，日本的计数器厂商——GLORA 公司研发了一套"可识别佩戴口罩人脸"的系统。这一人脸识别系统，即使识别对象佩戴口罩或墨镜，也能根据眼睛、额头及鼻梁等部位的特征进行识别。

4）人脸图像匹配与识别

提取的人脸图像的特征数据与数据库中存储的特征模板进行搜索匹配，通过设定一个阈值，当相似度超过这一阈值时，则把匹配得到的结果输出。人脸识别就是将待识别的人脸特征与已得到的人脸特征模板进行比较，根据相似程度对人脸的身份信息进行判断。这一过程分为两类：一类是确认，是一对一进行图像比较的过程；另一类是辨认，是一对多进行图像匹配对比的过程。

2. 人脸识别的应用

人脸识别主要用于身份识别。由于视频监控正在快速普及，众多的视频监控应用迫切需要一种远距离、用户非配合状态下的快速身份识别技术，以求远距离快速确认人员身份，实现智能预警。人脸识别技术无疑是最佳的选择，采用快速人脸检测技术可以从监控视频图像中实时查找人脸，并与人脸数据库进行实时比对，从而实现快速身份识别。

人脸识别产品已广泛应用于金融、司法、军队、公安、边检、政府、航天、电力、工厂、教育、医疗及众多企事业单位等机构及领域。随着技术的进一步成熟和社会认同度的提高，人脸识别技术将应用在更多的方面。

1）数码相机

人脸自动对焦和笑脸快门技术包括：

（1）面部捕捉。它根据人的头部的部位进行判定，首先确定头部，然后判断眼睛和嘴巴等头部特征，通过特征库的比对，确认是人面部，完成面部捕捉。

（2）自动对焦。以人脸为焦点进行自动对焦，可以提升拍出照片的清晰度。

(3) 笑脸快门。笑脸快门技术就是在人脸识别的基础上进行面部捕捉，然后根据嘴的上弯程度和眼的下弯程度，来判断是不是笑了。

所有的捕捉和比较都是在对比特征库的情况下完成的，所以特征库是基础，里面有各种典型的面部和笑脸特征数据。

2) 门禁系统

人脸识别门禁是基于先进的人脸识别技术，结合成熟的 ID 卡和指纹识别技术而推出的安全实用的门禁产品。产品采用分体式设计，人脸、指纹和 ID 卡信息的采集和生物信息识别及门禁控制内外分离，实用性高，安全可靠。人脸识别门禁系统采用网络信息加密传输，支持远程进行控制和管理，可广泛应用于银行、军队、公检法、智能楼宇等重点区域的门禁安全控制。

随着社会的发展，技术的进步，生活节奏的加速，消费水平的提高，人们对于家居的期望也越来越高，基于传统的纯粹机械设计的防盗门，除了坚固耐用外，很难快速满足对便捷的开门方式和查看开门记录等功能的需求。而人脸识别防盗门就很好地满足了人们对防盗门各种功能的需求，从而保证了住宅的安全。

3) 电子护照及身份证

电子护照及身份证，或许是未来规模的应用。国际民航组织已确定，从 2010 年 4 月 1 日起，其 118 个成员国家和地区必须使用机读护照，人脸识别技术是首推识别模式，该规定已经成为国际标准。美国已经要求和它有出入免签证协议的国家在 2006 年 10 月 26 日之前必须使用结合了人脸、指纹等生物特征的电子护照系统，到 2006 年底已经有 50 多个国家实现了这样的系统。美国运输安全署(Transportation Security Administration)计划在全美推广一项基于生物特征的国内通用旅行证件。欧洲很多国家也在计划或者正在实施类似的计划，用包含生物特征的证件对旅客进行识别和管理。中国的电子护照计划公安部一所正在加紧实施。

4) 公安、司法和刑侦

可以在机场、体育场、超级市场等公共场所对人群进行监视，通过查询目标人像数据寻找数据库中是否存在重点人口基本信息。例如，在机场或车站安装人脸识别系统以协助公安部门抓捕逃犯。又如银行的自动提款机，如果用户卡片和密码被盗，就会被他人冒取现金，应用人脸识别技术就会避免这种情况的发生。

5) 网络应用

例如，利用人脸识别技术可以辅助信用卡网络支付，以防止非信用卡的拥有者使用信用卡等。又如电子政务和电子商务，现在电子商务中交易全部在网上完成，电子政务中的很多审批流程也都搬到了网上。而当前，交易或者审批的授权都是靠密码来实现，如果密码被盗，就无法保证安全。如果使用生物特征如人脸识别，就可以做到当事人在网上的数字身份和真实身份统一，从而大大增加电子商务和电子政务系统的可靠性。

6) 娱乐应用

人脸识别技术广泛地应用于日常生活中，如相机拍摄，图片对比等，尤其近两年来，相亲节目如火如荼，其中浙江电视台的《爱情连连看》中的最佳夫妻像环节就利用了人脸对比技术来测试男女主人公面相的相似程度。

随着移动互联网的崛起，一些人脸识别技术的开发者将该项技术应用到娱乐领域中，如应用开心明星脸等，根据人脸的轮廓、肤色、纹理、质地、色彩、光照等特征来计算照片中主人公与明星的相似度。

7）刷脸支付

2013 年 9 月 5 日，刷脸支付系统在中国国际金融展上亮相。刷脸支付系统基于天诚盛业自主研发的生物识别云金融平台，将自主知识产权军用级别的人脸识别算法与现有的支付系统进行融合，涉及支付、转账、结算和交易的环节。在支付时人们不再需要银行卡、存折和密码甚至手机，只需要对着摄像头点个头、露个笑脸，刷脸支付系统将会在几秒内完成身份确认、账户读取、转账支付、交易确认等一站式支付环节，为用户创建了更好的支付体验。

2.5　人工智能产业发展趋势

随着我国人工智能技术能力的不断提升以及云计算、大数据、物联网等相关产业的协同发展，我国人工智能产业发展正进入突破期，大批的新型产品及服务不断涌现，行业应用持续深化，人工智能不仅成为我国经济创新发展的新动能，还成为助推我国各行各业转型升级的新引擎。

2.5.1 人工智能产业

人工智能的核心业态包括智能基础设施建设、智能信息及数据、智能技术服务、智能产品四个方面。

1. 智能基础设施建设

智能基础设施为人工智能产业提供计算能力支撑，其范围包括智能芯片、智能传感器、分布式计算框架等，是人工智能产业发展的重要保障。

（1）智能芯片。在大数据时代，数据规模急剧膨胀，人工智能发展对计算性能的要求迫切增长。同时，受限于技术原因，传统处理器性能的提升遭遇了"天花板"，即无法继续按照摩尔定律保持增长，因此，发展下一代智能芯片势在必行。未来的智能芯片主要是在两个方向发展：一是模仿人类大脑结构的芯片，二是量子芯片。

（2）智能传感器。智能传感器是具有信息处理功能的传感器。智能传感器带有微处理机，具有采集、处理、交换信息的能力，是传感器集成化与微处理机相结合的产物。与一般传感器相比，智能传感器具有以下三个优点：通过软件技术可实现高精度的信息采集，而且成本低；具有一定的自动化编程能力；功能多样化。随着人工智能应用领域的不断拓展，市场对传感器的需求将不断增多，未来，高敏度、高精度、高可靠性、微型化、集成化将成为智能传感器发展的重要趋势。

（3）分布式计算框架。面对海量的数据处理、复杂的知识推理，常规的单机计算模式已经不能支撑，分布式计算的兴起成为必然趋势。目前，流行的分布式计算框架包括 Hadoop、Spark 等。

2. 智能信息及数据

信息、数据是人工智能创造价值的关键要素之一。得益于庞大的人口和产业基数，我国在数据方面具有天然的优势，并且在数据的采集、存储、处理和分析等领域产生了众多的企业。目前，在人工智能数据采集、存储、处理和分析方面的企业主要有两种：一种是数据集提供商，其主要业务是为不同领域的需求方提供机器学习等技术所需要的数据集；另一种是数据采集、存储、处理和分析的综合性厂商，这类企业自身拥有获取数据的途径，可以对采集到的数据进行存储、处理和分析，并把分析结果提供给需求方使用。

3. 智能技术服务

智能技术服务主要关注如何构建人工智能的技术平台，并对外提供人工智能相关的服务。提供智能技术的厂商在人工智能产业链中处于关键位置，依托基础设施和大量的数据，为各类人工智能的应用提供关键性的技术平台、解决方案和服务。目前，从提供服务的类型来看，提供智能技术服务的厂商包括以下几类：

(1) 提供人工智能的技术平台和算法模型的厂商。该厂商为用户提供人工智能技术平台以及算法模型，用户可以在平台之上通过一系列的算法模型来进行应用开发。

(2) 提供人工智能的整体解决方案的厂商。该厂商把多种人工智能算法模型以及软、硬件环境集成到解决方案中，从而帮助用户解决特定的行业问题。

(3) 提供人工智能在线服务的厂商。该厂商依托已有的云计算和大数据应用的用户资源，聚集用户的需求和行业属性，为客户提供多类型的人工智能服务。

4. 智能产品

智能产品是指将人工智能领域的技术成果集成化、产品化。如在智能运载工具中的典型产品有自动驾驶汽车、轨道交通系统、无人机等；智能终端中的典型产品有智能手机、车载智能终端、可穿戴终端等。生物特征识别中的典型产品有指纹识别系统、人脸识别系统、虹膜识别系统等。随着制造强国、网络强国、数字中国建设进程的加快，在制造、家居、金融、教育、交通、安防、医疗、物流等领域对人工智能技术和产品的需求将进一步释放，相关智能产品种类和形态也将越来越丰富。

2.5.2　发展趋势

从产业发展角度来看，未来我国人工智能产业将呈现出以下五个主要发展趋势。

1. 政策体系加速完善

我国一直高度重视人工智能技术创新和产业发展，当前随着全球人工智能产业的快速成长，一些主要发达国家纷纷出台人工智能相关战略文件，力争在新的科技浪潮中抢占制高点、规避风险。美国、英国等相继出台了《国家人工智能研究和发展战略计划》等报告，不断完善人工智能顶层计划。我国也围绕《中国制造2025》和"互联网+"行动计划出台了一系列支持人工智能技术创新和产业发展的政策文件，如2016年5月由国家发改委、工信部等多部委联合发布的《"互联网+"人工智能三年行动实施方案》等。在国务院发布的《"十三五"国家战略性新兴产业发展规划》中，也提到要培育人工智能产业生态，促进人工智能在经济社会重点领域推广应用。

2017年7月，国务院发布了《新一代人工智能发展规划》，分析了人工智能的战略态势，提出了进一步发展的具体要求，并对重点人物、资源配置和保障措施等进行部署，政策支撑力度进一步加强。一方面，借鉴美国、英国等国家的人工智能国家战略，预计我国也将发步聚焦于人工智能的国家战略文件，对未来人工智能技术和产业发展制定顶层设计；另一方面，科技部、国家发改委、工信部等相关部门也将有望发布人工智能相关的政策文件，从技术研发、产业培育等角度作出具体的部署，实施一批大型项目。此外，围绕标准、安全等特定议题，相关的政策研究与制定也将有望取得积极进展。

2. 产业生态圈加速形成

人工智能产业和工业式的产业完全不同，是一种积木式创新。所有的人工智能企业可以进行分工写作、协调创新，共同推动人工智能产业发展。人工智能产业链主要由基础层、技术层和应用层构成。上游到下游、下游到上游、中间到两端这三种模式正从不同路径共建人工智能产业生态。上游到下游模式，有传统的芯片公司英特尔发展人工智能算法，科大讯飞发展人工智能产品。中间到两端模式，有谷歌公司开源到平台研制了CPU算法，又有一系列的重要应用。很多龙头企业正在从本端开始向其他端口进行拓展，这样的拓展有分工也有合作。2016年10月，美国最重要的人工智能企业，包括Google、Facebook等企业形成人工智能产业联盟，他们游说国家进行人工智能立法工作，使我们看到人工智能生态依托联盟协作正式成为最重要的发展趋势。

中国也将形成全球最具吸引力的人工智能生态环境。传统科技巨头百度、阿里巴巴和腾讯目前在人工智能领域处于领先地位。在它们之后，国内还有上百家创业公司正在人工智能的各个方向探索新技术。目前，语言和计算机视觉是国内人工智能市场最热门的两个方向，分别占据60%和12%的市场。另外，传统行业的公司也在积极引入人工智能，以降低自己的运营成本。艾瑞咨询在一份调查报告中表示：中国的人工智能市场在2020年经济规模超过1500亿元。人工智能已经广泛出现在决定企业产生经济效益的各个环节，以人机协同模式为主导，推动传统行业走向效率变革、动能转换之路。

3. 行业应用持续深入

当前，我国人工智能产业发展的基础条件已经具备，未来10年内都将是人工智能技术加速普及的爆发期。人工智能具有显著的溢出效应，将带动其他相关技术的持续进步，助推传统产业转型升级和战略性新兴产业整体性突破。

2017 年，人工智能技术有望在农业、工业、服务业等多个领域催生新的应用模式和产品。在农业领域，人工智能将为农作物的生产提供更加智能化的辅助手段，其作用将贯穿从种植、灌溉到收获等生产全流程。人工智能将有助于实现自动化、智能化的灌溉模式，提高灌溉效率，减少水资源浪费。在工业领域，人工智能将应用到生产、制造的多个环节中，改进现有的制造控制和管理体系。全自动生产线将定制新型制造模式。在服务业领域，人工智能技术的应用场景更加多样，涵盖教育、金融、交通、医疗、文体娱乐、公共管理等多个领域。如在医疗领域，智能临床决策支持系统将有助于提高临床诊断的准确度和效率，大力提高医疗服务水平。

4. 关键技术取得突破

当前，人工智能受到的关注度持续提升，大量的社会资本和智力、数据资源的汇集驱动人工智能技术研究不断向前推进。从发展层次来看，人工智能技术可分为计算智能、感知智能和认知智能三大部分。当前，计算智能和感知智能的关键技术已经取得较大突破，人工智能应用条件基本成熟。但是，认知智能的算法尚未突破，前景仍不明朗。

2017 年以来，随着智力资源的不断汇集，人工智能核心技术的研究重点逐步从深度学习转为认知计算，即推动弱人工智能向强人工智能不断迈进。一方面，在人工智能核心技术方面，在百度等大型科技公司和北京大学、清华大学等重点院校的共同推动下，以实现强人工智能为目标的类脑智能有望率先突破；另一方面，在人工智能支撑技术方面，量子计算、类脑芯片等核心技术正处在科学实验向产业化应用的转变中，以数据资源汇集为主要方向的物联网技术将更加成熟，这些技术的突破都将有力推动人工智能核心技术的不断演进。

5. 影响作用大幅加强

从产业发展的视角来看，互联网、基础软件、人工智能都具有相似性，其价值的体现不仅包含自身产业发展的经济增量，还包括对其他行业发展的支撑价值。随着人工智能产品和服务的不断涌现，人工智能所带来的经济社会价值也将持续释放。未来伴随着人脑仿生计算、虚拟助手、机器人、虚拟显示(即增强显示技术)的开发和应用，人工智能技术将嵌入到更多的机器人与终端设备中，改变人们的生产方式和生活方式，深刻影响经济社会的发展。其中，服务机器人将越来越多地应用于人类生产生活中，在为人们生活提供便利的同时，将在儿童、老人、病人、残障人士的生活中扮演重要的角色。军用机器人将广泛应用于军事和国防科学技术研究与生产，以辅助军人进行情报收集、协调作战、战争防御等。智能家居将改变家庭娱乐、教育、消费等方式，为人们创造更为智能化的家庭生活。可穿戴设备的发展将推动虚拟世界与物理世界相互融合，全面提升人们的娱乐、教育、通信的体验水平。

第3章　探究云计算

云，大家再熟悉不过，它是空中悬浮的由水和冰晶聚集而成的物体，远观有形，近观无边，漂移不定，姿态万千，有时如朵朵棉花，有时一泻千里，或浓或淡，自在潇洒，在长空漂浮着，聚散着，变换着，引发人类诸多遐想。然而，当"云"和"计算""存储""搜索""查杀"等联系在一起时，你的生活就会被"云"改变。

3.1　走进云时代

云计算与我们的生活越来越近，在大家熟知的电影《阿凡达》中，我们看到了逼真的飞流瀑布、漂浮云中的山峦、渐渐发光的森林……这些 3D 画面让人仿佛身临其境。在电影《阿凡达》中，有很多同云计算技术相关的地方，我们从云计算的角度来解读一二。

片中曾说，在整个潘多拉星球中，每棵树都像是大脑中的神经元，彼此之间互相联系，从而形成一个很大的网络。每个纳美人都可以通过自己的神经末梢上传或下载相关的数据与信息。而云计算技术真的是将很多服务器与存储资源通过网络相互联系在一起，向用户提供相应的计算能力与存储能力，从这一角度来看，潘多拉星球就是一个巨大的"云"。

每一个纳美人都可以通过辫子上的神经末梢同各种野兽以及大树之间进行交互，这种交互形式简洁、高效且接口统一，十分便于用户进行访问。在云计算平台中，端到云的接入体现的也是这些特点。云计算的用户可以方便地屏蔽底层的编程接口，提高效率。同时，统一的接口也增强了可用性，这是云计算优于网格计算之处。

3.1.1　风起云涌——云计算的诞生

云计算不仅存在于科幻电影中，而且在现实生活中，云计算的影响力已经席卷全世界，各个商家把自己的产品都加上了云计算的概念，追赶上这股时代的潮流。云计算可以算是继个人电脑、互联网之后的又一个革命性技术，改变了我们使用信息技术的方式。

然而，你也许想不到，今天大红大紫的云计算概念，实际上在 20 世纪中叶已经诞生了，经过十几年的发展，云计算已经从一个科学家脑海里对未来世界的畅想，落地为实实在在的产品。让我们先走进历史，回首云计算从孕育到成熟的过程。

20 世纪 60 年代是一个百废待兴的时代，从东方到西方，所有人提着一股"大干快上"的精神。彼时，民用领域的科学技术开始快速发展，计算机刚刚使用上半导体器件，准备进入后来被称为"摩尔定律"的通道。在这个人类对计算机学科探索尚不成熟的时代，就有学者对未来的技术作出了大胆的预测。

斯坦福大学的科学家 John McCarthy(见图 3-1)就表示，"计算机可能变成一种公共资源"。这句话在当时有着超前的逻辑。John McCarthy 并不是唯一作出此预测的学者，1966 年，Douglas Parkhill 在他的著作《The Challenge of the Computer Utility》中对这个理论进行更加具体的描述，他将计算资源类比为电力公司，并提出了私有资源、共有资源、社区资源等概念，类似动态扩展、在线发布等今天被频繁提起的云计算特性。Douglas Parkhill 的理论还有一个更加具体的诠释者，著名的 ARPAN(Advanced Research Projects Agency Network,高级研究计划部署网络。这是世界上第一个数据包交换网络，是因特网的前身)负责人 J. C. R. Licklider 将计算资源与他熟悉的数据网络进行了结合，提出了"从任意地点通过网络访问计算机程序"的设想。

图 3-1　John McCarthy 教授，人工智能之父

从 20 世纪 60 年代的故事中，我们可以看到云计算不是一个偶然的技术产物，它是计算机诞生第一天起就注定发生的技术革命。而数据网络作为分发服务的渠道，与计算资源的整合也是这个过程必不可少的一环。

1997 年，Ramnath Chellappa(见图 3-2)教授在他的一次演讲中第一次提出了"Cloud Computing(云计算)"这个词，他指出"计算资源的边界不再由技术决定，而是由经济需求来决定"。换句话说，计算资源的形式可以是动态的，这种形式根据人们的需求而变化，如果你不在机房内但却需要操作软件程序，那么自然会有一种方式让你能够远程登录计算机。Ramnath Chellappa 教授的理论重现了 20 世纪 60 年代那些科学家的思想,但同 20 世纪 60 年代不同的是，技术的发展使得 Ramnath Chellappa 教授的理论已经可以找到现实中的模型。

图 3-2　Ramnath Chellappa 教授

在互联网泡沫盛极而衰的 1999 年，一家对后世产生深远影响的公司 Salesforce.com 成立了。Salesforce.com 是现在公认的云计算先驱，它由几个前 Oracle 高管成立，主要向企业客户销售基于云的 SaaS(Software as a Service，软件即服务，云计算的一种服务类型)。Salesforce.com 的主要产品是 CRM(Customer Relationship Management)，即客户关系管理系统。这个领域一向是 SAP、Oracle 统治的地盘，企业客户利用 CRM 来处理他们最宝贵的客户资源和市场数据，并指导下一个季度的销售策略。Salesforce.com 的客户名单里有通用电气、荷兰航空、富国银行、Comcast、NBC 等大型公司。

Salesforce.com 的成功之处在于它证明了基于云计算的服务不仅仅是大型业务系统的替代品，还可以真正提高运行效率、促进业务发展的解决方案，同时可以在可靠性方面维持一个极高的标准。至此之后，苛刻的企业用户开始全面拥抱云计算，我们迎来了云计算掀起的第一个高潮。

3.1.2　云计算的兴起与发展

时间进入 21 世纪的第一个十年，接棒 Salesforce.com 公司，将云计算推向下一个高峰的是在线零售商 Amazon(即亚马逊公司)。Amazon 是一家非常重视客户体验的公司，当发展到一定规模的时候，它发现自己的数据中心在大部分时间只有不到 10%的利用率，剩下 90%的资源都闲置着，这些资源仅有的作用是被用来缓冲圣诞购物季这种高峰时段的流量。于是 Amazon 开始寻找一种更有效的方式来利用自己庞大的数据中心，其目的是将计算资源从单一的、特定的业务中解放出来，在空闲时提供给其他有需要的用户。这个计划首先在内部实施，得到的回馈相当不错，Amazon 接着便将这个服务开放给外部用户，并命名为 AWS(Amazon Web Service，亚马逊网络服务)。

初期的 AWS 只是一个简单的线上资源库，虽然它依托 Amazon 的品牌光环吸引了不少注意力，但在大多时候，人们只是将 AWS 当作一个互联网公司吸引眼球的行为。这种情况持续了 3 年左右，一直到 Amazon 在 2006 年发布了令 AWS 名声大噪的 EC2。

EC2(Elastic Compute Cloud)，是一款面向公众提供基础架构云服务的产品。简单来说，EC2 在云端模拟了一个计算机运行的基本环境，如果用户接触过虚拟机技术，EC2 就可以看作一个架构在云端的虚拟机。打个比方，用户需要为一个为期三个月的项目搭建一台 Windows Server 2008 服务器，有了 EC2 之后用户不用采购服务器、配置硬件，只需要向 Amazon 申请一个为期三个月的账号，然后将用户的 Windows Server 应用上传到 Amazon 的服务器上就完成部署了。

Amazon 会提供一个公共网关，通过这个网关用户可以访问架设在 Amazon 数据中心内的 Windows Server 2008 服务器的所有功能。之所以说 EC2 是一个里程碑式的产品，是因为 EC2 是业界第一个将基础结构大规模开放给公众用户的云计算服务。EC2 在 Salesforce.com 公司之后将云计算的服务对象带入了更广泛的领域，云计算的用户不再拘泥于某种特性的服务类型上，他们可以在 EC2 的平台上搭建从 Linux 到 Windows 的任何业务。更重要的是这些业务的体量可大可小，能够随着用户的需求而增减。根据 Amazon 网站上的公开报价显示，如果用户只是使用一个最简单的 Linux，其价格为每小时 8 美分。

除了 EC2 之外，Amazon 还发布了 S3、SQS 等其他云计算服务，组成了一个完整的 AWS 产品线。如果说 Salesforce.com 给人们带来了云计算的启蒙，那么 Amazon 则使用 AWS 引爆了云计算这座火山，云计算从此正式成为 IT 产业的主流。

继 Amazon AWS 之后，类似的云计算产品开始层出不穷地冒出来，云计算不再只是一个阳春白雪的概念，而是所有人追逐的方向。短短几年内，Amazon 就不再是市场唯一的 IaaS(Infrastructure as a Service，基础结构即服务)提供商，Microsoft 等巨头纷纷涌进这个领域。

除了数量的增长，云计算类型也变得日益丰富，Salesforce.com 和 Amazon AWS 分别代表了 SaaS 和 IaaS 两种云计算服务，除此之外的第三种服务 PaaS(Platform as a Service，平台即服务)也快速发展起来。2009 年，Google 开始对外提供 Google App Engine 服务，Google App Engine 是一个 PaaS 服务，它搭建了一个完整的 Web 开发环境，用户可以在浏览器里面开发和调试自己的代码，然后直接部署到 Google 的云平台上，并对外发布服务。以 Google App Engine 为代表的 PaaS 服务补齐了云计算的产品版图，从此用户可以基于云的环境中找到绝大部分计算资源。理论上来说，如果用户对服务器硬件已经感到厌倦，那么就可以将它们淘汰掉，将自己的应用搬迁到这些互联网上的云平台上。

云计算蓬勃发展的另一个特征是，围绕在线资源的应用开始快速出现。2009 年，第一个基于 Amazon AWS API(Application Program Interface，应用程序接口) 的私有云平台 Eucalyptus 出现，通过 Eucalyptus，用户可以利用 Amazon AWS 的计算和存储资源打造自己的私有云结构。类似这样的技术进一步完善了云计算平台的安全性和可靠性，并打通了它和企业用户原有应用平台之间的通道。同年，信息研究机构 Gartner 预测企业用户将从基于设备的 IT 建设模型往基于单个用户需求的云计算模型转变。

进入 21 世纪的第二个十年，云计算也已经进入百花齐放的时代。怎样将云计算的潜力充分发挥出来，以帮助我们塑造一个更加高效的 IT 系统和互联网世界，这个问题的答案涉及非常广泛的内容，因为云计算对现有 IT 模式颠覆性的革新，使原有的建设思路必然受到冲击，其中数据网络就是一个重要的领域。在新时代的云计算环境中，数据网络技术的进化以及这种进化反过来都给云计算带来了影响。

3.1.3 谁都在"云端"

微软、谷歌和亚马逊公司(以下简称亚马逊)是全球最大的三家云供应商，2009 年开始，许多美国政府部门(包括针对国家机关互联网服务商店 Apps.gov)也开始试水云计算，某种程度上算是为这种服务方式"站台""背书"。

2009 至 2011 年，世界级的供应商都无一例外地参与到云市场的竞争中。于是出现了第二梯队：IBM、VMware 公司(以下简称 VMware)和美国电话电报公司(以下简称 AT&T)。它们大都是传统的 IT 企业，由于云计算的出现不得不选择转型。时至今日，国内的云服务商也都纷纷发力。云服务呈现了你追我赶的全面竞争趋势，产品内容也逐渐趋同。

随着亚马逊的 AWS 不断推出新的服务，云计算解决方案也日益成熟，越来越多的厂商开始进入这一领域并大力投资。在国内甚至出现了许多专门从事云服务的厂商(如北京青云科技发展有限公司)，云计算领域的竞争格局开始呈现，各个厂商也开始针对企业级专业化场景提供高度完善和有针对性的功能，进而使得云计算从概念落地为技术，再发展成为一个专门的产业。

截至 2018 年年底，亚马逊云(AWS)、微软云、谷歌云、阿里云和 IBM 云这五大云服务商控制着公有云全球市场近 3/4 的份额，其中亚马逊云占据 47.9% 的市场份额。阿里云实属后起之秀，2018 年占据 7.7% 的市场份额，根据财报显示，阿里云当季收入为人民币 56.67 亿元(约合 8.3 亿美元)，较上一年同期增长 90%；2019 年阿里云市场份额增长到 9.1%。2018 年和 2019 年全球云计算市场份额如图 3-3 所示。

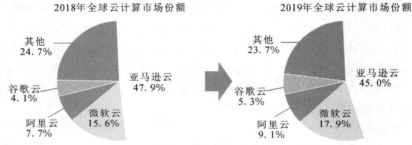

图 3-3   2018 年和 2019 年全球云计算市场份额

阿里云快速增长的动力来自高附加值产品、服务的收入组合及付费客户的强劲增长。全球范围内的情况则是亚马逊云业务(AWS)同比增长 46%，达 66.8 亿美元，依然位列榜首。微软云、谷歌云和阿里云也在不断加速追赶 AWS，增长率再次远远超过全球云市场的平均增长率，因此市场份额均有所提升。云计算行业的集中度进一步提升。虽然微软云、谷歌云和阿里云的增幅远高于 AWS，但它们合起来的份额仍小于 AWS，因此要追赶 AWS 并不容易。排名更靠后的中小企业要追赶前几名更是难上加难。

所以，目前云计算呈现出一种一家独大、多家追随、遍地开花的局面。一家独大的亚马逊看起来在很长一段时间内依然是云计算的领军企业。追随的几家公司似乎需要寻求一个突破的场景，其中谷歌提供了 G Suite，希望在办公云平台上有所斩获；IBM 开始转投开源的产品框架，并率先涉足区块链领域的超级账本项目，希望借此有所突破。

3.1.4　云计算产业在国内高速发展

放眼世界，云计算已经成为工业智能升级背后的基础设施。云计算虽然是由美国科技公司发明的，但到下个十年后，它却可能成为中国科技公司的主导领域。中国一直在积极推动云计算产业的发展。自 2015 年国家推出"互联网+"的战略以来，云计算、大数据和物联网的整合就已成为帮助制造业和其他产业现代化的重要战略举措。随着越来越多传统企业 IT 基础设施的不断升级，国内云计算的产业规模、从业人数都在快速增长。最好的例子可能是阿里巴巴网络技术有限公司(以下简称阿里巴巴)的云计算大会，在 2018 年 9 月，该会议吸引了来自国内外约 12 万人参加，如图 3-4 所示。

图 3-4　杭州阿里云栖大会的现场

与亚马逊同年在美国拉斯维加斯的约 5 万人现场相比，阿里巴巴云计算大会的规模着实大了许多。

中国云市场由本土企业主导，阿里巴巴是国内最早开展云计算业务的企业，在 2009 年便推出了云服务。华为技术有限公司(以下简称华为)、深圳市腾讯计算机系统有限公司(以下简称腾讯)、北京百度网讯科技有限公司(以下简称百度)和中国电信集团有限公司(以下简称中国电信)等公司都在加速扩展自己的云计算服务规模。据 IDC 的数据显示，2018 年阿里云占据国内公有云市场 42%的份额，其次是腾讯云占据市场 12%的份额、中国电信云占据市场 9%的份额，AWS 在国内的市场份额仅为 6%。2019 年，阿里云排名仍居第一，市场份额达到 46.4%，其次是腾讯云占据市场份额 18%，百度云占据市场份额 8.8%。阿里云已经连续 4 年稳居中国市场第一名，比第二名腾讯云(18%)领先 158%，且阿里云的领先优势在不断扩大，其他云服务商的市场份额均受到了不同程度的挤压，越来越呈现出一家独大的趋势。

2019 年上半年，中国的云基础设施和软件市场总额达到了 54 亿美元。根据 2019 年国务院发展研究中心(DRC)发布的白皮书，预测到 2023 年，国内的云计算产业规模将超过 3000 亿元，比 2018 年的 962.8 亿元增长两倍多，而且在 5 年内，将有超过 60%的企业和政府机构的日常运营会依赖云计算。

3.2　云从哪里来

回顾完云计算的历史，让我们把注意力集中在一个问题上：什么是云计算？不同人从不同角度解释了云计算的含义，CSA(Cloud Security Alliance，云计算安全联盟)在 "Security Guidance For Critical Areas Of Focus In Cloud Computing V3.0"

中比较精确地说明了云计算的本质:"云计算的本质是一种服务模型,通过这种模型可以随时、随地,按需地通过网络访问共享资源池的资源,这个资源池的内容包括计算资源、网络资源、存储资源等。这些资源能够被动态地分配和调整,在不同用户之间灵活地划分。凡是符合这些特征的 IT 服务都可以成为云计算服务。"

3.2.1　从资源池化说起

资源池化是由云计算引申出来的概念。这里需要提到服务器硬件和架构的变化。从技术架构变迁上看,服务器架构的变化可以分为四个阶段,分别是普通服务器阶段、小型机阶段、资源池化阶段和虚拟化容器阶段。

(1) 普通服务器阶段。普通服务器的服务器模型结构最为简单,一般只有一台服务器,安装操作系统并运行一些程序代码,维护工程师也只有一两个人,甚至在最早的时候,服务器上只运行着操作系统、数据库和程序逻辑代码等。这种模式有一荣俱荣、一损俱损的特点,也就是俗话说的把鸡蛋都放到一个篮子里,这时候使篮子不翻倒就成了工作的重中之重,因为一旦篮子被打翻,鸡蛋就会全打破,即所有服务都会停摆。

(2) 小型机阶段。普通服务器阶段之后就进入了小型机阶段,小型机是一种服务器的类型,并不是个头比较小的计算机,当时有原 Sun 微系统公司(以下简称 Sun)的 Solaris 系统的机器(见图 3-5)、惠普研发有限合伙公司(以下简称 HP)的 UNIX 小型机,以及最畅销的 IBM 的 UNIX 小型机。这些小型机厂家使用定制硬件运行UNIX 的定制修改版本,在上面运行一些单独的逻辑,也就是有了初步的分布式计算系统模型。同时,小型机还具备了容灾、冷备的能力。小型机通常有两组服务器,分别放置在不同的机房,各自运行一半生产应用,在极端情况下可实现应用切换,即一组服务器异常的情况下,切换至另一组服务器全量运行。

图 3-5　Sun 的 Solaris 小型机

(3) 资源池化阶段。小型机服务较为稳定,且看上去也有初步的分布式计算模型,为何后来逐渐被资源池化技术取代了呢?这还要从互联网行业的兴起说起,小型机价格相对昂贵,且服务的维护成本较高,互联网公司初创的时候由于资金原因,服务器通常采用的是开源免费的技术架构,如 LAMP 架构(Linux、Apache、MySQL、PHP),而非收费产品架构。

在服务器的选择上,昂贵的小型机并不是一个好的选择。于是由互联网公司开始的 x86 架构的服务器化对应用带来的影响巨大,并且这个领域以谷歌公司(以下简称谷歌)为代表的企业提供了很多分布式解决方案，同时开源开始大行其道，各家企业都开始在应用软件产品中使用开源。其中因为 x86 服务器化导致机器集群数量急剧上升，资源池虚拟化技术开始得到大规模应用。这个时期，运营商普遍都建立了 x86 服务器的资源池，划分虚拟化的机器供应用部署并支撑其运行。资源池虚拟化是打破计算资源底层机器限制并对资源重新分配单元的方式，为应用部署带来很大的灵活性，同时应用系统也不用一开始就估算主机资源，预先采购，之后再去部署运行了。计算资源池化后，上层应用对底层计算机的加入没有感知，只需要按照虚拟化的方式分配计算资源即可。云计算将原有独享式的资源使用方式改为共享式的。通过虚拟化的技术打破应用间的藩篱，将所有资源都放在一个大池子中。今天这个应用业务量上去了，资源就给它使用；明天业务量回落了，资源再给别的业务使用。一份资源，可以在不同的应用之间动态调整。所以原来需要两台机器才能干的事情，现在由于其工作时间是错开的，只用一台机器就可以了。而整个资源的维护管理，也不是某一个业务应用的运维人员就管自己的，而是有专人统一去管这个池子。

例如，一个企业内部的开发人员向 IT 部门申请了一台服务器，这台服务器配有一颗 Intel i7 3.7G CPU、32GB 内存、500GB 硬盘、1 Gb/s 上联链路，虽然 IT 部门满足了他的需求，但这台服务器并不真实存在，它也许只是从一台配置为 4 路 CPU、2 TB 内存，采用集中式存储、配置双路 10 Gb/s 网卡的服务器中切割出来的一部分而已。

对于 IT 部门来说，计算资源不再以单台服务器为单位，云计算打破了服务器的限制，将所有的 CPU 和内存资源解放出来，汇集到一起，形成一个个 CPU 池、内存池、网络池，当用户产生需求时，便从这个池中配置能够满足需求的组合。在传统的 IT 架构中，这几乎是天方夜谭，上面那个例子中，如果用户请求的服务器配置在机房内正好找不到空闲的设备，那么只有两种选择，要么 IT 部门采购一台新设备，要么用户修改需求，显然不管是哪一种都会降低效率或者增加成本。资源的池化使用户不再关心计算资源的物理位置和存在形式，IT 部门也更加灵活地对资源进行配置。

(4) 虚拟化容器阶段。资源池化技术发展到一定阶段后，虚拟化技术又有了进一步的提升，因为普通池化技术除了要运行程序逻辑之外还需要运行操作系统，这样虚拟化的成本就提升了。基于这一考虑，资源池化技术进行了一次技术升级，使用比操作系统更小的虚拟化容器进行服务的包装，这就好比去市场买鱼，以前的整机虚拟化技术相当于无论大小都要购买整条鱼，现在的办法则是可以根据用户需求购买一小块鱼肉，且根据用户的口味会有各种定制的细分产品，如鱼肉、鱼脑、鱼鳔等。到了这一阶段，鱼身上的每部分都可以售卖且变得有价值。这就是虚拟化容器阶段的特点。

3.2.2　什么是虚拟化

前面谈了很多虚拟化的内容，那么到底什么是虚拟化呢？可以这么说，虚拟化是利用一些组件(如网络组件、存储组件等)创建基于软件表现形式的过程。虚拟化是对硬件资源进行池化后的抽象概念，借助虚拟化技术，用户能以单个物理硬件系统为基础创建多个模拟环境或专用资源。一款名为 Hypervisor(虚拟化管理程序)的软件可直接连接到硬件，从而将一个系统划分为不同的、单独安全环境，即虚拟机(VM)。虚拟机监控程序能够将计算机资源与硬件分离并适当分配资源，这一功能对虚拟机十分重要。如图 3-6 所示，最下方是不同的硬件设备，通过虚拟化管理程序将其抽象为虚拟的硬件设备，在虚拟硬件上创建的计算机就是虚拟机，工程师不再直接管理实际硬件，而是对虚拟机进行操作和管理。

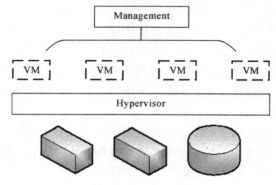

图 3-6   虚拟化原理

虚拟化可以分为几种类型，最常见的是服务器虚拟化，它支持把服务器变成一个虚拟机的控制中心，在这些虚拟机上可以安装不同的操作系统，也就是使一台服务器变成多台不同操作系统的服务器。第二种常见的是网络虚拟化，即在虚拟机内部设立一个局域网，专门用于虚拟机之间的通信，当然也可以和虚拟机之外的网络进行通信，在虚拟机内部应用程序不会感觉到自己运行在一台虚拟机上。第三种常见的是桌面虚拟化，它实现了把桌面变成一种云上可访问的虚拟化资源，一般可以为企业的 IT 部门提供员工统一接入方案；在另外的一些场景中，这种虚拟化技术可以用于手机的测试，例如虚拟化安卓手机用于执行各种有一定风险的测试工作等。

使用虚拟化技术让计算机硬件的可用性得到大幅提升。也正是因为有了这种虚拟化技术，才可以最终完成把硬件服务打包卖给云服务供应商，再由云服务供应商卖给每个用户这一过程。需要注意的是，虽然虚拟化技术与云计算技术高度相关，很多云服务中会使用虚拟化技术作为后台的实现方案。但脱离了云服务，虚拟化技术也可以单独使用。

3.2.3　触手可及的宽带网络

家用互联网从 2014 年开始进入百兆时代，之后就是移动互联网的时代了。2015年，阿里巴巴网络技术有限公司淘宝网(以下简称淘宝)在"双十一"的时候发现移动端用户访问数量已经远超桌面计算机。

促进移动互联网时代的到来有两个最大的"功臣"，第一个是苹果公司，第二个是高通公司。苹果公司率先推出了全触屏手机，这一设备是有划时代特性的，之前，广大手机厂商还在纠结到底是全尺寸键盘好还是 9 键键盘好，屏幕是推拉隐藏好还是旋转隐藏好，如果一个没有经历过那个时代的人看到当时的手机，会感觉那是一个需要使用说明书和培训才能使用的科研仪器。苹果公司改变了这一切，从此以后各个手机厂商都推出了触屏手机，便捷的操作方式大大降低了使用门槛。当然，只有手机还是不够的，有了手机之后，移动互联网又成了一种必需，高通公司在 CDMA 技术的基础上开发了一个数字蜂巢式通信技术，第一个版本被规范为 IS-95 标准。后来开发的新产品包括 IS-2000 和 1x-EVD0。

高通公司曾开发和销售 CDMA 手机和 CDMA 基站设备，是全球二十大半导体厂商之一。作为一项新兴技术，CDMA、CDMA2000 风靡全球并占据了 20% 的无线市场。截至 2012 年，全球 CDMA2000 用户超过 2.56 亿，遍布 70 个国家的 156 家运营商，已经商用 3G CDMA 业务。包含高通公司授权 LICENSE 的苏州安可信通信技术有限公司在内，全球有数十家 OEM 厂商推出 EVDO 移动智能终端。由于它的存在，移动上网有了飞速发展，现在用户使用的 4G 网络速度已达百兆，到来的 5G 时代，移动互联网网络速度达到千兆。这样，很多原来需要在移动设备上进行的计算工作都可以通过网络进行传输，把计算交给遥远的服务器来完成。5G 时代的另一个标志就是万物互联，所有设备都可以通过 5G 芯片高速连接到互联网上。表 3-1 展示了移动网络的代际发展。

表 3-1　移动网络的代际发展

技术换代	传输速度	网　络　制　式
1G	5～9 kb/s	AMPS、NMT、TACS
2G	9.6～30 kb/s	GSM、CDMA、TDMA、PHS
2.5G	20～130 kb/s	GPRS、HSCSD、EDGE、CDMA2000
3G	300～600 kb/s	WCDMA、CDMA2000
3.5G	3.1～73.5 kb/s	HSDPA、HSUPA、UMTS TDD(TD-CDMA)、EV-DO Revision A、EV_DO Revision B
4G	100～1000 Mb/s	4G LTE
5G	最高可达 10 Gb/s	NR、TD-LTE、LTE FDD

3.2.4　云计算的现状

云计算是一个统称，可按照其提供的服务内容分为几大类。

1. 私有云、公有云、社区云、混合云

目前，市场上存在的各种云服务可以从"谁在使用服务"和"提供了什么服务"这两个角度进行分类。比如自动售货机，就可以根据"谁会使用自动售货机"和"销售的商品是什么"进行分类。如图 3-7 所示，办公室里的自动售货机只面向公司内部的人员进行销售货物，街头的自动售货机任何人都可以从中购买物品。

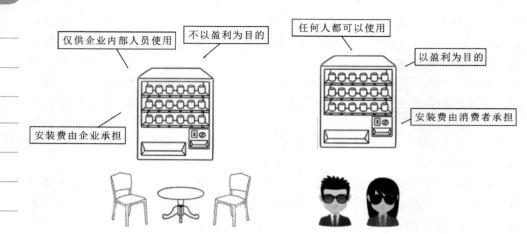

图 3-7   办公室的自动售货机与街头的自动售货机

私有云与公有云有什么区别呢？首先，从"用户"的角度来对比二者，如图 3-8 所示。"私有云"是某个企业专用的云环境，仅限于该企业内部的用户使用。这就好像我们刚才说的安装在办公室里的自动售货机，仅供企业内部人员使用。企业不但要提供自动售货机的安装地，还要自行承担场地租金和电费。不过，由于企业不需要通过出售商品来盈利，所以商品的价格相对便宜一点。

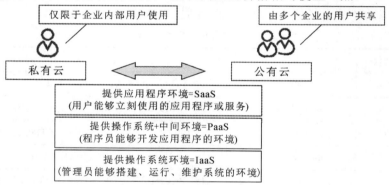

图 3-8   私有云与公有云的区别

"公有云"可以由多个企业的用户共享。大多数公有云具备"多租户"的功能，用户从表面上意识不到其他用户的存在，感觉使用的是专属自己的云环境。但实际上，在底层构成云的物理主机的支持下，多个用户能够共用云服务供应商所提供的服务，这就像是街头的自动售货机，虽然是一种任何人都可以自由使用的服务，但由于提供服务的企业需要通过销售商品来盈利，所以商品的价格也会相对较高。

上面这些不同点放到现实的云环境中构成了成本结构上的差异。要想在自己的公司内部搭建专用的云环境，就需要确保数据中心及硬件资产到位，免不了要进行一番初期投资。人们可以每次按需申请资源，需要什么资源就申请什么资源。因此，公有云在有些情况下显得更加灵活，比如在能预料到所需的资源总量将发生较大变动的情况下，或者是在难于估计资源增减趋势的情况下。

反之，如果能实现预料到所需资源的规模，那么选择私有云更加经济。使用公有云的成本会随资源使用量的增加而增加，因此成本基本上呈线性增长(不过在实际应用中，有时使用量在资费上还能得到一些折扣)。而对私有云来说，在最初准备的资源用尽之前，无需增加投资。但由于每当资源不足时就要增加一定数量的硬件资源，所以成本呈阶梯式增长。私有云和公有云在成本结构上的差异如图 3-9 所示。

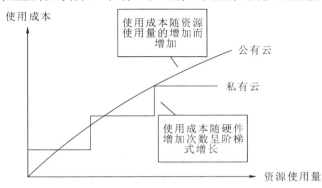

图 3-9　私有云和公有云在成本结构上的差异

社区云是面向一群有共同目标、利益的用户群体提供服务的云计算类型。社区云的用户可能来自不同的组织或企业，因为共同的需求走到一起，社区云向这些用户提供特定的服务，满足他们的共同需求。

由大学等教育机构维护的教育云就是一个标准的社区云业务，大学和其他高等机构将自身的教育资源放到平台上，向校内外的用户提供服务。在这个模型中，用户除了在校学生，还可能有在职进修的学生、其他科研机构的研究人员等，这些用户来自不同的机构，但因为共同的课程或研究课题走到了一起。

社区云虽然也面向公众提供服务，但是与公有云的区别在于：社区云的目的性更强，社区云的发起者往往是有着共同目的和利益的机构；而公有云则是面向公众提供特定类型的服务，这个服务可以被用于不同的目的。所以，社区云的规模通常也比公有云小。

混合云顾名思义就是两种或两种以上云计算的综合。混合云可以是公有云与私有云的混合，也可以是私有云与社区云的混合。混合云服务的对象非常广泛，包括特定组织内部的成员，以及互联网上的开放受众。混合云架构中有一个统一的接口或管理平面，不同的云计算模式通过这个结构以一致的方式向最终用户提供服务。

与单独的公有云、私有云或社区云相比，混合云具备更大的灵活性和可扩展性，企业在部署云计算时常常面临瞬息万变的需求，混合云在应对需求的快速变化时有无可比拟的优势。

2. IaaS、PaaS、SaaS 的不同

从"销售的商品是什么"的角度，可将云服务分为 IaaS(Infrastructure as a Service，基础设施即服务)、PaaS(Platform as a Service，平台即服务)和 SaaS(Software as a Service，软件即服务)三类(见图 3-10)。在历史上，云服务被广泛应用是从 SaaS 云服务的出现开始的。PaaS 基于 IaaS 实现，SaaS 的服务层次又在 PaaS 之上，三者分别面对不同的需求。IaaS 提供的是用户直接访问底层计算资源、存储资源和网络资源的能力；PaaS 提供的是软件开发环境、运行环境；SaaS 是将软件以服务

的形式通过网络传递到客户端。

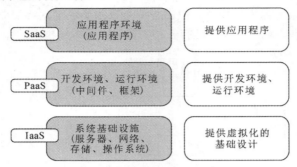

图 3-10　SaaS、PaaS、IaaS 提供的资源的差异

　　SaaS 云服务将面向企业的 CRM 应用程序，以及面向个人的邮件服务等最终用户可直接使用的应用程序环境作为云上的服务提供给用户。在云计算的说法出现以前，这一类服务曾以 ASP(Application Service Provider，应用程序服务供应商)的名称出现，直到后来出于市场营销的目的才改称为"云服务"。

　　接下来，我们看看 PaaS 云服务。这一类服务将应用程序的开发环境、运行环境作为云上的服务提供给用户。在着手开发应用程序之前，开发者往往还需要准备应用服务器和后端数据库，或开发框架和编译器等。由于 PaaS 能够自动准备好这些环境，所以开发者只要使用 PaaS 就能立即投入实际的开发工作中。有一些 PaaS 云服务能够原样提供传统的框架和数据库环境，还有一些 PaaS 云服务能够提供该服务中独有的特殊框架和数据存储(Data Store)。

　　最后，我们来学习 IaaS 云服务。该类服务将服务器、网络和存储等 IT 基础设施的组件作为服务提供给用户(见图 3-11)，并为服务的用户分别准备专属的租户环境。在租户环境中，用户可以自由添加"虚拟路由器""虚拟交换机"等虚拟网络设备，以及被称为"虚拟机实例"的虚拟服务器，用于保存数据的"虚拟存储"等组件。总之，在虚拟化的环境中，用户可以通过自由组合 IT 基础设施的三大要素，即服务器、网络和存储来搭建自己专用的服务平台。

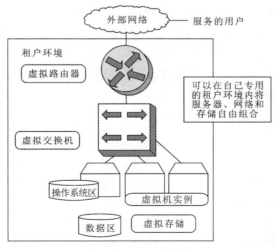

图 3-11　IaaS 云服务

从图 3-10 可以看出，SaaS、PaaS 和 IaaS 的区别在于为用户提供的 IT 资源的范围不同。但实际情况并不是"可以在 IaaS 之上搭建 PaaS，在 PaaS 之上搭建 SaaS"这么简单。例如，在应用 SaaS 时，用户看到的只不过是应用程序的用户界面。通过在应用程序的功能上支持多租户，多个用户就能同时操作运行在同一台服务器上的一个应用程序。因此，基础设施本身的虚拟化就不再是必须要进行的了。而对于 IaaS 来说，由于需要向用户提供服务器和网络等独立的基础设施组件，因此只有先对各组件进行虚拟化后才能提供给用户(见图 3-12)。某些 IaaS 云服务也能使用物理服务器。因为在这样的服务中，用户不必关注物理服务器，只采用与操作虚拟机时同样的方法(API)即可利用服务，所以可以认为"使用 API 完成操作"的本质并没有改变。

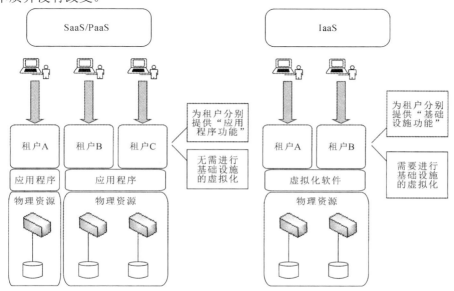

图 3-12　SaaS、PaaS 和 IaaS 在本质上的差别

这样看来，由 IaaS 云服务提供的资源具有一个显著特点，即脱离了物理环境且被虚拟化了。对于经过虚拟化抽象出的资源而言，API 在提升其操作效率方面发挥了至关重要的作用。

3.3　如何搭建"云"

云计算充分利用网络和计算机技术来实现资源的共享和服务。要解决云进化、云控制、云推理和软计算等复杂问题，其基础架构可用云计算体系结构来描述，而云计算的服务层次则从提供服务类型角度来描述云计算对应提供的功能或服务，云计算技术层次从云计算软、硬件结合角度说明云计算平台的构成。

3.3.1　云计算体系结构

云计算平台是一个强大的"云"网络，连接了大量并发的网络计算和服务，可利用虚拟化技术扩展每一个服务器的能力，将各自的资源通过云计算平台结合起来，提供超级计算和存储能力。云计算体系结构如图 3-13 所示。

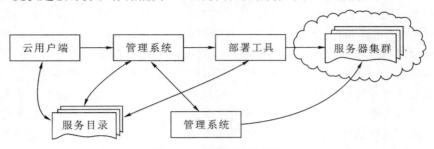

图 3-13   云计算体系结构

云用户端：提供云用户请求服务的交互界面，也是用户使用云的入口，用户通过 Web 浏览器可以注册、登录及定制服务、配置和管理用户。打开应用实例与本地操作桌面系统一样。

服务目录：云用户在取得相应权限(付费或其他限制)后可以选择或定制服务列表，也可以对已有的服务进行退订等操作，在云用户端界面生成相应的图标或列表的形式展示相关的服务。

管理系统和部署工具：提供管理和服务，能管理云用户，能对用户授权、认证、登录进行管理，并可以管理可用计算资源和服务；接收用户发送的请求，根据用户请求并转发到相应的应用程序，调度资源智能地部署资源和应用，动态地部署、配置和回收资源。

服务器集群：虚拟的或物理的服务器，由管理系统管理，负责高并发量的用户请求处理、大运算量计算处理、用户 Web 应用服务，云数据存储时采用相应的数据切割算法、并行方式上传和下载大容量数据。

云计算技术层次如图 3-14 所示。

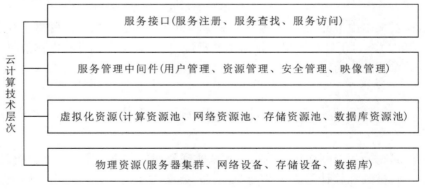

图 3-14   云计算技术层次

用户可通过云用户端从列表中选择所需的服务，请求通过管理系统调度相应的资源，并通过部署工具发布请求、配置 Web 应用。

服务接口：统一规定了在云计算时代使用计算机的各种规范、云计算服务的各种标准等，是用户端与云端交互操作的入口，可以完成用户或服务注册，对服务进行定制和使用。

服务管理中间件：在云计算技术中，中间件位于服务和服务器集群之间，提供管理和服务，即云计算体系结构中的管理系统。对标识、认证、授权、目录、安全性等服务进行标准化和操作，统一管理网络资源。其用户管理包括用户身份验证、用户许可、用户定制管理；资源管理包括负载均衡、资源监控、故障检测等；安全管理包括身份验证、访问授权、安全审计、综合防护等；映像管理包括映像创建、部署、管理等。

虚拟化资源：一些可以实现一定操作、具有一定功能，但其本身是虚拟的而不是真实的资源，如计算资源池、网络资源池和存储资源池、数据库资源池等。通过软件技术来实现相关的虚拟化功能，包括虚拟环境、虚拟系统和虚拟平台。

物理资源：能支持计算机正常运行的一些硬件设备及技术，可以是价格低廉的 PC，也可以是价格昂贵的服务器及磁盘阵列等设备。可以通过现有网络技术和并行技术、分布式技术将分散的计算机组成一个能提供超强功能的集群，用于计算机和存储等云计算操作。在云计算时代，本地计算机可能不再像传统计算机那样需要空间足够的硬盘、大功率的处理器和大容量内存，只需要一些必要的硬件设备如网络设备和基本的输入/输出设备等。

3.3.2 典型云计算平台

云计算的研究吸引了不同技术领域巨头，因此云计算理论及实现架构也有所不同。例如，亚马逊利用虚拟化技术提供云计算服务，推出 S3(Simple Storage Service)以提供可靠、快速、可扩展的网络存储服务，而弹性可扩展的云计算服务器 EC2(Elastic Compute Cloud)采用 Xen 虚拟化技术，提供一个虚拟的执行环境(虚拟机器)，让用户通过互联网来执行自己的应用程序。IBM 的云基础架构包括 Xen 和 PowerVM 虚拟的 Linux 操作系统镜像以及 Hadoop 并行工作负载调度。下面以 Google 公司的云计算核心技术和架构为例作基本讲解。

云计算先行者 Google 的云计算平台能实现大规模分布式计算和应用服务程序，平台包括 MapReduce 分布式处理技术、Hadoop 框架、分布式的文件系统 GFS、结构化的 BigTable 存储系统以及 Google 其他的云计算支撑要素。

现有的云计算通过对资源层、平台层和应用层的虚拟化以及物理上的分布式集成，将庞大的 IT 资源整合在一起。更重要的是，云计算不仅是资源的简单汇集，还为我们提供了一种管理机制，让整个体系作为一个虚拟的资源池对外提供服务，并赋予开发者透明获取资源、使用资源的自由。

1. MapReduce 分布式处理技术

MapReduce 是 Google 开发的 Java、Python、C++ 编程工具，用于大规模数据集(大于 1 TB)的并行运算；既是云计算的核心技术，一种分布式运算技术，又是简化的分布式编程模式，适合用来处理大量数据的分布式运算、解决问题的程序开发模型，也是开发人员拆解问题的方法。

MapReduce 模式思想是将要执行的问题拆解成 Map(映射)和 Reduce(简化)的

方式，即先通过 Map 程序将数据切割成不相关的区块，分配(调度)给大量计算机处理达到分布运算的效果，再通过 Reduce 程序将结果汇整，输出开发者需要的结果。

　　MapReduce 的软件实现是先指定一个 Map(映射)函数，把键值对(Key/Value)映射成新的键值对，形成一系列中间形式的键值对，然后把它们传给简化函数，将具有相同中间形式的键值合并在一起。映射函数和简化函数具有一定关联性。例如：

$$Map(k1, v1) \rightarrow list(k2, v2);$$
$$Reduce(k2, list(v2)) \rightarrow list(v2)$$

其中，v1、v2 可以是简单数据，也可以是一组数据，对应不同的映射函数规则，在 Map 过程中将数据并行，即把数据用映射函数规则分开，而 Reduce 则把分开的数据用简化函数规则合并在一起。也就是说，Map 是一个分开的过程，Reduce 对应着合并的过程。MapReduce 应用广泛，包括简单计算任务、海量输入数据、集群计算环境等，如分布 grep、分布排序、单词计数、Web 连接图翻转、每台机器的词矢量、Web 访问日志分析、反向索引构建、文档聚类、机器学习、基于统计的机器翻译等。

2. Hadoop 架构

　　在 Google 发表 MapReduce 后，2004 年开源社群用 Java 搭建出一套 Hadoop 框架，用于实现 MapReduce 算法，能够把应用程序分割成许多很小的工作单元，每个单元可以在任何集群节点上执行或重读执行。

　　此外，Hadoop 还提供了一个可扩展、结构化、具备日志的分布式文件系统(Google File System，GFS)，它可以支持大型的、分布式的、对大量数据进行访问的应用，其容错性较强。

　　分布式数据库(BigTable)是一个有序、稀疏、多维度的映射表，有良好的伸缩性和高可用性，用于将数据存储或部署到各个计算节点上。Hadoop 框架具有高容错性以及对数据读写的高吞吐率，能自动处理失败节点。Hadoop 结构如图 3-15 所示。

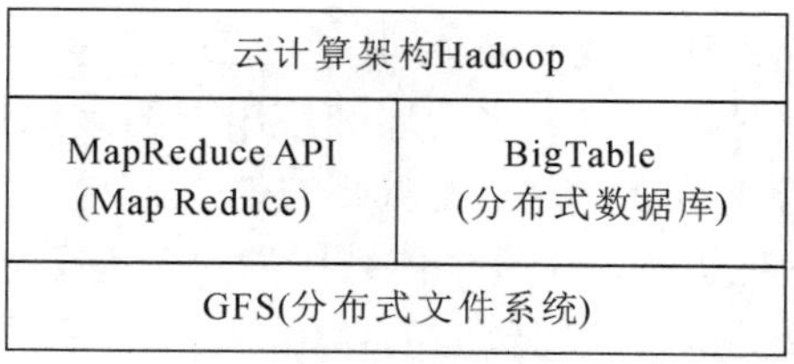

云计算架构Hadoop	
MapReduce API (Map Reduce)	BigTable (分布式数据库)
GFS(分布式文件系统)	

图 3-15　Hadoop 架构图

　　在架构中，MapReduce API 提供 Map 和 Reduce 处理，GFS(分布式文件系统)和 BigTable(分布式数据库)提供数据存取，基于 Hadoop 可以非常轻松和方便地完成处理海量数据的分布式并行程序，并运行于大规模集群上。

3. Google 云计算执行过程

　　云计算服务方式多种多样，通过对 Google 云计算架构及技术的理解，在此给出用户将要执行的程序或处理的问题提交给云计算的平台 Hadoop。

Google 云计算执行过程包括以下步骤：

(1) 将要执行的 API 程序复制到 Hadoop 框架中的 Master 和每一台 Worker 机器中。

(2) Master 选择由哪些 Worker 机器来执行 Map 程序与 Reduce 程序。

(3) 将所有的数据区块分配到执行 Map 程序的 Worker 机器中进行 Map(切割成小块数据)。

(4) 将 Map 后的结果存入 Worker 机器中。

(5) 执行 Reduce 程序的 Worker 机器，远程读取每一份 Map 结果，进行混合、汇整与排序，同时执行 Reduce 程序。

(6) 将结果输出给用户(开发者)。

在云计算中为了保证计算和存储等操作的完整性，充分利用 MapReduce 的分布和可靠特性，在数据上传和下载过程中根据各 Worker 节点在指定时间内反馈的信息判断节点的状态是正常还是死亡，若节点死亡则将其负责的任务分配给别的节点，以确保文件数据的完整性。

3.4　云计算的优势与挑战

3.4.1　云，价值何在

从云计算诞生起，对云计算的各种质疑就一直存在，很多人认为云计算只是一个商业噱头，并没有真正的创新和价值。对于任何一种新技术和新产品，在得到正面肯定的同时，存在一些负面评价也是必然的。尤其是服务器上的虚拟化技术在十几年前就已经出现，大规模网络、自动化运维也早已被长期实践，因此云计算背后的技术看起来也并不新鲜。从这点来看，很多批评者认为云计算本身更像是一场概念炒作，而不是技术创新，这种说法也不无道理。显然，云计算并不是一项新的发明，要讨论其创新性，除了技术改进，还需要从商业角度获得不同的阐述。毕竟，只有被真正使用的技术才是有价值的。因此，本节将要介绍云计算的商业模型与价值，从不同角度介绍云计算的实际使用情况，通过介绍云计算与云计算之前服务器租赁模型的区别让大家更好地了解云计算的价值。

1. 新瓶装旧酒

对于云计算的一个常见观点是，这不就是很多年前的 NC 概念吗？NC 又叫作网络计算机，是 1995 年就出现的技术。网络计算机通过使用远程显示协议(RDP)运行多用户 Windows 2000 Server 系统的客户端设备。它的工作原理是：客户端和服务器通过 TCP/IP 与标准的局域网连接，网络计算机作为客户端将其鼠标、键盘的输入传递到服务器进行处理，服务器再把处理结果传递回客户端进行显示。众多的客户端可以同时登录到服务器上，仿佛同时在服务器上工作一样，它们之间的工作是相互隔离的。需要注意的是，这时候的网络计算机不具备各种资源池化管理系统，本质上还是用局域网在一个计算机上打开了多个虚拟桌面。与云计算技术相比，网络计算机无论是在技术基础上还是实现方法上都有非常大的不同。这两者最大的不同就是实现技术，NC 技术的实现需要一台装有 Windows 操作系统的计算机，而且所有的计算资源和内存资源本质上并没有任何隔离，都是共享的。换言之，如果一个用户感染了计算机病毒，或者进行了对操作系统破坏性很大的操作，那么所有用户都会失去继续工作的可能性。云计算技术是基于虚拟化的，可以控制对资源的访问粒度，比如每个用户可以使用的 CPU 内核数量，最大的内存占用等，且所有用户之间是完全隔离的，这样即便出现什么问题，也只是使用者本人的计算机受到损坏，对其他用户和整个虚拟化平台毫无影响。

2. 与服务器租赁有什么不同

云计算第二个经常被人问起的问题就是它与服务器租赁有什么不同？

要回答这个问题需要看到今天云计算的发展情况。应该说早期的云计算就是基于服务器租赁之上的虚拟化主机管理，如果云计算只提供这个内容，那么它和服务器租赁就没有本质的区别。但是，今天的云计算技术已经完全不同了。服务器租赁业务提供的只是一个硬件的底层服务，就像一个厨师想做饭，服务器租赁会给厨师提供新鲜的食材，但是并不会给厨师烹饪好饭菜。云计算服务则会有完全不同的内容。云计算服务中基础设施即服务(IaaS)会给用户提供基础建设组件，这种模式下可以采用云服务获得开箱即用的虚拟化硬件服务器和虚拟化网络，这也是云服务最类似于服务器租赁的模式。云计算还提供了平台即服务(PaaS)的平台服务模式，此模式比服务器租赁所提供的服务更精细化，平台服务云模式可以直接提供安装好的操作系统以及部署在操作系统上的软件，这样开发者就可以真正做到开箱即用，只要租用服务马上可以快速地开发和部署应用程序。除了 IaaS 和 PaaS 之外，云计算还提供了软件即服务(SaaS)模式，这种软件服务模式直接在云上提供软件服务，比如百度云盘、网易云音乐等都是这种模式的产品。如果服务器租赁像买食材来做饭的话，那么 PaaS 就类似于方便食品，即买来半成品材料，只要一加热就可以食用，而 SaaS 则像去饭馆吃饭一样。如国家安全要求或者企业数据特别敏感，一般都是用云计算的办法来实现数据中心。所谓云计算的办法就是把数据存储的工作交给云计算供应商，不同的云计算供应商提供不同的解决方案，有的供应商提供很多热备的数据库服务器，有的供应商按照不同数据类型提供不同的数据存储接口，这样，数据的安全性、可靠性和可用性都交给了云计算服务商来解决。

云计算中的数据存储服务目前也非常重要，因为有了云计算服务，数据存储服务本身的成本降低很多，这样才使得广大有数据存储需求的公司有能力使用，并且积累的大量数据为以后的数据挖掘工作和人工智能机器学习提供了丰富的样本。当然，随着不断增长的需求，云计算的数据存储又面临两个重要的挑战，分别是不断扩张的数据规模和不断创新的硬件体系。

3. 不断扩张的规模

云计算数据中心更加强调与 IT 系统的协同优化，而传统数据中心常与 IT 系统相互割裂，更多强调机房的可靠性和安全性。两者在运行效率、服务类型、资源分配和收费模式等方面均存在较大的差异。

传统 IDC 机房模式的扩容成本很高，尤其是企业自建的数据中心和机房，硬件升级和软件升级本身都需要耗费大量的人力、物力，且终端业务也会有相应的风险。使用云计算后这些问题很容易得到解决。因为云计算服务商会针对这些问题提供非常有经验的实施方案，且会有条不紊地帮助企业实施，可以说云计算对于不断扩展的 IT 需求有巨大的助力前景。全球范围内最典型的案例就是 Netflix 公司，它通过 AWS 云的助力在几年之内成长为全球顶尖的在线视频流服务提供商之一，而且 Netflix 最终彻底放弃了自建的数据中心，将其庞大的服务放到了云上，如果没有云服务的帮助，这种快速扩张和高性能是无法想象的。鉴于云中心的特殊需求，其特有的硬件体系也发挥了重要的作用。其硬件体系具有智能化的新趋势。云服务中的硬件是云服务体系的基础，但是面对高速发展的需求，云服务也要提供更丰富的解决方案，这些方案包括存储技术和网络技术等。云计算对硬件的另一个要求就是硬件服务智能化，即硬件服务本身可以提供随需应变、自动运维、移动运维和即插即用等服务。

(1) 随需应变就是要求硬件的高可定制化可以根据云服务的需求变换自己的服务能力和特长，尤其是可以根据不同的服务场合提供不同的服务内容，目前很多云服务都已经在尝试，比如物联网云服务、区块链云服务等。

(2) 自动运维是指出现问题后自动解决和上报问题，这些动作不但可以做到自动化，还可以根据场景进行分析和需求提升，最终做到智能化，目前很多云服务厂商已经提出了解决方案。

(3) 移动运维是针对云服务的运维特点提出的需求，要求云服务保证运维人员可以在任何时候通过移动网络和移动设备对云设备进行维护和升级。

(4) 即插即用是云服务的另一个发展趋势，要求其硬件架构可以对新型设备进行无缝融合和接入。

4．更高的性能

如果说云计算除了存储之外还有什么更大的突破，那就是集中的计算性能引起的从量变到质变的性能突破。很多人都知道 DeepMind 公司的 AlphaGo 击败了世界上最强的两个围棋选手李世石和柯洁，但是很少有人知道除了出神入化的深度学习算法之外，AlphaGo 最依赖的其实是云计算所提供的高速计算。那么云计算的速度到底有多快？这种速度又给用户的使用带来了哪些意义呢？下面从更高、更快、更强三个方面来进行介绍。

1) 更高的规格

在云计算诞生之前，企业处理能力的上限是可预见的。这和企业硬件水平有绝对的关系，由于整个硬件行业在很长的时间内都受到摩尔定律的支配，因此可以预见硬件不断贬值的同时，计算速度却在飞速提升。这使得企业很难在初期就在硬件上做大手笔的一次性投资，毕竟这是随着时间不断贬值的资产。但是，有限的投资会让企业很长时间内受限于硬件。近十年移动互联网的发展让人们看到了一个崭新的 IT 世界，数据的大量增长、移动互联网带来的大量客户，以及各种平台加入带来的互联网行业成本的降低，都使得对计算的需求出现井喷。这时，那些基于单台服务器或者自建服务器集群模型的企业为自己信息化建设中遇到的资源限制而捉襟见肘。在移动互联网蓬勃发展的初期，似乎所有企业都会面临因前期规划不足而导致的资源限制问题。

云服务非常好地解决了这个问题，以全球第一家云服务供应商亚马逊的 AWS 为例，用户一旦在设置服务时打开了 AWS 自动扩容(Auto Scaling)，就再也不需要为服务资源不足而担心了。AWS 的自动扩容功能可以自动监控应用服务的运行情况，并根据服务当前的负载情况自动扩容，从而在可控成本下保持稳定且可预测的执行性能。这一服务有四个明显的优势：第一个是单一的服务管理平台不需要为每个服务都考虑扩容和监控的问题，只要在一个管理地点进行预先设置即可完成服务的自动升级扩容，十分便捷。第二个是扩容动作本身并不盲目，当服务运行于云上时，云服务中心可以比较容易地知道服务本身的运行特点，从而更加有的放矢地制定扩容策略，这一点可能比企业内的扩容还要智能。第三个是可以自动保持预先设定的性能。对于扩容动作而言，保持服务稳定在一个可靠的指标是非常重要的，因为扩容本身需要进行网络层面和服务器部署的相关跳帧，如果稍有差错就会导致服务暂时中断；有时服务请求数量下降但服务节点并没有减少，这样也有可能造成服务的体验感下降。AWS 的自动扩容良好地解决了这两个问题，它保证了服务性能稳定在一个可靠的指标。第四个是按需求付费，这更体现出了云计算的优势，不但服务的上限高出很多，而且可以根据实际需求减少服务节点的数量，从而节省了成本。

2) 更快的速度

随着海量数据的出现，大数据存储和分析开始逐渐成为企业的必备技能。一般的企业在面对海量数据的时候容易手足无措，因为在大数据技术出现之前，即使最强的企业信息化平台使用的数据库在面对海量数据时也显得无能为力。

云计算服务有效地解决了这个问题，这里以微软的 Azure 云提供的 Azure SQL 为例进行说明。Azure SQL DataBase 是运行于云端的数据库服务，和 SQL Server 的基本功能很像，但是借助于云服务，它可以提供更快的处理能力。根据微软自己的说法，这样的能力包括四个明显的好处：第一个是内存联机事务处理可以提高吞吐量并降低事务处理延迟，这意味着可以同时响应更多的连接请求并使用更短的响应时间。第二个是聚集列存储索引可以减少存储占用，并提升报表和分析的性能。这说明在节省计算资源上会有较好的表现，进一步说明可以降低使用费用。第三个是用于混合事务分析处理的非聚集列存储索引可以让用户直接查询数据库以获得实时的业务数据，体现了云服务的整合能力，在使用云上数据库之前这种跨业务的整合需要使用 ETL，即通过数据抽取清洗服务才能进行转换。第四个是用户可以将内存联机事务处理和列存储索引结合到一起，使其可以更快速地为用户提供数据库查询的性能，让用户有更好的体验。在这方面微软还演示了一个例子，模拟了 100VN 万台电表同时向数据库发送用电信息的场景，云数据库比普通本地数据库的 CPU 占用率降低了 10.47%，LogIO 占用率降低了 34%。由此可见，基于云的服务比传统服务具有更大的速度优势。

　　3) 更强的服务

　　除了大大提升了性能之外，云计算还有一个明显的优势就是提升了稳定性。其中最知名的案例就是阿里云为"双十一"抢购所提供的服务。每年"双十一"这一天都会有成千上万的商家为在线平台提供折扣商品，同时也有数以亿计的消费者在线购物。2019 年天猫"双十一"创下了全天 4101 亿商品交易总额的数字奇迹，零点交易峰值比往年提升 30.5%，各项指标均创下历史新高。这样庞大的交易量面临巨大挑战：首先要从内核到业务层保障所有基础设施必须绝对稳定；其次是阿里巴巴作为一家技术进取心非常强的公司，在不断尝试大量新技术(如规模化混部演进)，这可能给企业带来一定的不确定性；再次是在保证业务稳定的同时要以较低的成本来满足系统的需求。为此，阿里云提供了四个应对技术方案，分别是全生命周期业务集群管控、无缝对接容量模型、规模化资源编排和自动化业务回归。通过使用这四个方案，企业最终满足了复杂的业务需求，为阿里巴巴在"双十一"购物节取得巨大成功打下了坚实的基础。

　　综上所述，云计算在更高、更快和更强三个方面为企业进行了保驾护航，企业使用云服务势必事半功倍。

3.4.2　云计算靠谱吗

　　如果读者是普通非技术人士，可能从这本书中只想找到两个问题的答案。第一个问题是，云是什么？第二个问题是，我是否应该使用它？

　　对于第一个问题，本章一直从不同的角度来解读，而本节就是用来回答第二个问题的。

　　相信绝大多数人都不会对云盘这样的概念感到陌生，它方便、好用、空间大，可以从手机、计算机和网页访问，是保存并分享文件的绝佳存储方式。但如果想建立个人博客，或者给自己的公司搭建一个门户网站，有人建议可以将 Web 服务器放在云上，那可能就不太容易作出判断了，至少不会像云盘存储那么简单。

　　以一个小网站为例，看看如何判断一个业务场景或者一种个人需求是否应该放在云端。如果读者有丰富的 IT 行业经验，不妨想想过去数十年，在架设网站时是如何做的？图 3-16 所示是一个典型的网络架构，也是绝大多数网站所使用的传统架构。其中，最左侧是互联网，网站用户从这里而来；互联网后面是负载均衡器(Load Balancer)，负责将用户的访问请求根据负载分配规则导向到后端的不同服务器上；中间三台服务器运行 Web 服务；最右侧是网站所需的文件服务器和数据库等后端组件。

　　这个典型架构包含了多台服务器，大家应该都知道服务器的概念，网站都运行在服务器上。从本质上讲，服务器与人们每天使用的计算机结构其实差不多，它只是一台性能更好并时刻联网的计算机，同样由 CPU、内存、主板和显卡等组件组成，之所以被称为服务器，是因为其功能被用于对外提供服务。对于网络上的用户(无论是人类用户，还是连接到服务器的各种软件)，会随时访问服务器，因此这些服务器必须时刻保持运行，同时确保网络时刻畅通，否则就会发生宕机事故，如果是网站服务器宕机，用户就会看到"Internet Explorer 无法显示该网页"这样的界面，如图 3-17 所示。

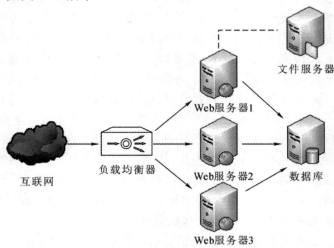

图 3-16　典型的网络架构

Internet Explorer 无法显示该网页

您可以尝试以下操作：

诊断连接问题

更多信息

此问题可能是由下列各种问题导致的：

- Internet 连接已丢失。
- 该网站暂时不可用。
- 无法连接到域名服务器(DNS)。
- 域名服务器(DNS)没有该网站的域的列表。
- 在地址中可能存在键入错误。
- 如果这是 HTTPS (安全)地址，请单击"工具"菜单下的"Internet 选项"，再单击"高级"选项卡，然后请检查以确保"安全"部分下的 SSL 和 TLS 协议已启用。

对于脱机用户

仍可查看已订阅的源和最近查看过的一些网页。
若要查看已订阅的源

1. 单击"收藏夹"按钮☆，单击"源"，然后单击希望查看的源。

查看最近访问过的网页(不查看所有页面)

1. 单击"工具"⚙，然后单击"脱机工作"。
2. 单击"收藏夹"按钮☆，单击"历史记录"，然后单击希望查看的页面。

图 3-17　"Internet Explorer 无法显示该网页"界面

　　有人会说，那就保持服务器一直开着不就可以了吗？但其实这并不容易，服务器需要在运行期间关机维护，这是常见的事情。例如：网站的功能组件可能遇到错误，需要网站管理员或技术人员进行停机修复；系统可能需要重启才能安装安全补丁，应对不断变化的安全威胁；服务器硬件经过长时间运行可能变得不稳定，需要进行更换；放置服务器的机房需要进行电路升级改造，或者因为新添加了服务器所以要对网络进行扩容调整，甚至也可能因为城市电网故障造成断电等。总之，想让一台服务器保持常年稳定运行并非易事。

由单一服务器故障而造成的服务中断被称为单点故障。在图 3-16 所示的架构中，为了避免这种风险，使用了多台 Web 服务器，负载均衡器可以根据后端服务器的工作状态将用户请求进行重定向，从而提升系统的整体稳定性。但即便如此，该架构中的文件服务器、数据库和负载均衡器本身依然可能造成单点故障，而维护大量服务器的成本、难度和工作压力也会增加许多。

相比之下，云就要稳定得多，云并不是一台服务器，而是一系列服务器组成的群集。在主流的云计算平台上，很多业务都会自动以冗余的形式部署，并通过 SLA(Service Level Agreement，服务级别协议)提供保证，因此云可以提供超高级别的正常运行时间。这种保证是具有财务支持的，通常意味着，如果服务中断时间超出了 SLA 中的限定，客户会获得经济赔偿。对于大型企业、政府的门户网站，金融、证券等交易平台，或者频繁举办促销活动的电商网站来说，一分一秒的宕机都可能造成无法弥补的业务损失和难以消除的信任度负面影响，因此云平台天然的冗余特性提供了很好的业务保障。

有没有什么标准能够帮助人们判断是否需要使用云呢？由于业务场景和需求的不同，具体标准很难给出，而且不同应用程序的需求千差万别，但也不妨从云的特点来寻找一些判断依据。从应用角度来看，可以选取的特点包括可用性、冗余性、可伸缩性、托管式服务、数据安全性和合规性。虽然这几个特点并不能代表云计算的方方面面，但对于绝大多数应用场景而言，考虑这几点就已足够。

当所有设备都连接到互联网上时，云便成了万维网发明以来最令人振奋的重大跃进(但对于大多数人来说，这种跃进并没有从电子管到二极管，从传呼机到大哥大再到小灵通，或 3G、4G、5G 那种革命性变化来得剧烈)。这种互联互通的世界让人们无论身在何处都可以连接到云端，访问和保存重要的文档，处理地球另一边的工作事务，这种能力对于企业和个人来说都是能体现价值的。

但越是重要的东西，安全性就越不容忽视，最新的安全风险报告(Rist Based Security，RBS)显示，仅在 2019 年，公开披露的数据泄露事件就超过 7098 起，共造成 151 亿条数据泄露，这也是历史上最严重的一年，其中最严重的是 Facebook 公司(以下简称 Facebook)泄露的 4.2 亿条电话号码信息。史上最严重的单次信息泄露事件发生在 2018 年，造成印度全国近 12 亿公民身份证、地址、电话、电子邮件地址和照片数据泄露。2020 年，米高梅酒店(1060 万数据记录)、万豪酒店(520 万条客户信息)、任天堂(30 万条玩家信息)和巴基斯坦移动运营商(1.15 亿条客户信息)都发生了严重的数据泄露。

有人认为云计算既然是以大型云服务商的平台为基础，云服务商就会确保云端环境的安全，其实这也是一种常见的误解。虽然云服务商通常会提供安全工具，但对于运行在云上的所有内容，包括数据和应用程序，其安全性都是由客户自行负责的。云服务商仅负责保护为客户提供云服务的基础架构，如数据中心、物理服务器和云管理平台等。与云相关的安全问题主要由云服务商方和用户方这两个方面共同构成，云服务商即提供云计算服务、软件、平台和设备的企业，而用户则是将数据或程序托管在云端的企业或个人，这也是云端安全责任划分的界线，从专业角度将其称之责任共担。

简单来说，随着服务抽象程度越高，云服务商所需担负的责任也就越多。唯一的例外是用户数据和安全管理，尽管在 SaaS 这样的平台上云服务商承担了绝大多数责任，但用户账户的安全性依然需要用户的配合，如避免泄露自己的密码。与大多数安全问题类似，这种共担的安全责任是很好理解的，就好比是买一台新车，车辆生产方、零部件供应商、设计和检测机构等都需要对安全性作出一定的保证，而购车的消费者也需要遵照良好、安全、可靠的驾驶习惯，确保自身和搭载货物的安全。在云计算领域中，云服务商必须确保其基础设施的安全，并且采取技术和措施对客户的数据和应用程序进行保护，而用户则必须从自身角度采取安全措施对应用程序的访问和数据的传输等进行安全强化，避免在管理员账号上使用类似 123456 这样的弱密码、asdf1234 这样的易猜解密码或默认密码(如 password)。

一旦企业或个人决定将数据或应用程序托管在云上，就默认接受了去对服务器进行物理访问能力的限定，因此，在某些安全风险中，无法及时访问物理设备可能会造成严重隐患。例如，如果有人从数据中心内部发起恶意攻击，作为云平台的用户往往是无能为力的。因此，云服务商必须确保对能够物理访问数据中心服务器的员工进行全面背景调查，同时保持不间断的行为监控。

之前介绍过，云计算环境其实是一种多租户共享的硬件平台，鉴于这种情况，云计算平台的安全风险不只是来自传统意义上的外部环境，还可能来自内部其他用户。例如，当 A 和 B 两个用户的程序都托管在云平台上时，如何防止数据的越界访问就是一个安全考量点。为了解决这一问题，对计算资源进行逻辑隔离是必不可少的，因此云服务和云端网络架构都基于虚拟化来实现。但这种措施的有效性主要取决于云平台对虚拟化架构进行正确配置、管理和保护的能力，如果虚拟化管理程序或者配置存在漏洞或风险，那就会对整个云端平台造成极大的影响；同时，即使用户的业务运行在虚拟环境中，云计算平台还需要采用适当的技术对不同用户在数据层面和访问层面进行隔离，从而确保多租户环境不会受到破坏。

云计算安全包括了一系列的安全技术、措施和方案，目标是确保云端数据、应用程序、服务、基础设施和网络等组件的安全。安全可靠的云计算安全架构应全面考虑各个层面潜在的安全威胁和风险，梳理基础设施、物理硬件、操作系统和虚拟化之间的关系，在不同层面、从不同角度对系统架构中的弱点施加安全保护，并最大限度地减少可能遭受攻击的目标点，即减小攻击面。因此为确保云平台安全有效运行，各个厂商都会采取多种手段。

1. 基础架构安全

云计算平台为用户提供了在第三方数据中心存储和处理数据的功能，用户(企业或个人)可以在不同服务模型(IaaS、PaaS 或 SaaS)中进行自由选择，也可以在不同的部署模型(公有云、私有云或混合云)中对架构进行灵活搭配。因为这种灵活性，要想设计一个能够同时托管数百万客户应用和数据的平台并不容易，要想确保这些客户的信息安全更非易事。在基础结构层面，云计算的安全性主要涉及其结构安全性、物理安全性和运营安全性。

2. 网络安全

在云计算环境中，除了底层硬件的基本网络连接，为了实现灵活、高度可配置的网络环境，无论是部署的虚拟机，还是 SaaS 云服务，一般都会工作在软件定义的网络(Software Defined Networking，SDN)上。软件定义的网络是指在大规模基础架构上为了提升网络管理能力、实现高度可编程网络配置的一种技术，与虚拟机类似，这种网络并不是物理搭建出来的，而是通过软件来决定数据包的转发规则，从而实现通过编程、自定义配置来灵活修改网络架构并支持集中化管理的能力。在这种虚拟的网络环境中，对流经不同网络链路的数据进行隔离，确保只有受信任的实体间可以建立符合安全规则的网络连接。

例如，在云计算平台上运行着成千上万台虚拟机，这些虚拟机之间是否可以使用远程桌面 RDP 互相连接，是否可以通过 SMB 协议进行文件共享，或者能否可以通过 ICMP 协议探测其他主机的存在等，都需要由云端的租户来决定，并且由云平台进行规则实现。

要实现对网络数据的隔离，有人可能会说这并非什么难事，许多防火墙都可以实现这种功能。但实际上，在标准的 OSI 网络协议栈里，网络被划分为很多层，包括最底部的物理层、实现了 MAC 地址的数据链路层、实现了 IP 地址的网络层等，因此只在一个层面进行控制是不够的。防火墙虽然可以针对 IP 地址或 MAC 地址进行流量阻拦，但这只是在服务端点，也就是整个网络路径的最后一个环节进行的控制，但如果有人篡改了内部网络的路由配置，或者发送广播消息进行拒绝服务攻击，防火墙都是无能为力的。要实现真正安全可靠的云端网络隔离，需要从网络协议栈的所有层面入手，实施系统性的网络安全策略。

3. 数据安全

云计算平台的优势在于可以轻松、可靠地保存并访问数据，但是，对于各类数据来说，一旦从本地存储设备迁移到云计算平台上，用户对数据安全所负的责任也就大大增加，而不是很多人认为责任减少。随着数据上云(数据迁移)，用户对数据失去了控制权，这些数据可能保存在世界上任何一个地方(具体取决于云计算平台数据中心的位置)，也可能被复制到任何地方(为了数据安全，云计算平台会对数据进行备份，高等级云服务会采用异地备份)。数据现已成为企业最重要的无形资产之一，数据上云所面对的安全问题也随处可见，这些问题可能发生在数据准备阶段、数据迁移阶段或者在数据上云之后。

数据安全始终是各大云服务商所关心的重要话题，从合规性角度来看，现在基本所有云计算平台都符合 ISO、SOC 和 HIPAA 等国际标准。但是，从实际运营和安全措施角度来说，由于云计算平台所具有的责任共担属性，数据安全也少不了用户的责任。

4. 计算安全

之前提过，多租户是云计算的一个显著优势，它是指通过让多个用户使用同一套物理设备，共享基础架构，从而利用成本均摊实现规模效益。可以想象，如果自行搭建一台服务器，并同时与多人共享使用，该如何实现每个人的应用、配置和数据安全呢？如何防止别人修改自己的应用程序、访问自己的数据及变更自己的配置呢？在多租户环境中，系统架构的安全性、隐私性、完整性、保密性和可用性都是评价业务安全的重要指标。

3.4.3 云计算的局限性

前面已经介绍了云计算的优势和价值，对于业务决策者、技术决策者来说，清楚地知道云计算的缺点，并对其优缺点进行权衡是尤其重要的，本节将介绍一些值得注意的云计算的局限性。

1. 网络依赖

为了获得云计算，享受云计算所带来的种种收益，各种系统和终端设备就必须始终拥有互联网连接，这是一个基本要求，也是云将计算资源交付给世界各地的唯一途径。

中国台湾由于其特殊的地理位置，这一问题就显得尤其突出。中国台湾拥有大量制造业和半导体产业工厂，其客户来自世界各地，在数字化转型的时代浪潮下，所有企业都希望为全球客户提供更好的数字内容和在线服务，因此越来越多的企业开始思考向云端迁移，将过去部署在本地的服务转移至云计算平台上。

但是，截至 2020 年 7 月，除了谷歌的 GCP，其他云服务商在中国台湾都没有数据中心。如果这些制造业和半导体企业将各种 IT 服务和系统都迁移到云端后，一旦出现网络中断，将会造成生产管理、物流或供应链等系统服务中断，只要生产出现短暂停滞，就会造成数百万元的经济损失。例如所有制造业企业都会使用的 ERP 系统，在传统部署模式下，该系统部署在企业的内部机房，这些机房通常使用专线与各个分支办公室、厂房相连，可以保证很好的可用性。即使出现问题，由于一切都部署在本地，因此可以使用双线备份、双市电接入和冗余备份等多种方式来确保可用性。

对于中国台湾来说，由于本地没有云计算数据中心，企业在上云时只能选择临近的地区，如中国香港、新加坡和日本。而中国台湾与其他地区的网络连接全部依赖于海底光缆，如果这些光缆出问题会怎样？

2006 年 12 月 26 日，中国台湾周边海域发生强烈地震，这次震断了中国大陆和中国香港网边海域的 4 条线路，包括国际电话、互联网通信等电信服务不同程度的中断。自然灾害引发的通信中断是难以保证恢复时间的，这种无法掌控的风险始终是人们最担心的问题。

此外，如果遇到任何技术问题，对于部署在本地机房的服务来说，可以很容易定位、识别并修复。对于云端的各项服务来说，一旦遇到问题，除了在线联系技术支持团队外没有其他办法，有些技术问题是无法通过自己在内部解决的。而有些服务商并不提供 7×24 h 技术支持，或者多语种支持，在有些紧急状况下用户可能除了着急也再没有什么好办法。

除了网络中断，网络带宽也会对云计算平台的适用性造成很大的影响。

以澳大利亚为例，虽然澳大利亚是发达国家，但其网络基础设施并不发达，其高速宽带网络的建设过程可谓坎坷。澳大利亚从 2007 年开始计划并建立全新的国家宽带网络(NBN)，主要采用的是光纤到节点(FTTN)技术，为全国 90% 以上家庭和企业提供高达 100 Mb/s 的网络连接。但实际上，到了 2019 年这一计划也没有完全实现，NBN 网络覆盖率不仅推进缓慢，其服务也主要以 20～50 Mb/s 为主，价格高昂，远不及所宣称的速度值。在我国，目前许多家庭的宽带服务都已轻松达到 50 Mb/s，很多城市还推出了 1000 Mb/s 的入户带宽。

对于这种情况，如果要将原本假设在本地机房的服务和数据迁移到云平台上，则必须对服务进行评估。对于数据量不大的服务，迁移至云端后不会遇到很大问题。而如果应用场景存在大量数据需要频繁交换，或者要实时上传、下载大量数据，由于需要通过互联网与云平台交互，那么网络带宽的瓶颈就会造成严重的问题。

当然，带宽资源是可以通过其他方式来改善的，云服务商可以通过投入对其网络基础设施进行提升。例加，计算数据中心的地区建立了大量网络接入点，这些网络接入点与临近的 Azure 数据中心通过专用线路直连，提供了非常好的网络连接保障。当用户访问云端资源时，其数据通信会经由本地的网络接入点，直接进入 Azure 的后端网络架构，从而使网络访问性能得到极大提升。但对于中国台湾这样的海底光缆中断的问题，除了在本地架设备份和备援系统或者使用卫星中继以外，再没有什么好的解决方法了。

2. 易受攻击

云计算更容易受到攻击，这一点也跟上一节介绍的网络依赖性高度相关。在云计算平台上，所有组件都是在线的，各种潜在漏洞都完全暴露无遗。尤其是那些最危险的 0day 漏洞，这些漏洞是已经被黑客、恶意攻击者发现并开始利用，但厂商还不知道或者还无法提供修补漏洞的方案。由于云平台必须保持在线，因此一旦出现 0day 这种暂时没有解决方案的漏洞，其影响也会是巨大的。

虽然各个云服务商都大力招兵买马，但即使是最好的团队也会不断遭受严重攻击和漏洞风险。对于攻击者而言，云计算平台作为一个大型网络基础设施，也是非常好的攻击对象，其分布广泛、用户量大、数据量大，一旦找到一个漏洞攻入其中，就可以获得无法想象的数据和各个租户的系统控制权，而这些租户可能是电商平台、保险公司，也可能是移动支付创业公司。虽然难以想象云计算平台的漏洞在黑市上的交易价格将会是多少，但一些数据可以供读者参考。例如，2015 年苹果 iPhone 的 iOS 操作系统的一个漏洞在黑市的交易价格是 100 万美元，如若换做云计算平台，其黑市价格恐怕只会更高。

另一方面，即使云计算平台本身可以确保百分百的安全，但由于其责任共担的特性，租户自己也必须具有很强的安全和风险防护能力。尤其对于云计算平台这种公开、公共构建的架构性服务来说更是如此。如果是本地搭建的机房，其系统和网络环境可能与其他公司完全不同。对于攻击者来说，在攻击时需要进行大量探索和尝试，才能逐步厘清机房内部的软、硬件架构。而云计算平台的操作和使用方式高度一致，租户在使用时也不会受到任何安全性检查，如果任何服务配置不当，则很容易被攻击。在一个云计算数据中心，其 IP 地址不仅是公开的，而且很可能会连续分布，攻击者可以很容易利用扫描工具对整个网段数万个 IP 地址进行扫描，从而找出适合攻击的对象。另一种恶意攻击是直接针对网络出入口，使用大量数据包或者服务器请求对其进行阻塞，也就是拒绝服务攻击(DoS)或者更大规模的分布式拒绝服务攻击(DDoS)。例如，用户在某个云数据中心部署了一个网站，在同一个数据中心内有另一个网站因为某些原因成为攻击者的攻击目标，如果攻击者使用 DDoS 作为攻击手段，由于用户的网站和受攻击网站都在同一个数据中心，使用相同的网络出入口，因此虽然用户没有直接遭受攻击，但也会受到影响。

各个云服务商都在不断努力提升平台安全性来应对这些风险。最有特点的是微软 Azure 的红蓝对抗团队(Red vs Blue team)。红队和蓝队都是微软内部的安全团队，但他们扮演不同的角色。红队作为"坏人"，由一群技艺精湛的"黑客"组成；蓝队作为和平保护者，由精通安全防护的专家团队构成。他们为了不同的目标不断努力寻找新的出路。红队的"黑客"不断尝试各种攻击方法和探测工具，跟踪最新出现的安全威胁，使用最新、最复杂的手法对微软的各项服务进行"模拟"攻击。这种攻击类似军事演习，不会真的发起战争，因此不会触及客户数据或者导致服务受影响，但可以很接近真实世界的实际情况。蓝队是负责信息安全的主要响应者，他们使用复杂的监控和防护手段，将数据中心内发生的一切都放在显微镜下进行审视。通过采用机器学习等先进手段，不断寻找可能的风险或可疑活动，同时对异常情况进行深入调查，因为一些攻击可能不会在当下或攻击点造成影响，但其长尾效应可能会显现在其他地方。红队和蓝队彼此通过不断挑战来完善各项安全措施和方法，从而保护微软云端基础设施并确保客户的数据安全。作为用户，也需要从租户角度减少安全风险，提升可靠性。首先需要建立信息安全、数据安全的意识和责任，让所有团队成员了解并学习云计算安全的最佳实践，建立相关安全策略和审查流程，设置访问和使用权限，让安全成为 IT 运营的核心目标之一。

同时，云平台上的用户还要充分利用平台本身提供的各种安全保护、监控和响应工具，例如 Azure 上的安全中心(Security Center)、Sentinel、Azure Monitor，或者 AWS CloudWatch、AWS CloudTrail 等。当然，无论是传输还是存储的数据，加密是必不可少的。

总之，任何从事 IT 相关工作的人都有必要了解最新的安全风险和攻击手段，关注一些安全博客和资讯，了解其攻击方法和应对措施。

3. 隐私保护

前面已经介绍了云服务的种种安全机制和特性，那么这些安全机制如何保护用户个人隐私。云端对大规模数据处理的能力越来越强，一改以往用户数据基本在用户自身设备上存储的传统。这种趋势下随之出现滥用用户数据的负面案例，隐私保护是最近两年各大厂商的热门话题。亚马逊、谷歌和微软都在自己的新产品发布会上强调了自己的隐私政策。

隐私保护与一般的数据保护的区别在于，它更强调对用户隐私数据的可控访问，而不是隐私数据的物理安全。在极端情况下，可以说隐私数据被泄露给第三方造成的损失(以及随之而来的公关事故)远远大于用户隐私数据被意外删除的后果。

微软曾提出了对隐私数据管理的六个原则：

(1) 用户掌握自己数据的控制权。

(2) 一切对数据的操作对用户透明。

(3) 数据安全，包括必要的备份与加密手段。

(4) 符合当地法规。

(5) 没有基于隐私内容的定向投放，如根据用户邮件内容来投放针对性的广告。

(6) 只在让用户受益的前提下收集数据。

3.5　云计算案例

3.5.1　微软智能云

20 世纪 80 年代以来，微软始终是全球 IT 产业的领导者。自 2014 年萨提亚·纳德拉(Satya Nadella)担任微软 CEO 后，对公司进行了史无前例的转型，宣布微软要"移动为先，云为先"，在战略计划上认为微软不再依赖 Windows，而是拥抱云计算，关注所有平台上的技术。

如今，微软在云计算市场已经是世界上最顶尖的厂商之一，同时也打破了人们对微软的传统认知，不再画地为牢，而是成为开源社区的强有力盟友，还将许多软件和服务引入了苹果 iOS 和开源 Linux 平台，宣布与红帽 RedHat、Salesforce 等企业开展广泛合作，推动了微软在云计算和人工智能方面的发展，并且成为开源社区最大贡献厂商。

在《刷新：重新发现商业与未来》一书中，萨提亚·纳德拉强调了这些战略转型对微软文化产生的显著改变：过去，硅谷的企业几乎都不想与微软产生任何关系，人们追捧的是谷歌、Facebook 这样的企业。而现在，微软重新找回了备受瞩目的市场地位，以开放、合作创新的心态在云计算时代实现了自我突破，也贡献了优秀的产品供市场选择。

在云计算市场，微软提供了广泛的服务和多样的选择，由于其超长的产品线和服务组合，微软的云计算战略与其他厂商具有显著的区别，微软强调"三朵云战略"，其中不仅包括公有云服务 Microsoft Azure 与混合云解决方案 Azure Stack，还针对企业生产力需求，提供了云端 SaaS 产品 Office 365 和 Dynamics 365。表 3-2

列出了微软针对不同场景的三朵云服务，其中 Azure 主要针对 IT 基础架构和计算生产力；Office 365 可以被简单认为是 Office 软件的云端版本，主要提供办公生产力；Dynamics 365 则为企业提供了商业生产力服务。

表 3-2　微软的三朵云服务

微软三朵云服务	类　型	介　　绍
Azure	IaaS PaaS	企业级云计算平台，提供了超过 100 种云计算服务，通过 Azure Stack 提供了目前唯一具有一致性的混合云
Office 365	SaaS	微软云端生产力平台，支持 Office 套件云端同步、在线同步、跨设备分享和移动办公等需求。Office 365 采用按需付费、自动更新的模式，以订阅方式对版本和用户进行管理
Microsoft Dynamics 365	SaaS	云端客户关系管理(CRM)与企业资源计划(ERP)服务，具有按需订阅、快速部署、灵活扩展、无需 IT 升级维护等优势，可以与 Azure Office 365 等微软服务密切整合

1. Microsoft Azure

Microsoft Azure 是微软基于云计算的操作系统，原名为"Windows Azure"，它和 Azure Services Platform 一样，是微软"软件和服务"技术的名称。Microsoft Azure 的主要目标是为开发者提供一个平台，帮助开发可运行在云服务器、数据中心、Web 和 PC 上的应用程序。云计算的开发者能使用微软全球数据中心的储存、计算能力和网络基础服务。Azure 服务平台包括了 Microsoft Azure、Microsoft SQL 数据库服务、Microsoft .Net 服务等组件，用于分享、存储和同步文件的 Live 服务，针对商业的 Microsoft SharePoint 和 Microsoft Dynamics CRM 服务。

Azure 是一种灵活和支持互操作的平台，它可以被用来创建云中运行的应用或者通过基于云的特性来加强现有应用。它开放式的架构给开发者提供了 Web 应用、互联设备的应用、个人电脑、服务器，或者提供最优在线复杂解决方案的选择。Microsoft Azure 以云技术为核心，提供了软件+服务的计算方法。它是 Azure 服务平台的基础，能够将处于云端的开发者个人能力与微软全球数据中心网络托管的服务，比如存储、计算和网络基础设施服务，紧密结合起来。

微软会保证 Azure 服务平台自始至终的开放性和互操作性。我们确信企业的经营模式和用户从 Web 获取信息的体验将会因此改变。最重要的是，这些技术将使用户有能力决定，是将应用程序部署在以云计算为基础的互联网服务上，还是将其部署在客户端上，或者根据实际需要将二者结合起来。

虽然亚马逊的 AWS 是云计算市场最早的开创者，并大幅领先微软的 Azure 服务，但如果将微软的三朵云服务(包括 Azure、Office 365 和 Dynamics 365)视为一个整体来看，微软毫无疑问占据了云计算市场的头把交椅，这三朵云彼此配合，从技术、商业和生产力三个方面共同入手帮助企业实现现代化和数字化转型，这种相辅相成的产品组合也使微软的领先地位不断加强。

2. Microsoft Office 365

Office 365 将 Office 桌面端应用的优势结合企业级邮件处理、文件分享、即时消息和可视网络会议(Exchange Online、SharePoint Online 和 Skype for Business)并融为一体，满足不同类型企业的办公需求。Office 365 包括最新版的 Office 套件，支持在多个设备上安装 Office 应用。Office 365 采取订阅方式，可灵活按年或按月续费。

Office 365 作为 Microsoft 公司推出的软件和云服务，分为如下几方面的应用：一是编辑与创作类，如 Word、PowerPoint、Excel 等用来编辑。二是邮件、社交类，如 Outlook、Exchange、Yammer、Teams、Office 365 等微助理。三是站点及网络内容管理类，以 SharePoint、OneDrive 产品为主，做到同步编辑、共享文件、达成协作。四是会话、语音类，比如 Skype for Business。五是报告和分析类，如 Power BI、MyAnalytics 等产品。六是业务规划和管理类，如 Microsoft Bookings、StaffHub 以及 Project Online、Visio Online 项目管理、绘图等方面的。

3. Microsoft Dynamics

Microsoft Dynamics 是一个完全集成的客户关系管理(CRM)系统。使用 Microsoft Dynamics CRM，可从第一次接触客户开始，在整个购买和售后流程中创建并维护清晰明了的客户数据。Microsoft Dynamics CRM 是一个与 Microsoft Office Outlook 相集成的工具，也是一个可以强化和改进公司的销售、营销和客户服务流程的工具，可提供快速、灵活且经济实惠的解决方案。

Microsoft Dynamics CRM 的最大特色在于操作接口不同于一般 CRM 软件，它能让使用者以网页浏览器的接口存取系统，或者在 Outlook 中直接操作，这套 CRM 能够追踪联络人的消息、工作进度或信件，它也具备离线功能，方便业务人员外出时使用。此外，Microsoft Dynamics CRM 也结合了 SQL Server 的报表服务，制作与检视报表更加方便。工作流程也可自行新增、自订，让所有用户依循制定的流程来工作。不过使用上最为明显的还是 Microsoft Dynamics CRM 正式新增加了简体中文语言套件，用户操作系统时不必再为语言不通所困扰。

微软三朵云的战略布局也形成了更加平衡的业务组合，这种不严重依赖某一业务的状态，不仅使财务收入平衡性上更加健康，也可以让微软更加耐心长久地专注于云端业务发展。在 2020 财年第一季度，微软商业云业务实现了 116 亿美元的营收，同比增长了 36%。有媒体预测微软云服务将完成每季度 100 亿美元的业务，其强劲的增长也使微软股价不断创下新高，投资者也获得了丰厚的回报。在 2019 年 6 月，微软市值重新回归世界第一的位置，达到 1.049 万亿美元，这一数字超过了第二名亚马逊的 1000 亿美元。

3.5.2　亚马逊的 AWS

亚马逊的 AWS(Amazon Web Services，亚马逊网络服务)是亚马逊的子公司，与亚马逊电商网站 Amazon.com 不同，AWS 只负责经营亚马逊的云计算平台和相关服务。

如果只看 IaaS 和 PaaS 云服务，亚马逊处于全球领先地位，在 2019 年 Synergy 发布的云计算市场份额调研报告中，最受欢迎的云服务商是 AWS，其次是 Azure，两者所占的市场份额都远超过市场上其他竞争对手。在互联网数据中心(IDC)于 2019 年 7 月 17 日发布的《全球公有云服务市场(2018 下半年)跟踪》报告中(见图 3-18)，在全球 IaaS 服务商市场份额上，AWS 也是位列第一，占有近半的市场规模。

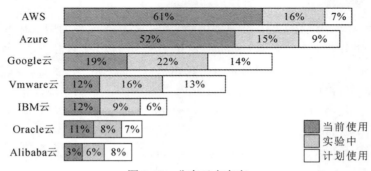

图 3-18　公有云占有率

AWS 面向用户提供包括弹性计算、存储、数据库、物联网在内的一整套云计算服务，帮助企业降低 IT 投入和维护成本，轻松上云。

从概念上来看，AWS 提供了一系列的托管产品，帮助用户在没有物理服务器的情况下，照样可以正常完成软件开发中的各种需求，也就是云服务。

比如，从存储来说，AWS 提供了 S3 作为对象存储工具，可以帮助用户存储大量的数据，并且 S3 可以被 AWS 的其他服务所访问。从服务器资源来说，AWS 提供了 EC2 作为虚拟化的云服务器，提供各种类型的主机，如计算型、通用型、内存计算型、GPU 计算型，等等来满足业务对服务器的需要。在数据库方面，AWS 提供了如 RDS(包含 MySPl、MariaDB、PostgreSPl)作为关系型存储以及分布式大型关系型数据库 Aurora，同时提供了多种 NoSQL 数据库如 DynamoDB 等，以及数据仓库如 RedShift。

AWS 在各个方面的业务需求上，都有对应的产品或者整体的解决方案，并且这些产品或者方案都有一个特点，就是全部不需要用户有任何物理资源，所有的业务在 AWS 上运行，用户只需要通过电脑去登录 AWS 进行管理操作即可，同时也简化了许多运维的工作量，比如监控、报警等方面，AWS 自身就已经集成了很丰富的监控报警功能。

AWS 提供了许多功能模块以应对各种不同的业务需求。

在 AWS 的计算模块中，除了最常见的 EC2(Elastic Compute Cloud)外，也就是云上的虚拟机。AWS 还提供了以下模块：

(1) LAMBDA：用于提供开发 ServerLess Application，支持 Java、Python、Go 等主流语言。

(2) 亚马逊 ECR(Amazon Elastic Container Registry)：用于管理容器镜像的服务，类似容器仓库的概念。

(3) 亚马逊 ECS(Amazon Elastic Container Service)：AWS 自身提供的容器编排服务。

(4) EKS(Elastic Kubernetes Service)：运行在云上的，AWS 提供的 Kubernetes 技术。

(5) Lambda：云上运行代码，无需顾虑服务器，只需要关系业务逻辑编写代码即可。编写好之后提交给 Lambda 代码可以直接运行，不需要服务器，也不需要安装环境。

AWS 在每一个模块下都提供了很丰富的产品来供用户选择使用。使用 AWS 可以做到，不依赖任何一台物理服务器就能支撑起全公司所有的业务。AWS 是十分强大的，目前在全球云平台的占有率也是处于前列，其相当于引领着云平台的未来。

2013 年，AWS 在北京召开发布会正式宣布入华，从 2014 年开始进行服务预览。与之前介绍的 Azure 的入华方式类似，为了满足中国相关法律和监管要求，AWS 同样与本地科技公司合作，实现 AWS 服务在华落地。目前，AWS 在中国北京和宁夏建立了两个区域，北京光环新网科技股份有限公司(以下简称光环新网)是 AWS 北京区域云服务运营方和提供方，宁夏西云数据科技有限公司(以下简称宁夏西云)是 AWS 宁夏区域云服务运营方和提供方。

由光环新网运营的 AWS 北京区域和宁夏西云运营的 AWS 宁夏区域提供与全球各地其他 AWS 区域相似的技术服务平台。开发人员可以在中国境内轻松、高效地部署基于云的应用程序，使用相同的 API、协议和与 AWS 全球客户无差别的操作标准。

与其他 AWS 区域一样，保存在 AWS 北京区域和 AWS 宁夏区域的数据或信息只会保留在各自的区域，除非客户将其转移到其他位置。

3.5.3 谷歌云服务平台

在 AWS 正式对外宣布的两年后，也就是 2008 年，谷歌作为世界上重要的互联网企业之一，凭借自身庞大的技术架构设施和研发能力推出了其云计算服务平台——Google Cloud Platform，GCP。

与 AWS 所擅长的 IaaS 服务(如虚拟机 EC2)不同，谷歌云平台上的第一款服务是针对应用程序托管的 PaaS 服务 App Engine，使用该服务，开发人员可以在谷歌的云端基础架构上运行自己的 Web 应用程序。2008 年 4 月，在谷歌对外宣布 App Engine 服务预览时强调其目的是为了让新的 Web 应用程序可以变得更简单，当开发者面对数百万并发流量时，也可以轻松扩展加以应对。

GCP 的 App Engine 从 2008 年 4 月开始预览，吸引了 2 万名开发人员花费 4

年在上面开发应用程序，起初只支持 Python 语言，并且对存储空间、CPU 性能和带宽有严格的限制，以致很多功能都受限。直到 2009 年 4 月 App Engine 才宣布支持 Java 语言。

从 2010 年开始，GCP 平台上的新功能开始以较稳定的速度持续发布，光环新网科技包括针对企业客户的管理功能、基于云的关系型数据库服务、新的运营方和 prediction API 等。当谷歌发布其全新编程语言 Go 不久，2012 年 GCP 也增加了对 Go 语言的支持。

在 IaaS 层面，GCP 的虚拟机服务 Compute Engine 在 2012 年 6 月才推出预览。2013 年，GCP 为云存储服务增加自动加密功能，App Engine 增加对 PHP 语言的支持，同年推出 Cloud Endpoints 等服务。

截至 2020 年 7 月，GCP 上提供了超过 180 种服务，包括基础架构即服务(IaaS)、平台即服务(PaaS)和软件即服务(SaaS)，按照类别被分为计算、存储和数据库、网络、大数据、机器学习、身份与安全、管理和开发人员工具等。

与其他云服务商的产品组合类似，GCP 上的服务既可以单独使用，也可以彼此组合。开发人员和 IT 专业人员可以根据需求在云端灵活构建自己的程序或 IT 基础架构。根据谷歌发布的信息，在 GCP 上最受欢迎的服务有以下几种：

(1) Compute Engine：虚拟机服务，提供了多种计算和托管方案，包括虚拟机、无服务器和容器等环境。

(2) Cloud Storage：云存储，提供一致、可扩缩和大容量数据存储服务。

(3) Cloud Run：针对容器化应用提供的无服务器架构。

(4) Anthos：用于构建和管理现代化跨环境的混合应用程序。

(5) Vision AI：视觉 AI 分析，可以使用预先训练好的视觉处理 API，对情感、文字等进行分析。

(6) Cloud SQL：云端 SQL 数据库，支持 MySQL、PostgreSQL 和 SQL Server。

(7) BigQuery：完全托管的高弹性数据仓库，内置了机器学习功能。

使用 GCP 的知名公司包括 Snapchat、Airbnb、Zilow、Bloombung、PayPal 等。

谷歌也根据数据中心的地理分布对各项资源和服务进行了区域划分，通过将资源部署在不同区域，并且对区域之间进行隔离，防止出现单点故障或者故障的大规模传播，因此每个区域也被称为"单一故障域"。服务和资源部署在区域级别上，也运行在区域内，如果某一区域出现故障，在故障恢复前该区域上的所有资源都会受到影响。与 AWS 的全局服务类似，GCP 上也有一些服务是多区域的，如 Google App Engine、Google 云端存储和 Google BigQuery 等，这些服务由谷歌管理，从而可以为客户提供默认的区域内和跨区域冗余。

截至 2020 年 7 月，GCP 的基础架构已经在全球覆盖了 200 多个国家地区，建立了 24 个云区域和 70 个网络地区。

谷歌作为全世界最大的互联网搜索引擎，能够在几毫秒内返回数十亿条搜索结果，其庞大的全球网络架构每月可以传输高达 60 亿的 YouTube 视频，并为 10 亿 Gmail 用户提供存储空间。GCP 最大、最显著的优势莫过于谷歌的全球网络基础架构，当应用程序运行在 GCP 上，同样可以利用谷歌的全球基础架构，并且享受由信息、应用和网络安全领域的 700 多位专家提供的保护。

　　许多人青睐谷歌云计算平台的原因之一是它的高速网络连接性能，谷歌云计算平台拥有全球部署的私有光纤 + 分层网络，相当于在全球所有数据中心之间成立了一个私有的分布式骨干网。这对于数据分析和处理应用来说尤其重要，由于高速网络的存在，用户无需来回迁移大量数据，从而可以跨服务、跨地点实现高速数据处理。

　　谷歌云计算平台数据中心内的网络单向带宽为 1 Pb/s，因此可以持续、高速地读取云端存储中的数据，在每个区域内，95% 的数据通信都具有 5 ms 以下的往返网络延迟。可以想象，当网络传输数据的速度比从本地读取更快时，数据存放在哪里就变得不再重要。因此，如果是数据密集型任务，使用谷歌云计算平台可以让用户从群集管理中获得极大解放。

　　详细来看，谷歌云计算平台使用了自定义的 Jupiter 网络结构和 Andromeda 虚拟网络堆栈。Jupiter 可以提供超过 1 Pb/s 的总分割带宽。在该网络中，即使是普通的虚拟机配置，也可以获得 32 Gb/s 的最大网络出口数据速率，对于部分高端配置的虚拟机，其最大带宽可达到 100 Gb/s。Jupiter 网络足以支撑 10 万台服务器全部以 10 Gb/s 的速率交换数据，或者在 0.1 s 内传输整个美国国会图书馆的扫描内容。

　　同时，由于谷歌的新一代 Colossus 文件系统运行在集群级别，因此，如果将谷歌的存储服务 Cloud Storage 与虚拟机部署在一起，得益于高速的网络和存储结构，成千上万的服务器可以获得很大的带宽，从而使各个应用程序可以轻松扩展到数以万计的计算实例上。如果将整个数据中心视为一台计算机，则可以在数据中心内自由实现高速计算和数据资源交换，而无需对数据进行预处理、分片、下载或迁移。利用这样的网络能力，用户还可以构建可协同的联合服务，当有故障出现时，数据中心中任何计算实例都可以参与解决，从而实现更好的故障恢复能力。

3.5.4　阿里云

　　对于 Azure、AWS 和 GCP 来说，无论哪一家云计算服务平台，在提到其竞争对手时，很难有人想到中国本土的云计算公司。然而，除了国际厂商在云端不断投入，国内厂商也在不断加强云端布局，读者可能已经注意到的阿里云，作为阿里巴巴旗下的云计算服务，阿里云正不断努力，积极完善自身的功能，而且已经在国际市场上初露锋芒。

　　前面提到了中国自 2016 年以来已经成为全球第二大公有云 IaaS 市场。中国公有云 IaaS 在 2019 年实现了同比 72.2% 的增长率，这样的增长速度远高于全球其他地区。中国公有云 IaaS 市场规模在 2019 年已达到 54.2 亿美元，比 2014 年的两倍还要多。

　　2020 年 3 月，阿里巴巴发布的 2020 财年第三季度财报显示，其云计算服务"阿里云"的营收为 1614 亿元，同比增长 38%。2020 年初，阿里云在亚太地区的市场占有率排名第一(28%)，全球排名第三(9.1%)。虽然全球市场的份额不大，但阿里云正计划在全球范围与其他国际厂商展开竞争，已与 AWS 和 Azure 一同形成了"3A"格局。2016 年，阿里巴巴在悉尼召开了新闻发布会，宣布其位于欧洲、中东、日本和澳大利亚的数据中心会相继开服。从 2016 年底开始，阿里云就不断在澳大利亚各主要城市招兵买马，同时吸引了大量 IT 工程师考取阿里云认证，许多小型和创业公司，尤其是针对中国开展业务的公司，也越来越多地将服务部署在阿里云上。

与其他云计算服务类似，阿里云也有区域和区的概念，如图 3-19 所示，每个区域保持完全独立运作，区部署在区域中，一个区域中的各个区通过低延迟网络链路相连。

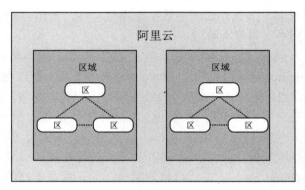

图 3-19　阿里云的区域和区

截至 2019 年 7 月，阿里云在中国大陆具有 9 个区域；在全球范围建立了 12 个区域，分布的地点包括新加坡、悉尼、东京、美国硅谷地区、伦敦和迪拜等。同时，阿里云还在全球建立了超过 2800 个内容分发网络(Content Delivery Network，CDN)节点，优化了数据中心未覆盖的访问体验。

阿里云的主要服务有：

(1) 计算。与 AWS 的虚拟机服务名称 EC2 类似，阿里云上的标准计算服务名为弹性计算服务(Elastic Compute Service，ECS)。ECS 提供了数十种 VM 实例类型，支持虚拟和裸机服务器，兼容 Windows 和 Linux 操作系统，也支持创建自定义映像。与 AWS 的 EC2 相比，阿里云提供了更多的 VM 实例系列供用户选择，而 AWS 则具有更多的数据中心区域。

(2) 存储。阿里云提供了和其他云服务商一样的 Blob、对象和文件存储服务。这些服务包括对象存储服务(Object Storage Service，OSS)、弹性块存储(Elastic Block Store，EBS)和网络附加存储(Network Attached Storage，NAS)，对应在 AWS 上，则分别是 S3 对象存储、弹性块存储和弹性文件系统。对于不同的数据应用场景，阿里云提供了标准、不常访问和存档三种存储级别。

(3) API 服务。对于开发人员来说，阿里云针对应用程序提供了专门的 API 服务，使应用程序能够与云端资源进行交互。阿里云的 API 与其他云服务商在功能上类似，但具体语法各有不同。

(4) 无服务器服务。针对近年流行的无服务器计算，虽然阿里云成立较晚，但也在快速跟进，相较于 Azure Functions 和 AWS Lambda，阿里云推出了功能计算

(Function Computing)，阿里云上也有自己的 Container 容器服务。阿里云的目标是建立一套全面的云服务。

3.5.5 腾讯云

腾讯云是腾讯于 2010 年推出的云服务业务，先后推出 CDN、云服务器、云监控、云数据库、NoSQL 和 Web 弹性引擎等多种服务。腾讯云在国内多个城市建立了数据中心，包括北京、上海和广州等，在欧洲和北美也设立了数据中心，同时通过与海外企业合作，建立了海外合作基础设施。在合规性方面，腾讯云拥有 ISO 27001 和可信云等多项认证，不管是社交、游戏还是其他领域，都有多年的成熟产品来提供产品服务。腾讯在云端完成重要部署，为开发者及企业提供云服务、云数据、云运营等整体一站式服务方案。

腾讯云具体包括云服务器、云存储、云数据库和弹性 Web 引擎等基础云服务，腾讯云分析(MTA)、腾讯云推送(信鸽)等腾讯整体大数据能力，以及 QQ 互联、QQ 空间、微云、微社区等云端链接社交体系。这些正是腾讯云可以提供给这个行业的差异化优势，造就了可支持各种互联网使用场景的高品质的腾讯云技术平台。

目前，腾讯云也提供了免费产品体验，同时为企业客户提供了将近半年的云服务器免费体验。腾讯的另一款云产品"腾讯微云"是一个面向个人的网络云盘服务，用户可以通过 QQ 或微信账号开通使用。

3.6 云计算引领生活新方向

每一项新技术的应用都会使我们的生活变得更加方便快捷，就像高铁和 5G 一样。云计算也不例外，在这个高科技时代，云计算技术在现实生活中的应用越来越广泛。

3.6.1 云办公

随着科技的飞速发展和网络的广泛应用，人们的工作方式也在悄悄地发生着变化。如果你正在准备打开计算机，使用文字处理软件来规划未来一周的旅行，那么不妨尝试一下腾讯文档这种全新的文档编辑方式：打开浏览器，进入腾讯文档，新建文档，编辑内容，然后直接将文档的 URL(Uniform Resource Locator，统一资源定位符)分享给朋友，无论你的朋友在哪里，他们都可以打开浏览器访问 URL。无论你与多少朋友进行分享，他们都可以与你同时编辑、修订你的文档，这种新颖的编辑体验，可以称为云办公。云办公就是让员工不再被办公室所束缚，他们可以在车上、户外、家里随时随地登录云端系统，满足办公需求。

在工作时，面对复杂繁多的会议需求，IT 人士常常感觉焦头烂额，手足无措。当然，用户可以通过视频会议系统来解决这些问题，但是要做到这一点，需要投资专用的网络设施、软硬件、宽带网络、服务器和数据中心，还要聘请一支负责维护和运行这些软硬件的 IT 技术团队。这些软硬件与人力资源费用是非常昂贵的。当视频会议系统出现故障时，用户还需要请系统售后人员帮助解决。随着公司的迅猛发展，会议规模随时需要扩大，用户还需要花费大笔资金进行产品的升级改造。在投资购入视频会议系统后，用户得到了什么？由于网络和技术原因，用户无法随时随地开电话会议，更不用说是视频会议。即使是对于大公司的 IT 团队来说，太多的软硬件维护也会让人头晕脑胀，更何况是资金并不充裕的小公司。

虽然人们都想快速提高工作效率，让自己的价值得到充分体现。但更多时候，大家只是在埋头苦干，无暇顾及身边发生的变革。随着云计算应用领域的不断扩大，全球正在经历着一次云洗礼，一种全新云解决方案可以让人们颠覆传统工作模式，将繁杂的琐事抛上云端，用更多的时间来规划未来，它就是云会议。云会议是一种基于云计算平台的会议服务，它可以让用户在任何地点、任何时间，使用任何终端，召开或者参加一场高效、便捷、低廉、安全的远程会议。

云会议将所需的一切设施都放在云端，应用程序在云服务提供商的数据中心中运行，如图 3-20 所示。

图 3-20　云会议可以在任何终端上运行

所有会议数据的传输、处理由提供商负责，用户仅需要租用资源，即可得到所需要的服务。在云会议中，用户无需设置复杂的电话会议系统，无需购置昂贵的服务器、存储设备和视频会议设备，无需聘请 IT 技术团队来维护和运营系统，也无需对软硬件进行持续不断的升级，从而可以抛开一切烦恼。云会议采用云计算模式，将电话会议、网络会议、视频会议完美地结合起来，支持成千上万人的多方通信服务。它可以与办公自动化系统有机集成，并能实现传统电话与 VoIP(Voice over IP，IP 电话)进行任意切换。

云会议将数以万计的计算机、服务器、软件、应用系统、管理系统连成一体，即使用户不懂 IT，没有软件和硬件支持，甚至没有一位 IT 人员，也能随时随地组织起比以往规模更大的会议，谈成更多的生意。过去，用户一直往返于各类大小型会议和国内外多个城市之间，成为名副其实的"空中飞人"。使用云会议后，无论是在办公室、咖啡厅、出租车、机场、酒店，还是在家里，如果需要，任何地点都可能会成为用户的会议室。用户可以随时随地召开多方视频会议，而不必再像先前那样频繁地四处奔走，也不再受困于拥堵的城市交通。云会议让时间为用户驻足，让用户分身有术，留出更多的时间陪伴家人从而大大提高用户的工作效率，促进公司安全稳定地快速发展。

现在众多企业都选择了钉钉软件作为自己的办公软件。钉钉除了刚才所说的可以进行"云会议"外，还有很多方便高效的办公功能。聊天：消息已读/未读，帮助用户了解已发消息的阅读状态，极大地有助于提高沟通效率。企业群：关联企业通讯录、群成员实名制，确保企业内部沟通的信息安全。DING：快而高效的消息传达，同时使命必达。商务电话：最简易、最高效的电话会议体验，让沟通更简单。工作：帮企业实现移动化办公，抛弃纸质办公。签到：记录工作轨迹，晒出自己的努力。公告：企业重要消息随时发送，已读/未读一目了然。日志：工作汇报移动发送，手机直接查看统计报表，从此告别人肉统计。管理日历：全局掌握团队成员最新签到、请假外出、工作日报等状态。钉盘：安全无忧，权限丰富。企业文件只有同事能看，外人无权限查看；多种权限，满足各种办公场景；便捷分享，与聊天、邮件打通，支持从钉盘添加附件或发送到聊天。多端同步：手机端、电脑端实时同步，满足移动办公需求等。

3.6.2 云教室

学生人手一个平板电脑，直接上网就能做作业；通过教室的触控式屏幕和电子白板，学生可以"飞到"各地博物馆去欣赏画展；看似一块普普通通的玻璃板，竟然是个超大的 iPad，使用特殊的数字神笔在上面写写画画，就能呈现在专用的显示屏上(见图 3-21)。只要拥有一个云终端，老师就可随时随地备课试讲、辅导学生，学生则可以随时随地享受到原来在教室才能进行的听课、答疑，这样的"云教室"叫人如何不向往！

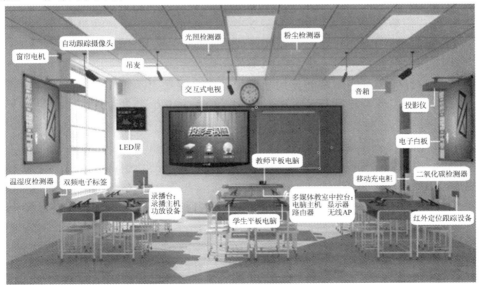

图 3-21　智慧"云教室"

"教育云"让教室发生了恍如隔世的变化。传统教室必备的黑板、粉笔和讲桌，都将在"教育云"中被彻底颠覆。"云教室"是一个广义的概念，它包括老师的教学工具、学生的学习环境和云端等。老师的教学工具包括投影仪、触摸屏、平板电脑、交互式电子白板等；学生的学习环境包括客户端、教育资源和服务平台等。云端由一批强大的计算机和存储设备、海量教育资源和服务型应用资源构成。用户通过"云教室"、电子书包和 PC 等终端设备访问网络上的云端，可以满足对各类教育信息化需求。

由于云端是一种开放型平台，因此它可以通过开放的开发接口，与第三方资源和应用进行集成，让学生在上面自由驰骋，个性化定制学习内容、方法和资源。"云教室"还可与学校安保系统互联互通，学生一进教室，家长便立刻收到"报平安"的短信。

目前，交互式电子白板已经在教育领域得到了广泛的应用。它其实是一个高级投影仪，以前的投影仪只有投射功能，如今它可以把电子白板投射到黑板上，老师拿着红外线笔直接在白板、墙壁或者显示屏上进行书写。老师拿着平板电脑，可以在教室的任何一个角落进行走动式教学，通过无线通信技术，把书写的内容直接呈现在大屏幕上。

在传统的课堂上，老师在黑板上布置一道题目，一般是学生举手，老师安排一个或几个学生回答，并进行讲评。而在"云教室"中，采用无线通信技术，可以为传授性教学增加更多的互动环节。老师出完题目后，学生使用平板电脑，将答案通过无线网络发送到大屏幕上，所有学生都可以看到。老师可以检查每个学生的回答情况，并给出具体的指导意见，甚至还可以为表现突出的同学颁发电子版的荣誉证书，从而做到了教学手段形象直观，教学形式生动活泼。同时，老师还可以实时掌握整个班级对当前讲授内容的理解程度，并随时调整教学方法和时间安排。使用"云教室"，老师可以完成备课试讲、作业布置和批改、学习效果分析等任务，每个学生的学习过程、课堂参与、作业提交、评测结果等情况都可以在云端长期保存，方便教师和家长进行个性化辅导和长期趋势分析。

"云教室"的目标是实现随时随地的个性化学习，互动、协作、探究式的教学，及时进行家校互通和智能化的学校管理等。课堂上，学生不用再埋头狂抄黑板上的板书，课件等资料可以直接发送到学生电脑、电子书包甚至手机屏幕上；下课后，学生可以拿着"电子书包"，在校园内外进行移动学习。轻便节能的平板电脑让学生卸下了沉甸甸的书包，虚拟多点触控教学系统增强了师生间的教学互动。学生可以直接在网页上做笔记，随时保存，甚至门禁也可以采用脸部或指纹识别技术。"云教室"采用高科技教学设备，让教室变得像时下风靡的智能手机一样，而学生则可以在快乐的学习中获取更多的知识和技能。

3.6.3　云健康

随着人民生活水平的提高，医疗、教育和住房费用也水涨船高，成为人们持续关注的热点话题。上班族很难享受到优质的医疗服务，因为这些医疗单位的上班时间往往与人们的上班时间一样，等大家下班回到家，它也就"打烊"了。还有些患者声称自己在全国各大医院排队挂号时购买的病历，足够开一个"病历博物馆"了。这些都从不同侧面反映了医疗领域存在的检查项目繁多、信息不共享、用药不合理、重复化验、药价高等现象。

当前，国家和地方都在加大医疗改革的力度，出台了许多行之有效的方案。很多地区尝试将"云计算"引入民生领域，着力打造"健康云""政务云""商贸云""平安云""教育云"，运用高新科技为群众办实事。情为民所系，利为民所谋，他们则要"云"围民所"绕"。

"健康云"实际上是一个基于云计算技术的健康档案数据中心，全面覆盖了居民在辖区医疗机构的就诊信息和公共卫生服务信息。为充分发挥云计算的数据交换和共享功能，构建区域医疗信息整合共享和协同服务平台，实现区域内医疗机构之间的业务联动，社区居民只要与自己的家庭医生签约，就可以租赁一台远程生命体征仪。依托"健康云"平台，居民使用远程生命体征仪就可以简单地测心电图、血压、胎心、血氧含量等健康数据。与一般的电子诊疗设备不同，这台远程生命体征仪所测数据可以通过手机、无线网络等多种方式传递至"健康云"平台。专业的健康监测团队将对这些数据及时进行分析和监测，一旦发现居民的健康可能出现的问题，就会立即通知家庭医生，由他为居民实施进一步诊疗。如果觉察到居民的测量数据有问题，家庭医生就会帮助居民做更加专业、更加全面的检查，这些数据也会上传至"健康云"平台。如果遇到一些疑难问题，家庭医生还会请三级医院的医生进行会诊。同时，"健康云"平台还可以实现远程中医体质辨识及五脏相音辨识功能，居民通过五脏相音终端采集相关信息，并将信息通过网络发送至远程诊断中心，医生可以根据这些信息完成中医的体质辨识。

居民可以拥有一份"居民电子健康档案"，该档案主要由个人基本信息和卫生服务记录构成。个人基本信息是指年龄、性别、工作单位、家庭住址、身份证号等基础信息；卫生服务记录包括出生医学证明信息、新生儿疾病筛查信息、儿童健康体检信息、婚前保健服务信息、妇科病普查信息、计划生育技术服务信息、孕产期保健服务与高危管理信息、产前筛查与诊断信息、出生缺陷监测信息、预防接种信息、传染病报告信息，以及高血压、糖尿病、肿瘤等病例管理信息、临床检验检查报告、用药信息和住院病案信息等。每次患者去医院治疗，相关信息就会存入信息平台，数据库数据也就不断更新，因而这是一个"活"档案。不仅是三级医院，即便是在社区卫生服务中心，孩子出生伊始的血型、疫苗接种、健康信息等资料，成长的每一步也都能被存储到信息库中。

设想"居民电子健康档案"如果实现了"一卡、一库、一网、一平台"，即一张社保卡或医联卡，一个包括患者基本信息、临床信息和管理信息的中心数据库，一个连接各医院的网络，一个医院间临床信息共享的云平台。借助日趋发达的云存储技术，居民们的"居民电子健康档案"可在政府部门、疾控卫检、妇幼保健、各大医院、社区服务中心等多家机构内共享，不但能够减少重复检查开药、降低医药费用，还可量身定制各种健康服务。"居民电子健康档案"已成为深化医改的重要举措，病人求医问药再也不那么烦、难、贵了。"健康云"最终目标是健康服务覆盖全区所有医疗机构，实现人人享有电子健康档案，该档案将记录一生、管理一生、服务一生。

这些"云生活"不只是我们美好的愿景，其实云计算已经给我们每个人的工作生活带来了一些变化，未来将带来更大的变化，也许在不久的将来，"云计算将成为和水、电一样的一种公共资源，人们可以随时随地，任何时间都可以自由地使用，按需付费。"

3.6.4　未来世界

在 20 世纪 90 年代，个人计算机提供了无法取代的生产力，无论是办公室，还是普通家庭，能配备一台 PC，会极大地提高工作效率，PC 扮演着无法取代的角色。而现在，对于很多任务来说，计算机已变得不再必需，人们通过随身携带、外形小巧的智能手机和平板计算机就可以随时完成任务。

1. 市场的变化

移动设备加速普及，全球个人计算机市场持续疲弱。虽然全球 PC 出货量依然在增长，但相较于十几年前，增长率在不断下跌。对应到软件市场，由于 PC 出货量增长缓慢，微软 2019 年第四季度的财报显示，其个人计算部门(包括 Windows 操作系统授权收入、Surface 硬件收入、搜索广告收入及 Xbox 游戏软硬件收入)的营收同比只增长了 4%，营收为 112.79 亿美元，运营利润为 35.59 亿美元。与之成为鲜明对比的是微软的智能云部门，该部门已成为微软最强劲的增长动力，该部门在 2019 财年第四季度的营收同比增长了 19%，达到 113.91 亿美元，运营利润为 96.68 亿美元，这也是智能云部门的营收首次超过个人计算业务。

在企业市场，由于云计算的普及，当企业信息系统需要更新换代时，购置新的硬件、建设新的机房、部署新的网络线路等已不是企业的唯一选择，甚至对于很多希望轻资产化的企业来说已不再是首选。云计算的出现让一切变得更加简单，企业可以灵活地根据业务状况租用云端计算和存储资源，无论是国内还是国外，甚至是 SAPERP 这样至关重要的大型业务系统，越来越多的企业在架构升级时也在将其从本地部署搬到了云端。

2. 全新的硬件形式

当所有应用、数据、服务都迁移到云端后，人们就不再需要计算机，唯一所需的将是可以透过互联网与云计算互动的途径。随着技术发展，现在其实很难对手上的智能手机等随身电子设备提供准确的定义，它们本质上已经成为计算机的全新形式，提供了标准化的硬件架构，上面运行着可以更新和升级的操作系统，其上可以安装各类应用程序。除此之外，与台式机或笔记本计算机相比，智能手机这样的设备还具有超低功耗，并且可以时刻联网。这样的设备虽然还是以消费型应用场景为主，不适合内容创作等工作需求，暂时无法立刻取代个人计算机，但这或许是无法阻挡的必然趋势。更新、更强的软硬件结构为移动设备提供了更多可能。虽然微软错过了移动设备的浪潮，但作为 PC 业的生态领先者，也在不断思考如何实现突破创新，保持最佳竞争力。2015 年，微软 Windows 10 操作系统的智能手机版本 Windows 10 Mobile 就提供了一个名为"Continuum(无缝使用)"的功能，只需要为手机和显示器之间插上一根数据线，就可以在显示器上获得几乎与 Windows10 一样的功能，从而将手机转换为一台计算机。该功能还可以连接键盘、鼠标等多种外接设备，并且支持手机和"计算机"单独运作，可以一边打电话，一边在显示器上处理电子文档。

谷歌作为互联网领域的领导者，还拥有并主导着安卓(Android)操作系统开源项目。最新的安卓系统也提供了外接显示功能，可以显示一个独立运行的桌面界面,提供类似个人 PC 一样的生产力体验。例如，三星的 S8 手机就提供了与 Windows 10 手机类似的功能，连接外接显示器后，可以获得一台"安卓计算机"。

3. 高速网络带来的影响

如果回想过去 20 年的变化，网络一定是发展最快的领域之一，人们不能低估高速互联网对个人计算机格局的影响。谷歌对 PC 市场充满野心，虽然无法直接抗衡，但很早就积极尝试利用网络来颠覆传统 PC 生态环境。图 3-22 所示的设备是 HP Chromebook x2，它是谷歌在 2011 年 6 月推出的全新形式的"笔记本计算机"，这种计算机在推出时让很多人难以接受。

图 3-22　HP Chromebook x2

它运行的操作系统由谷歌的 Chrome 浏览器改造而成，整个计算机仿佛就只是一个浏览器，用户无法在本机安装软件，设备本身也只提供了非常有限的存储空间，一切应用都需要互联网通过浏览器完成。例如：如果想处理文档或表格，只能使用谷歌的在线办公服务；如果想看视频、听音乐，则只能访问谷歌 YouTube 这样的网站。由于其系统只是一个用于访问互联网的浏览器，因此硬件配置极低，相应地，其售价也比其他设备便宜很多。

4. 云存储

硬盘现在还是人们的主流存储工具，随着 SSD 固态硬盘的普及，硬盘的存储速度也在不断地刷新，但是硬盘的稳定性并不是足够好，硬盘的故障比想象的更常见。根据著名存储服务商 Backblaze 对 2019 年硬盘可靠性的统计，2019 年各类硬盘的整体年化故障率达到了 1.89%，个别型号高达 27%。

虽然云盘可能没有本地硬盘那么快，但它确实解决了本地存储设备无法解决的可靠性问题。而在数据可访问性方面，虽然人们可以带着硬盘随处使用，而且移动存储设备(如 U 盘、SD 卡等)的存储容量也在不断翻新，但随身携带也意味着它们更容易丢失、损毁、被盗或掉入水中。相信大多数人都有定期备份手机照片的习惯，这种定期备份往往要求连接设备到计算机，不仅不方便，而且还要花费大量时间挑选要备份的文件并等待文件复制。对于普通用户来说，无论是备份后的文件，还是移动设备上的原始文件，可能都不知道该如何对其进行加密，在这种情况下，自己是唯一可以确保这些文件安全的人。现在不妨来设想一下，自己的个人存储设备上都有哪些文件和照片，如果这些存储设备丢失，会对自己造成怎样的影响。

从长远来看，个人存储设备的淘汰几乎是必然的，无论上面几点原因读者是否可以应对，存储空间迟早都会被耗尽，而人们也很难持续对存储空间进行升级，即使可以，现在很多设备也不允许这样做。读者不妨看看自己的手机和笔记本计算机，它们支持存储升级吗？或许某些设备可以，但苹果手机 iPhone 和几乎所有超轻薄笔记本计算机现在都无法升级存储空间。

云存储是云计算平台上的一项服务，这种服务利用云计算平台的规模化存储优势，提供安全的文件存储服务，同时还支持多种设备的文件备份、文件共享和跨设备的文件服务功能。提供云端存储服务的厂商有很多，如百度网盘、腾讯微云和 360 云盘等服务。主流的网盘服务都支持从多个设备包括浏览器、计算机和手机，传输和管理文件与文件夹。作为一种相对容易提供的云计算服务，它是很多云计算平台的基础服务项目，其优势不仅在于提供了免费的大容量存储空间，还由于数据保存在云端，各种云盘都针对不同设备提供了相应的客户端实现文件自动同步和备份功能。这种体验非常简单，所有纳入云盘管理的文件夹都会通过网络自动备份至云端，云盘服务商非常关注数据的安全性，他们会对用户上传的数据进行加密，与大多数人相比，云盘服务商的加密措施要安全得多。将个人文件和数据放在云端，不再需要担心存储设备丢失或进水损坏的风险。

现如今，人们会存储越来越多的数据，如果只是凭借设备上的存储空间，很难支撑如此大的数据量。例如，用 iPhone 拍摄了许多景色优美的照片，每张照片都是 4K 分辨率，文件大小都超过 10 MB，此时只带了一部手机和一台存储空间极为有限的 Surface Pro 平板计算机，这些高质量照片该如何保存？又如何与家人分享？

云存储服务通常按存储空间容量收费，用户只需根据所需的空间大小按月或按年付费即可，如果空间不足，可以随时升级。人们也可以更方便地与好友进行分享，相信每个读者都见过网上分享的百度网盘下载链接，这种在线分享能力极大减轻了人们的数据交换难度，任何人在任何地方、任何时候、任何设备上都可以访问这些数据，这种方式打破了信息交换的地理屏障、设备屏障和时空屏障。如果空间不足，只需点点鼠标就可以瞬间扩容，并且按需根据用量付费即可。

然而，现在还存在网络覆盖不足、很多地区的网络带宽依然非常有限、手机移动网络费用较高、数据漫游费用贵等问题，但随着网络技术的进一步发展，当5G 等技术得到普及且当所有设备都时刻保持着互联网连接时，更多的人们可能会选择云存储这一便捷的存储方式。

第4章 万物互联

4.1 物联网又火了

李彦宏说，移动互联网的时代结束了。周鸿祎说，互联网下半场就要开启。谷歌公司董事长埃里克·施密特(Erie Schmidt)预言，互联网即将消失，一个高度个性化、互动化的有趣世界即将诞生。下一个足以颠覆微信、超越阿里巴巴的超级风口在哪里？当下看，唯有物联网。

物联网是通过智能感知、识别技术与普适计算、泛在网络的融合应用，被称为继计算机、互联网这两次世界信息产业发展的浪潮之后的第三次浪潮。物联网并不是一个新词，这一概念产生于 1999 年。2009 年 8 月，物联网乘借"感知中国"的东风一夜成名，其火爆程度丝毫不亚于当前的"网红"，当时条件并不十分成熟，它还只是空中楼阁，很大程度上还处于刚刚受孕的阶段，但这一概念曾将股市搅得"热血沸腾"；2016 年 6 月，物联网凭借 NB-IoT(窄带物联网)强势复出，频频被推上热搜，但此次形势大不同，发展条件相继成熟，应当唤醒了大家迎接并拥抱物联网时代。在这场浩浩荡荡的造物运动中，娱乐圈功不可没。

美国好莱坞电影使用先进的高科技进行制作，让我们实现了许多幻想，人们把那里称作"梦工厂"。好莱坞的很多影片充分体现了科技和艺术结合的魅力，同时，它们又总能紧跟潮流，将最时尚、最前沿的新东西融入电影当中。

1. 《大战皇家赌场》：物联网的萌芽

2007 年 1 月，"007"系列电影《大战皇家赌场》上映。在电影中，有这么一个情节：英国军情六处首脑、邦德的指挥官 M 夫人让人使用貌似冲击钻的工具在邦德的手臂中植入了一枚电子芯片，并通过扫描设备将邦德的身份信息植入芯片。此时，邦德对 M 夫人说："你想监视我？"M 夫人不动声色地说："是的。"

正是这枚能够识别个人身份信息的芯片，关键时候成为邦德的救命恩人。勒·希弗斯为了除掉邦德，在他的酒里下毒。当邦德历尽千辛万苦钻到车内，并使用扫描设备激活电子芯片后，一条求助消息发送到了总部的信息系统中。

在总部专家的远程指导和芙斯珀的大力协助下，邦德转危为安，从昏迷的状态中恢复过来，成功赢得了最终的赌局。最后，邦德用枪指着坏蛋怀特的头，说出那句让人印象深刻的招牌对白："The name's Bond, James Bond."这枚电子芯片就是射频标签，只不过在实际生活中，它广泛应用于商品上，而不是人类。因此，有人将《大战皇家赌场》称为物联网的萌芽。当然，这只是电影的艺术构思，然而在欧美国家和中国，已经有人尝试在人们的体内植入射频芯片，通过准确无误地识别其身份，完成生理指标监测、用户定位跟踪等功能。2018 年 10 月 22 日，YY 创始人李学凌发朋友圈说：自己在体内植入了芯片。这件事立刻引发网友围观。有人说："想到了《黑镜》，尤其《黑镜》第二季，把芯片取出来，人的主导意识也被取出来了。"为李学凌"植入芯片"的是一家名为 Airdoe 的人工智能医疗创业公司。Airdoe 基于人工智能深度学习，通过计算机视觉图像识别技术，在医学专家指导下形成医学影像识别算法模型，帮助医生提高效率，其使命是通过人工智能(Artificial Intelligence，AI)让医疗健康服务更高效。

2. 《豚鼠特工队》：物联网的雏形

一个秘密政府组织训练动物去执行间谍行动，代号"G"的豚鼠特工队共有 5 名成员，即负责武器和运输的布拉斯特，武功超群、魅力不凡的华雷斯，有着"电脑天才"称号的特工斯贝克尔斯，会飞檐走壁的侦查员苍蝇莫奇，还有特工队的队长达尔文。豚鼠特工队的行动目标是赛博林工业公司总裁赛博。

调查局的情报显示，赛博可能会将研制的新型微芯片应用于军事，且怀疑他已经将该项技术卖给其他国家。特工队的任务就是到赛博图书馆的个人计算机中下载关于芯片的资料，找出赛博打算如何运用这项科技。

赛博听命于神秘人物，建立了一个集中袭击网络，创造了大批机器人装置，而这些机器人装置组成了一大片电磁网点，这些网点能把围绕地球的所有太空垃圾摧毁，将人类一个不留地埋葬掉。

豚鼠特工队进入赛博的实验室后，集群风暴已经启动。通过卫星发送指令，全球范围内的所有赛博家用电器都接收到微型芯片的信号，并变成各种类型的武器开始攻击人类。贪吃的赫尔利拿了一块蛋糕放到了微波炉中，结果微波炉是个不折不扣的资深吃货，熟练地使用辣椒、鸡蛋、牛肉等原料，选择一定方式准备炭烧赫尔利，并精确地计算出了烤熟时间。关键时刻，达尔文和其他同伴及时将赫尔利解救出来了。

当神秘人物驾驭着由多台家电组合而成的超大机器人出现时，豚鼠们出乎意料地发现，这个赛博背后的老大竟是内鬼——鼹鼠斯贝克尔斯，它准备利用全球站点将太空垃圾吸附到地球，并放出一台受芯片控制的电器攻击达尔文。

队长可不是浪得虚名的，对进化论烂熟于心的他准确抓住了鼹鼠的软肋和弱点，对其展开了强大的思想攻势，使其重拾那颗被遗忘的善良仁爱之心。不幸的是，此时他已经无法阻止太空垃圾撞向地球，莫奇吃力地抓住掌上电脑飞到达尔文身边。达尔文将病毒植入鼹鼠的计算机中，由它发起的集群风暴戛然而止。

在影片中，赛博林公司生产的每台家用电器中都内置秘密芯片，如制冷冰箱或者微波加热的咖啡机，该秘密芯片的最大功能是交流。当人们按下某个按钮后，该按钮会激活一个被称为"赛博感应"的无线系统，唤醒已存在于所有赛博林家用电器主板上的芯片，允许咖啡机了解已有多少咖啡被喝掉，并与家中的计算机进行交流，在主人的购物单中增加一个新商品——咖啡。

"赛博感应"能够连接每一台已存在的赛博林家用电器，组成一个无所不在、无所不包的巨型网络。在该网络中，物体变得"有感觉、有思想"，物与物之间可自由地进行"交流"。

因此，业界专家将《豚鼠特工队》称为物联网的雏形。

不久的将来，在物联网世界中，智能芯片将会被植入人们生活中的各种物品，甚至是基础建筑中。

3. 《阿凡达》：史上最强物联网宣传片

没有看过电影《阿凡达》的人，其实很难理解《阿凡达》到底有多棒，票房有多火，到底为什么有那么多人会排队买《阿凡达》的票。要知道《阿凡达》创造了全球 27 亿美元的票房神话。

《阿凡达》叙述了这样一个故事，在未来世界中，人类为获取另一个星球——潘多拉星球的资源启动了阿凡达计划，并以人类与纳美人(潘多拉星球土著)的脱氧核糖核胶(Deoxyribo Nucleic Acid，DNA)混合，培养出身高近 3m 的"阿凡达"，以方便在潘多拉星球生存和开采矿产。受伤的退役军人杰克同意接受实验并与他的阿凡达来到天堂般的潘多拉星球。

在电影《阿凡达》前段中，一缕"蒲公英"(圣树种子)飘落在女主角奈蒂构的肩头，她顿悟男主角杰克的到来是圣母的旨意，从而放弃暗杀杰克并将其带回部落，至此贯穿全剧的物联网概念拉开序幕。

外星球的各种生物、纳美人的历代祖先都可以通过圣树来实现连接(纳美人称之为"萨黑鲁"缔结关系)。在树与树根之间都有着某种类似电流的信息传递，就好像神经连接细胞组织那样。树与树之间存在着成千上万个不同的节点。潘多拉星球有上亿棵树，它像一种全球网络，纳美人可以登录进去，实现信息的上传、下载和存储。

实际上，圣母化身的神树是潘多拉星球的服务器，星球上所有纳美人和生物都是物联网的传感器节点，物物通信、人机通信通过纳美人以及马、龙等生物的精神合体来实现，经常飘现的"蒲公英"可理解为圣母监控全网的传感器。

纳美人的长辫子和树木的根须，是神经接触灵魂沟通的重要媒介，他们通过尾巴进行连接这种独特的方式，实现心灵相通。最让人叹为观止的是他们没有经过强制标准化，就形成了可以互通的接口，土著们的传感器发达到可以与树连接、与天上飞的翼龙连接并进行信息交换和互操作，天人合一的巨大网络让所有的一切变得有生命和灵性，人与自然之间的互相依存也变得清晰可触。这简直就是 IBM 描绘的"智慧的地球"的神话版。

物联网时代，到商店去买一包巧克力，我们不仅可以看见它表面的样子，而且还可以通过 RFID 芯片来"读心"，了解其各种信息，而周边商场同款巧克力的价格以及我们购买了这块巧克力的详细信息，也都可以在物联网中被存储、访问。因此，有人将《阿凡达》称为史上最强的物联网宣传片。

《阿凡达》这部史诗般的好莱坞大片，高科技处处存在，小到一只水母、人物造型，大到森林公园、潘多拉星球。不过，有一种预言将会成真，这就是"天人合一"，而这种梦想的实现，物联网是不可逾越的一环。

《阿凡达》为人们展示了一个神奇的外太空世界，那些细节具体到现实科技的发展，也就是物联网在未来的典型应用。毋庸置疑，物联网的应用将"一切自由连通"，甚至做到"沟通从心开始"。

4. 《绝对控制》：物联网统治世界

"你们得远离自己的智能手机和电脑"，这是《绝对控制》里迈克·里根对女儿说的话。一心想成为现代科技事业霸主的迈克说出这句话，难免让人有点无奈和尴尬。当智能家居、智能汽车等现代科技被"内鬼"完全操控，迈克等人全家的个人隐私暴露无遗，甚至生命被左右的时候，人们才感觉到，现代科技带来便利的同时，也带来了关于"我命由谁"的网络安全新思考。

影片一开始，迈克·里根正被一堆工作、生活的事情搞得焦头烂额。一方面，公司开发的"Omni"的私人飞机租赁 App 亟须融资，且如何说服美国证券交易委员会(Securities and Exchange Commission，SEC)批复首次公开募股(Initial Public Offerings，IPO)申请也是摆在里根面前的难题。另一方面，虽然家里坐拥豪宅，但因忙于工作，女儿又正好处于青春叛逆期，墙壁上智能家居终端闪烁的荧光更衬托出家庭气氛的紧张和不安。无独有偶，里根在向投资人推介的说明会上播放的视频宕机，新来的"码农"埃德·波特凭借娴熟的技术，不费吹灰之力就把故障摆平了。里根对他赞赏有加，并邀请他前往自己的住宅帮忙检查网络设备，而这是一切"不安全"的开始。

埃德应邀而来，一进门就被里根的新款玛莎拉蒂(Ghibli) 所吸引，并主动提出要为这辆新车更换军用导航系统。起初，里根对埃德行为的合法性产生怀疑，但架不住埃德"这套系统使用的是军队网络，数据实时更新快，从来不会出故障"说辞的鼓动。所谓"好奇害死猫"，里根像对待新玩具一样珍视的这辆车，日后却成了埃德戏耍自己的工具，他甚至险些为此丢了性命。

不仅如此，埃德还将里根豪宅的全部网络系统进行了升级，甚至"染指"了无处不在的智能家居系统，还嘲笑说，"这些软件太 Out 了，都是被时代抛弃的老古董"。无人知道埃德在智能家居系统上动了多少手脚，预留了多少后门程序和木马，这就像一颗颗定时炸弹，成了日后埃德报复里根的致命武器。

果然，在埃德步步接近里根家人，特别是小女儿凯特琳之后，里根感受到了这位年轻人的疯狂和可怕，一怒之下将其辞退。但他不知道的是，其实噩梦才刚刚开始。

埃德对里根的公司和家人展开了疯狂的报复，篡改了里根提交给 SEC 审核的电子文档，应用的 IPO 被推迟数月；入侵智能家居系统，将墙上数台控制面板的摄像头功能打开，半夜制造混乱，搅得一家人难以入眠。忍无可忍的里根前往埃德住处对其训斥一顿，但却招致埃德变本加厉的报复。

当里根驾驶着那辆玛莎拉蒂在隧道中高速穿行时，埃德已经通过上次更新军用导航系统时留下的后门程序，远程"入侵"了这辆车子。他首先接管了汽车的制动系统，并将目标放在后轮上，而在埃德面前的大屏幕上清晰地显示出整辆汽车的动力输出工况。由于埃德不断在电话中刺激着里根，里根拼命踩着油门，在隧道中飙出了生死时速。就在制动系统亮起红灯、不断报警"失控"时，埃德按下了键盘上的回车键。

后果可想而知，一辆后驱的车子在高速紧急制动后必然会发生侧滑，里根驾驶着那辆失控的玛莎拉蒂撞向了隧道 BRAKE SYSTEM : OVER-RIDE 中的作业工程车，车窗玻璃骤碎，在数次撞上障碍物后才最终靠墙停住。

因此，被黑客控制的汽车堪比砧板上的鱼肉，似乎只能任其肆意戏弄和宰割。尽管电影作为艺术创作总有夸大的部分，但现实中发生的案例已经让大家无法再忽视网络安全的重要性了。

智能家具用着酷炫，但如果被"黑"，后果将不堪设想。在电影《绝对控制》中，里根有一座"智能"无处不在的豪宅。内嵌在墙中的控制面板几乎掌管着家中所有电器、设施的正常运行，黑客埃德正是通过后门程序入侵系统，搅得里根家中鸡犬不宁。

物联网时代强调信息安全。毫无疑问，我们的生活现在已经被各种智能设备所包围。无论是亚马逊的蓝牙音箱 Amazon Echo、三星的智能电视、智能管家 Wink Relay，还是内置于 iPhone 的 Siri 语言助手，只需轻轻发送一条语言指令，它们就能按用户的想法去工作。联网智能设备越多，我们的生活被黑客劫持的危险就越大。现实情况是，许多物联网设备缺乏最基础的安全保护，它们可以被黑客远程操控，甚至被用来窃听用户在卧室里的谈话。

另一个值得人们警醒的问题是，黑客需要先侵入受害者的家庭网络，查看受害者的个人消费记录或是网银的账号密码。所以电影中里根在之后对付埃德时，采取了让自己和家人从互联网中"消失"的方式，尽可能地将所有留在网络中的信息删除掉，防止埃德借此进行更大范围的破坏。

4.2　物联网的"前世今生"

从有语言开始，人类一直没有停止对自由交流的追求，从书信到电话，再到互联网……现如今，人们又开始把目光投向身边的各种物体，设想如何与它们交流。这就是广受关注的物联网的由来。

物联网(见图 4-1)的英文说法其实更清楚，"The Internet of Things"直译过来就是"物体的互联网"。它的小目标是实现人与物体的自由交流，终极目标是让每个物体通过传感系统接入网络，让人们在享受"随时随地"两个维度的自由交流外，再加上一个"随物"的第三维度自由。物联网的思想起源于哪里?这个科幻般的远景会给人们的生活带来什么便利? 它能够最终实现吗?

图 4-1　物联网(The Internet of Things)

4.2.1　咖啡壶事件

　　全球公认的物联网起源，要追溯到 1991 年英国剑桥大学的咖啡壶事件。小小的咖啡壶竟然能吸引上百万人的关注，这可能吗？一切皆有可能。实现这一壮举的就是这把名为"特洛伊"的咖啡壶。

　　剑桥大学特洛伊计算机实验室的科学家们在工作时，需要步行两层楼梯到地面看咖啡煮好了没有，但常常空手而归，多少会对工作时间和情绪产生影响，并让他们觉得很累，很苦恼。为了解决这一麻烦，他们编写了一套程序，并在咖啡壶旁边安装了一个便携式摄像机，镜头对准咖啡壶，利用计算机图像捕捉技术，以 180 f/s 的速率传输到实验室的计算机上，以方便科学家们随时查看咖啡是否煮好，省了上下楼的麻烦，如图 4-2 所示。这样，大家就可以随时了解咖啡煮沸的情况，咖啡加满、煮沸之后再下去取而不必浪费时间。

图 4-2　特洛伊咖啡壶

1993 年，这套简单的本地"咖啡观测"系统又经过实验室其他同事的更新，以 1 f/s 的速率通过实验室网站连接到了互联网上。没想到的是，仅仅为了窥探"咖啡煮好了没有"，全世界互联网用户蜂拥而至，近 240 万人点击过这家名噪一时的"咖啡壶"网站。可以毫不夸张地说，网络数字摄像机的市场开发、技术应用以及日后的种种扩展功能，都是源于这个世界上最负盛名的"特洛伊咖啡壶"。此外，还有数以万计的电子邮件涌入剑桥大学旅游办公室，希望能有机会亲眼看看这只神奇的咖啡壶。

　　至于是谁最先想到这个发明的，剑桥大学的科学家们显然不愿意归功于个人。高登是 1991 年参与建立这个系统的成员之一，他说："没有人确定到底是谁的主意。我们一致认为这是个好想法，于是就把它编到我们的内部系统中去了。"

　　就在"咖啡壶"网站吸引全世界越来越多的关注时，它却已经走到了生命的终点。剑桥大学计算机实验室宣布，由于实验室需要搬到位于剑桥郊区的新办公大楼，因而这一直播网站将关闭。对此，高登解释说："整个系统已经过时，硬件也已经老化。我们不能把这些陈旧的设备带到新的办公大楼中。"

　　颇具戏剧色彩的情节是，这个被全世界偷窥的咖啡壶因为网络而闻名，最后还是通过网络找到了归宿。2001 年 8 月，特洛伊咖啡壶在 eBay 拍卖网以 7300 美元的价格售出。一项不经意的发明居然在全世界引起了巨大轰动。"特洛伊咖啡壶"是全世界物联网最早获得应用的一个雏形。

　　关于物联网的起源，还有另一种说法。1990 年，在美国卡内基·梅隆大学 (Carnegie Mellon University，CMU)的校园里，生活着一群兢兢业业的"码农"。他们每次敲完代码后都习惯到楼下的可乐贩卖机上购买一罐冰镇可乐来犒劳自己，但大多数时候只能盯着空空的可乐贩卖机败兴而归，这令他们十分苦恼。于是，他们就将楼下的可乐贩卖机连接入网，写了段代码去监视可乐机还有多少可乐，而且还能察看可乐是不是冰的，如图 4-3 所示。

图 4-3　可乐贩卖机

"咖啡壶事件"是大家公认的物联网起源，但"可乐机事件"则相对缺少考证，比较可信的是卡内基·梅隆大学计算机学院网站上以第一人称撰写的《互联网上"唯一"的可乐机》(The "Only" Coke Machine on the Internet)。

4.2.2　比尔·盖茨与《未来之路》

　　无论你爱他、恨他，你都无法漠视他——这就是比尔·盖茨，有人说他对于软件的贡献就像爱迪生之于灯泡。1995 年，这位微软帝国的缔造者曾撰写过一本在当时轰动全球的书——《未来之路》(The Road Ahead)，中文版于 1996 年由北京大学出版社出版。

　　在本书中，比尔·盖茨提到了"物物相连"的构想，但迫于当时无线网络、硬件及传感设备的局限，这一构想无法真正落地。为了确认盖茨是否首次明确提出物联网的概念，笔者将 1995 年英文原版、1996 年英文修订版翻了个底朝天，也未发现物联网(Internet of Things)的字眼儿，笔者可能看了假的《未来之路》。因此，可以断定的是，物联网在本书中只是作为一种模糊意识或想法出现，并未作为概念正式提出来。

　　关于物物相连，盖茨脑洞大开，对于未来作了种种预测，许多梦想已经照进现实。《未来之路》中写道："你能把所有信息和更多软件存入一种信息装置中，我们姑且称之为袖珍个人计算机。它与钱包样大小，你可把它放进口袋或手提袋中。它不仅可以显示信息和时刻表，而且能让你阅读/发送电子邮件、记录天气和股票评论，还可以玩简单或者复杂的游戏。开会时你可以用它做笔记，预定一场美丽的约会，查看一下朋友的信息。"

　　这不正是我们须臾不可离身的智能手机吗？虽然盖茨描述的袖珍个人计算机与智能手机并不完全一样，但基本上就是智能手机的雏形。

　　2017 年 9 月 24 日，比尔·盖茨在播出的《福克斯周日新闻》(Fox News Sunday)节目上承认，他刚刚换了新手机，放弃自家研发的 Windows Phone 手机，转而使用安卓手机。可见，预言大师也仅仅只是预言而已，预言和现实之间还是差了一个乔布斯。真让人纳闷：神童+天才+PC 时代的霸主+智能移动终端的预言者盖茨，怎么就做不好手机这个小东西呢？

　　《未来之路》中写道："如果你想欣赏博物馆或美术馆的艺术作品，那么你可以'走'进一种视觉显示画面，在作品之中自由切换，就像你亲自在现场般。你可以用超级链路来了解一幅画或一尊雕像的详细信息，你可以问任何问题，而不必担心被误解为略懂先生。在虚拟美术馆中漫游感受与在参观真正的美术馆会有所不同，但这是种非常有益的近似。正如虽然你并未去剧院或体育馆，但是通过电视观看芭蕾舞或篮球赛一样令人心潮澎湃，那画面太美，我不敢看。"

　　如今，虚拟现实(Virtual Reality，VR)的发展已使得这一预言在逐步实现。随着智能眼镜、虚拟头盔、四维(Four Dimensions，4D)、五维(Five Dimensions，5D)电影及 VR 游戏等产物的出现，人类在 VR 领域的探索愈发成熟，VR、增强现实(Augmented Reality，AR) 混合现实(Mixed Reality，MR)更是让人分不清楚，各种前沿技术的完美结合甚至可以达到"真假难辨"的程度(见图 4-4)。虚拟现实与互联网相结合，是否会出现在"幻想"中过完一生的人？

图 4-4　虚拟现实眼镜

　　《未来之路》中写道："所有这些信息都将易于获取，而且完全是私人定制的。你可以浏览你感兴趣的任何信息，以任何方式获取任何时间产生的各类信息。你可以摆脱电视台的控制，点播任意电视节目；你可以购物、点菜，与业余爱好者联络，或在任何时候随心所欲地发布信息；夜间新闻广播会在你设定的开始时刻播放，且刚好持续到你所需要的时间为止。"苹果 Siri、谷歌助手、桌面百度、微软小娜正在这条路上进化。智能助手，听你所言，知你所想，懂你所看，一句话帮你定制个性生活。

4.2.3　一支口红引发的创新

　　口红对于女性来说非常重要，哪怕她面容憔悴，只要涂上那一抹色彩，整个身心都似乎从内心迸发出活力。口红和物联网，完全不相关的两件东西，却因一个人的脑洞大开，产生了联系。此人便是凯文·艾什顿(Kevin Ashton)。艾什顿萌生物联网的想法，最早是受到一支消失的棕色口红的启发。

　　1968 年，凯文·艾什顿出生在英国伯明翰，他自幼喜好编程和写作。21 岁时，艾什顿考入伦敦大学，并成为一名校报编辑。直至毕业，他都一直对媒体行业痴迷不已，是一个有"腔调"的文艺青年。

　　1995 年，一位在宝洁(P&G)工作的老朋友向艾什顿提供了一份新工作。于是，艾什顿前往伦敦，担任宝洁公司的品牌经理。他到某家特易购(Tesco)巡店，发现一款热卖的棕色口红总是处于售罄的状态，原本以为是销售空，没想到在与宝洁供应链员工进行沟通时得知，其实仓库里存货依旧不少，只是因为仓库和销售点的信息滞后，导致补货不及时。

　　在别人看来，这也许就是个巧合，艾什顿只是碰巧走进了那家卖断货的商店。但艾什顿并不买账，他倒要看看那支口红去哪儿了？究竟那支口红发生了什么？显然，没人能够告诉他答案。

艾什顿立刻向直属主管报告问题所在，主管听完这么回答他："嘿，伙计，我可不是背锅侠，你不但要能发现问题，而且必须学会想办法解决它。"当时，艾什顿感觉受到了强烈的刺激："这给当时还年少轻狂的我上了一课——仅仅指出问题在哪里，只是万里长征走完了第一步，找出方法来解决问题才是终点。"

　　艾什顿开始每周追踪销售报告，每次都会记录前十大缺货的商品，尝试寻找这其中隐藏的某种逻辑，接着他拜托供应链上各部门的人，调出相关资料，最后发现 10 大缺货商品就是 10 大广告商品——广告成功带动销售，导致上架速度跟不上。同时，在 10 家店铺中，至少有 4 家没有在货架上有针对性地摆放正确的产品，存在着补货不及时的问题。因此，问题的症结不在于供应链的效率，而在于信息量不足，无法追踪商品的动态变化。

　　要知道某时刻的货架上有什么产品，唯一方法就是亲自去查看，这是 20 世纪信息技术存在的局限性。在 20 世纪 90 年代，几乎所有输入计算机的数据都来自人类通过键盘的输入，或者来自条形码的扫描。商店员工没有时间一整天都盯着货架，再将他们所看到的情况加工为数据输入计算机，因而每家商店的计算机系统都相当盲目。

　　零售商没有发现宝洁的口红缺货，但顾客却发现了，拿起了另一款口红。在这种情况下，艾什顿的销售业绩可能会受损；另一种情况是，顾客最后连一支口红都不买，这样连零售商的销售业绩都会受到牵连。在这个世界上，口红缺货只不过是一个极微小的问题，但它却是世界上最大问题表现出的症状之一——计算机是没有感官的大脑。

　　20 世纪八九十年代，零售商们普遍采用条形码扫描系统进行库存管理，但条形码不能传递产品的位置信息，无法得知货架上实时的销售状况，以致无法及时补充售罄的商品。"显然，条形码并不完美。"艾什顿表示。他认为，一定能够找出一种可以跟踪商品动态变化的方法。这一想法得到了宝洁高层的认可，高层授意艾什顿继续探索这个点子。

　　与此同时，英国的零售商们开始流行办理会员卡，该卡内置有一种无线通信芯片(电子标签)。一家芯片制造商向艾什顿演示了芯片的工作原理，并语重心长地告诉他，芯片上的数据无需读卡器，即可进行无线传输。

　　有一天，艾什顿开车回家的时候突发奇想，灵光一闪：如果将会员卡中的无线通信芯片内置到口红里，结果会怎样?如果无线网络能够接收到芯片传来的数据，那么就能轻松获取口红的芯片信息，并能告知店铺人员当前货架上存有哪些商品，从而有效解决缺货的问题。

　　当然，新点子也不是凭空捏造出来的。1999 年，麻省理工学院的物理学家尼尔·格尔圣菲尔德(Neil Genshenfeld)出版了一本名为《当物体开始思考》(When Things Start to Think)的专著，讲的是把数据添加到常使用的物体之中。这本书曾让艾什顿茅塞顿开。

　　作为"条形码退休运动"的核心人物，艾什顿终于找到了答案，就是用 RFID 取代现在的商品条形码，使电子标签变成零售商品的绝佳信息发射器，并由此变化出千百种应用与管理方式，来实现供应链管理的透明化和自动化。

艾什顿把一枚小小的无线电芯片放入一支口红，把一副天线安装在货架上，这使得口红包装的数据可以提醒商店管理人员哪些商品已经不在架子上了。这种科技让艾什顿多了双安在货架上的"眼睛"，而如果计算机只会在电子表格中查阅数据，那这一切都不会发生了。艾什顿将其笼统地命名为"存储系统"，它成为艾什顿的第一个发明专利。

　　20 世纪 90 年代，互联网刚刚面向大众。通过连接到互联网并在网上存储数据，该芯片能够节省开支和内存。为了帮助公司主管掌握这种将诸如口红之类的物品(还有尿布、洗衣粉、炸土豆条或任何其他物品)连接到互联网的系统，艾什顿给这种无需经由人类就能让物品相互交流信息的系统起了一个短而不合语法的名字——物联网。

　　1999 年，艾什顿在宝洁公司举办了一次内部讲座，题目就是"物联网"，这是它第一次正式出现在人们的视线中。艾什顿对物联网的定义很简单，把所有物品通过射频识别等信息传感设备与互联网连接起来，实现智能化识别和管理。他在给宝洁高层的简报中指出，物联网的概念是让物品的信息通过无线网络直接进行传输和累积，能够避免人工输入造成的错误，而且实时性更高。艾什顿认为，移动互联技术可以使万物相连，帮助人们更好地作出决策，这引起了人们的广泛关注。

　　宝洁高层很欣赏艾什顿，他们给艾什顿划拨了一笔钱，让他自己找厂商进行测试。当时，宝洁公司是麻省理工学院(MIT)的赞助商，这就促使艾什顿、麻省理工学院以及宝洁公司三方坐到一起，共同探讨这一新点子。在宝洁公司(P&C)和吉列公司(Gillette)的赞助下，艾什顿与美国麻省理工学院的教授桑杰·萨尔玛(Samjay Sarma)、桑尼·萧(Sunny Siu)和研究员戴维·布罗克(David Brock)共同创立了自动识别中心(Auto-ID Center)，将物联网的概念变成了现实，专注于研究RFID 技术以及智能包装系统，并负责将 RFTD 推广给企业，寻求企业赞助。艾什顿本人出任中心的执行主任，中心成立的日期是 1999 年 10 月 1 日，正是条形码问世 25 周年。

　　中心成立的前 6 个月，推广工作没有取得任何实质性进展，每家企业都拒绝了艾什顿，不是认为不需要，就是觉得不可能。艾什顿从被拒绝的悲催经历中观察出其中的决策模式。他发现，假设公司找来 10 人来作决策，可能 5 人会说不知道，3 人认为意见很好，2 人觉得不可能；要让方案通过，关键在于驳倒不可能，而要驳倒不可能，关键在于让他们眼见为实，即现场实际操作。

　　后来，艾什顿在向数以百计的企业家们汇报 RFID 的应用潜力时，除了准备PPT、技术资料、操作视频，同时还准备天线和芯片，现场按照工作原理构建一个用于演示验证的原型系统，向大家普及每种芯片与无线网络进行交流并传输数据的过程。艾什顿说，百闻不如一见，百见不如一干。一旦现场有实物，可以让大家见证奇迹。原本认为不可能的人瞬间变得瞠目结舌，而持赞同意见的则露出得意的笑，因而大多数人支持的事情，企业都愿意试一试。

　　有了第一家吃螃蟹的公司，就会有第二家、第三家公司跟进。两年内，自动识别中心的赞助企业从零扩大到 103 家，赞助金额超过 2000 万美元。麻省理工学院还签订了一个利益丰厚的许可证交易，使其技术更加面向市场。自动识别中心致力于打造一个通用的标准，使商品的包装智能化起来，可以让产品实现与供应商以及零售商进行交流。2001 年，艾什顿终于在宝洁的纸中装上芯片，并将商品输送到最大客户——沃尔玛的库存工厂，与工厂中的无线网络建立连接，商品数据同时进入沃尔玛的库存系统中。

　　"所有创新过程都一样"艾什顿说，"从解决问题开始，也许只是个小问题，但最后我们有可能得出一个大答案。"

　　2003 年，作为自动识别中心的继承者——EPCglobal 成立，旨在促进产品电子代码(Electronic Product Code, EPC)网络在全球范围内更加广泛地应用。2003 年 10 月 31 日，自动识别中心的管理职能正式停止，其研究功能并入自动识别实验室。EPCglobal 与自动识别实验室保持密切合作，以改进 EPC 技术使其满足将来自动识别的需要。

　　2003 年 11 月 1 日，自动识别中心更名为自动识别实验室，主要负责为 EPCglobal 提供技术支持。自动识别实验室是由自动识别中心发展而成的，总部设在美国麻省理工学院，与其他 5 所学术研究处于世界领先的大学通力合作进行研究和开发 EPCglobal 网络及其应用。这 5 所大学分别是英国剑桥大学、澳大利亚阿德莱德大学、日本庆应大学、中国复旦大学和瑞士圣加仑大学。

　　后来，艾什顿离开自动识别中心，成为 RFID 读写供应商 ThingMagic 公司营销副总裁，2007 年加入 EnerNOC 公司，担任营销副总裁，但仍在 ThingMagic 公司的顾问委员会中任职。2009 年 2 月，金融海啸期间，艾什顿与朋友反向操作，合伙独资创办了以 RFID 监测家中用电量的器材公司 Zensi，并担任该公司的 CEO，一年后该公司便被消费电子硬件制造商贝尔金(Belkin)收购，艾什顿摇身一变成为贝尔金某个事业群的总经理。

　　2013 年，艾什顿创造的"物联网"一词，正式收入《牛津在线字典》，其定义为"物联网是指嵌入日常用品中的计算设备通过互联网实现的互联，它支持设备收发数据。"同年，他离开了贝尔金，为其上班生涯画上圆满的句号，离开职场回归到自己的最爱——写作。问及原因，艾什顿哈哈大笑："我痛恨为别人工作，打工是不可能的!"他说自己非常不擅长在企业里面工作，缺乏耐性而且很容易有挫折感。

　　2015 年 9 月，艾什顿出版了一部著作，名为《被误读的创新：关于人类探索、发现与创造的真相》(How to Fly a Horse: The Secret History of Creation, Invention, and Discovery)。该书汇集艾什顿多年的悉心研究和实践，回答了创新究竟是如何发生的，有趣的故事和干货满满，读者可以从中找到创新的正确"打开"方式。《被误读的创新：关于人类探索、发现与创造的真相》获评 2015 年度美国最值得关注的商业图书、2015 年度英国必读商业类图书、800 CEO- READ 网站 2016 "最佳商业图书"。

　　艾什顿提出的概念虽不新颖，但"物联网"这个新名词，他并不是喊喊就算了，他转而寻求与学术界研发 RFID 芯片，并将产品推广给企业，从而使"物联网"概念变得具体并广为人知，因而人们常常将艾什顿尊称为"物联网之父"。

4.3　热概念冷思考

人们常说，"云里云计算，雾里物联网"。自从 2009 年响亮鸣笛以后，物联网 (IoT)像一辆疾驰的列车，无论是地方政府、科研院所、企业，还是行业用户，都争先恐后地登上这辆列车，规划、标准、扶持政策纷至沓来。那么，问题来了：究竟什么是物联网？物联网是如何工作的？它的体系架构是怎样的？关键技术有哪些？

4.3.1　物联网的脸谱

将实体店的摄像头、销售点(Point of Sale，POS)终端机、货架传感器等都作为数据来源，通过处理和分析这些数据，为线下实体零售门店提供顾客流量、行为分析、商品摆放等服务。通过对机器数据进行分析，为机器提供预测性维护；通过传感器监控照明、温度或能源使用情况，将数据通过算法进行实时处理，节约楼宇的能源成本；通过将 RFID 或近场通信(Near Field Communication，NFC)标签贴在产品上，可以知道仓库中该产品的确切位置，并可以对行李或包裹进行分拣和跟踪。这些都是物联网的实际运用场景。那么，物联网的真正内涵是什么？

2015 年 1 月，谷歌董事长埃里克·施密特在瑞士达沃斯参加世界经济论坛时，被问及互联网的未来，施密特预测："我可以很干脆地说，互联网将消失。未来将有如此多的 IP 地址……如此多的设备、传感器、可穿戴设备以及你能与之互动却感觉不到的东西，它们将成为你生活中不可或缺的部分。想象一下，当你走入一个房间时，房间会发生动态变化。有了你的允许，你将与房间里的所有东西进行互动。"他还表示，"对于科技公司，这种变化代表着巨大的机遇"。他说，"一个高度个性化、互动化和非常有趣的世界正在浮现出来"。此话若出自绝大多数人之口，一定被视为疯子，但出自施密特之口，则十分可信。

通俗地说，施密特认为，物联网将取而代之并成为人类生活的重要组成部分。

从 2009 年的下半年开始，物联网这一新名词横空出世，随即刮起了一股新的炒作风暴。著名调查机构说它是信息技术的第三次浪潮，将成为下一个万亿级通信产业；福雷斯特公司(Forrester)预测物联网所带来的产业价值要比互联网高 30 倍；领军企业说它将会彻底改变现今企业的经营方式。

物联网这一概念从产生到现在，也不过一二十年的时间，美国、中国、日本、韩国和欧盟都在积极开展相关的研究和探索，科研院所，领军企业、IT 专家、设备供应商甚至 IT 媒体一人一个定义，一家一种解释，如同"一千个读者心中有一千个哈姆雷特"。原因有二：一是物联网技术研究与产业发展仍在起步阶段，物联网体系结构不够明晰，理论体系没有建立，需要在不断的研究与应用过程中深化认识；二是物联网涉及计算机、通信、电子、自动化等多个学科，涵盖的内容极为丰富，不同学科的研究人员从不同角度提出的物联网定义都有其合理的一面，但要达成共识存在一定难度。这正反映了技术在快速发展，人们对新技术的认识在逐步深入。

近年来，技术和应用的发展促使物联网的内涵和外延有了很大的拓展，物联网已经表现为信息技术(IT)和通信技术(Communication Technology，CT)的发展融合，是信息社会的发展趋势。

国家标准 GBT 3745—2017《物联网术语》对物联网的定义为："通过感知设备，按照约定协议，连接物、人、系统和信息资源，实现对物理和虚拟世界的信息进行处理并作出反应的智能服务系统。"

感知设备是能够获取对象信息并提供接入网络能力的设备，如二维码标签和识读器、电子标签和读写器、摄像头、全球定位系统(Global Positioning System，GPS)、传感器、M2M 终端、传感器网关等。

物联网协议是双方实体完成通信或服务所必须遵循的规则和约定，主要包括 RFID、红外、ZigBee、蓝牙、通用分组无线服务(General Packet Radio Service，GPRS)、3G、4G、5G、Wi-Fi、NB-IoT、EC-CSM、eMTC、LoRa、SigFox 传输协议和消息队列遥测传输(Message Queuing Telemetry Transport，MQTT)、数据分发服务(Data Distribution Service，DDS)、高级消息队列协议(Advanced Message Queuing Protocol，AMQP)、可扩展消息处理现场协议(Extensible Messaging and Presence Protocol，EMPP)、Java 消息服务(Java Message Service，JMS)、表述性状态传递(Representational State Transfer，REST)、受限应用协议(Contained Application Protocol，CoAP)等通信协议。

物联网中的"物"即物理实体，是能够被物联网感知但不依赖物联网感知而存在的实体。这里的"物"要满足一定条件才能够被纳入"物联网"的范围：要有相应的数据收发器，要有数据传输信道，要有一定的存储功能，要有中央处理器(Central Processing Unit，CPU)，要有操作系统，要有专门的应用程序，遵循物联网的通信协议，在世界网络中有可被识别的唯一标识。

信息资源是人类社会信息活动中积累起来的、以信息为核心的各类信息活动要素(信息技术、设备、设施、信息生产者等)的集合。

智能服务是能够自动识别用户的显性和隐性需求，并主动、高效、安全绿色地满足其需求的服务。它实现的是一种按需和主动的智能，即捕捉用户的原始信息，通过后台积累的数据，构建需求结构模型，进行数据挖掘和商业智能分析，除了可以分析用户的习惯、喜好等显性需求外，还可以进一步挖掘与时空、身份、工作生活状态关联的隐性需求，主动给用户提供精准、高效的服务。这里需要的不仅仅是传递和反馈数据，还需要系统进行多维度、多层次的感知和主动、深入的识别。

通俗地说，通过安装在物体上的传感器、电子标签和 CPS 等设备，网络将赋予物体智能，既可以实现人与物体间的沟通和对话，也可以实现物体与物体间的沟通和对话。例如：在电视上安装传感器，可以用手机通过网络控制电视的使用；在空调、电灯上安装传感器，电脑可以精确地调控、开关，实现有效节能；在窗户上安装传感器，人们就可以坐在办公室里通过电脑打开家里的窗户透气。再看远一点，物联网还可以控制物流运输、移动 POS 机等应用，而结合云计算，物联网将可以有更多元的应用。

物联网就是"物物相连的互联网"，其目标是让万物开口说话。这里包含两层意思：一是物联网的核心和基础仍然是互联网，是在互联网基础上的延伸和扩展的网络；二是其用户端延伸和扩展到了任何物体与物体之间，进行信息交换和通信。通信网络连接的是人与人，是网络中的"客流系统"；物联网连接的是物与物，是网络中的"物流系统"。物联网给人的印象是相当宽泛，似乎无所不包、无所不能。

物联网也是一种泛在网络，其原意是用互联网将世界上的物体都连接在一起，使世界万物都可以主动上网。它将射频识别设备、传感设备、定位系统或其他获取方式等各种创新的传感科技嵌入世界的各种物体、设施和环境中。把信息处理能力和智能技术通过互联网注入世界的每一个物体中，使物理世界数据化并赋予其生命。

世界上的万事万物，小到手表、钥匙，大到汽车、楼房，只要嵌入一个微型感应芯片，把它变得智能化，这个物体就具有"智慧"，会"说话"，会"思考"，会"行动"，再借助无线网络技术，人们就可以和物体"对话"，物体和物体之间也能"交流"。如果物联网再搭上互联网这个桥梁，在世界任何一个地方我们都可以即时获取万事万物的信息。可以这么说，物联网加上互联网等于智慧的地球。

物联网把我们的生活拟人化了，万物成为了人的同类。物联网利用传感器、RFID 和条码等技术，通过计算机互联网实现物体(商品)的自动识别和信息的互联与共享。可以说，物联网描绘的是充满智能的世界。在物联网时代中，每个物理实体都可以实现寻址，每一个物理实体都可以进行通信，每一个物理实体都可以进行控制，可以实现物物相连，感知世界的目标。

物联网彻底改变了我们对世界的传统认识。传统思路认为，机场、公路、建筑物等物理基础设施和数据中心、计算机、宽带网络等 IT 基础设施是两个完全不同的世界；而在物联网时代，钢筋混凝土、电缆等物理基础设施将与芯片、电脑、宽带网络等 IT 基础设施整合为统一融合的基础设施。从这个意义上来讲，基础设施更像是一块新的地球工地，世界的运转在其上面进行，包括经济管理、生产运行、社会管理乃至个人生活。

互联网是以人为本，是人在操作互联网的运作，信息的制造、传递，实现的是信息共享；而物联网不同，物联网需要以物为核心，让物来完成信息的制造、传递、编辑，实现的是信息获取和信息感知。在物联网中，人只能是配角而不是主角，大到房子、汽车，小到牙刷、纸巾，都是物联网的参与者，规模之大，情况之复杂，一般人是难以想象的。所以，物联网实现起来，会比互联网困难许多，二者难以相提并论，毕竟物体没有人这样缜密细致的思考能力。

物联网与互联网最大的差别就是：如果说互联网让全世界变成了一个村，那么物联网让这个村变成了一个人，这个人充满着智慧；互联网连接虚拟信息空间，而物联网连接现实物理世界；如果说互联网是人的大脑，那么物联网就是人的四肢。其实，物联网实际上只是多了一个底层的数据采集环节，包括电子标签显示身份、传感器捕捉状态、摄像头记录图像和 GPS 进行跟踪定位，如图 4-5 所示。

图 4-5 四类底层数据的采集

互联网企业、传统行业的企业、设备商、电信运营商全面布局物联网，产业生态初具雏形；连接技术不断突破，NB-IoT、eMTC、LoRa 等低功耗广域网全球商用化进程不断加速；物联网平台迅速增长，服务支撑能力迅速提升；区块链、边缘计算、人工智能等新技术不断注入物联网，为物联网带来新的创新活力。受技术和产业成熟度的综合驱动，物联网呈现"边缘的智能化、连接的泛在化、服务的平台化、数据的延伸化"的新特征。

(1) 边缘的智能化。

各类终端持续向智能化的方向发展，操作系统等促进终端软硬件不断解耦合，不同类型的终端设备协作能力加强。边缘计算的兴起更是将智能服务下沉至边缘，满足了行业物联网实时业务、敏捷连接、数据优化等关键需求，为终端设备之间的协作提供了重要支撑。

(2) 连接的泛在化。

局域网、低功耗广域网、第五代移动通信网络等陆续商用为物联网提供泛在的连接能力，物联网网络基础设施迅速完善，互联效率不断提升，助力开拓新的智慧城市物联网应用场景。

(3) 服务的平台化。

物联网平台成为解决物联网碎片化、提升规模化的重要基础。通用水平化和垂直专业化平台互相渗透，平台开放性不断提升，人工智能技术不断融合，基于平台的智能化服务水平持续提升。

(4) 数据的延伸化。

先联网后增值的发展模式进一步清晰，新技术赋能物联网，不断推进横向跨行业、跨环节"数据流动"和纵向平台、边缘"数据使能"创新，应用新模式、新业态不断显现。

4.3.2　物联网是如何工作的

物联网是在计算机互联网的基础上，利用传感器、RFID、条形码等技术，构造一个涵盖世界上万事万物的巨型网络。在这个网络中，物体(商品)能够彼此地进行"自由交流"，而无需人的干预。其实质是利用感知层、网络层和应用层关键技术，通过计算机互联网实现物体(商品)的自动识别和信息的互联与共享。

物联网中非常重要的技术是传感器、RFID、条形码等技术。RFID 和传感器技术，正是能够让物体"开口说话"的一种技术。RFID 系统是最简单、最朴素、最原始的传感网，RFID 信息联盟将它作为无线传感网的一部分。在物联网的构想中，电子标签中存储着规范而具有互用性的信息，通过无线数据通信网络把它们自动采集到中央信息系统，实现物体(商品)的识别，进而通过开放性的计算机网络实现信息交换和共享，实现对物体的"透明"管理。

物联网概念的问世，打破了之前的传统思维。过去的思路一直是将物理基础设施和 IT 基础设施分开：一方面是机场、公路、建筑物，而另一方面是数据中心、个人电脑、宽带等。在物联网时代，钢筋、混凝土、电缆将与芯片、宽带整合为统一的基础设施，在此意义上，基础设施更像是一块新的地球工地，世界的运转就在它上面进行，其中包括经济管理、生产运行、社会管理乃至个人生活。

毫无疑问，如果物联网时代全面来临，人们的日常生活将会发生翻天覆地的变化。它把新一代 IT 技术充分运用在各行各业之中。具体来说，就是把感应器嵌入和安装到电网、铁路、桥梁、隧道、公路、建筑、供水系统、大坝、油气管道等各种物体中，然后将"物联网"与现有的互联网整合起来，实现人类社会与物理系统的整合。在这个整合的网络当中，存在能力超级强大的中心计算机群，能够对整合网络内的人员、机器、设备和基础设施进行实时的管理和控制，在此基础上，人类可以以更加精细和动态的方式管理生产和生活，达到"智慧"状态，提高资源利用率和生产力水平，改善人与自然的关系。

物联网在实际应用上的开展需要各行各业的参与，并且需要国家政府的主导以及相关法规政策上的扶持，物联网的开展具有规模性、广泛参与性、管理性、技术性、物的属性等特征。其中，技术上的问题是物联网最为关键的问题。物联网技术是一项综合性的技术，是一项系统，目前国内还没有哪家公司可以全面负责物联网整个系统的规划和建设，理论上的研究已经在各行各业展开，而实际应用还仅局限于行业内部。关于物联网的规划和设计以及研发关键在于 RFID、传感器、嵌入式软件以及传输数据计算等领域的研究。

一般来讲，物联网的基本工作原理是：首先，对物体属性进行标识，属性包括静态和动态的属性，静态属性可以直接存储在标签中，动态属性需要先由传感器实时进行探测。其次，需要识别设备完成对物体属性的读取，并将信息转换为适合网络传输的数据格式。最后，将物体的信息通过网络传输到信息处理中心，由信息处理中心完成物体通信的相关计算。处理中心可以是分布式的，如家里的电脑或者手机，也可以是集中式的，如电信运营商的互联网数据中心(IDC)。

　　物联网的发展需要经历四个阶段：第一阶段是电子标签和传感器被广泛应用在物流、销售和制药领域；第二阶段是实现物体互联；第三阶段是物体进入半智能化；第四阶段是物体进入全智能化。在规模性、流动性条件的保障下实现任何时间、任何地点、任何人和任何物(Anytime Anywhere Anyone Anything，4A)的通信。

4.4　物联网的体系架构

　　根据技术框架，物联网通常可分为三层：感知层、网络层和应用层。感知层相当于人体的皮肤和五官，网络层相当于人体的神经中枢和大脑，应用层相当于人的社会分工。感知层包括条码和扫描器、RFID 标签和读写器、摄像头、GPS、传感器、传感器网络等，其中条码和 RFID 标签显示身份，传感器捕捉状态，摄像头记录图像，GPS 进行跟踪定位，最终实现识别物体、采集信息的目标。物联网的三层体系架构如图 4-6 所示。

应用层：绿色农业　工业监控　公共安全　城市管理　智能家居　远程医疗

网络层：2G 网络　物联网管理中心(编码、认证、鉴权、计费)　3G 网络　物联网信息中心(信息库、计算能力集)　4G 网络

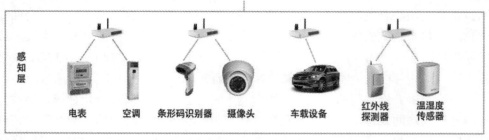

感知层：电表　空调　条形码识别器　摄像头　车载设备　红外线探测器　温湿度传感器

图 4-6　物联网的三层体系架构

4.4.1 感知层：物联网的皮肤和五官

感知层是物联网的核心，是物联网全面感知的基础，实现信息采集的关键部分。感知层位于物联网结构中的最底层，以条形码、RFID、传感器等为主，利用传感器收集设备信息，利用 RFID 技术在一定范围内实现发射和识别。感知层主要是通过传感器识别物体，从而采集数据信息。

比如，工业过程的控制、汽车应用方面的传感器。汽车方面：汽车能够显示汽油还有多少，这就需要能够检测到汽油液面高度的传感器；汽车停止的时候，如果有谁触碰到它就会发出警报，这就需要能够感应振动的传感器。医疗卫生以及食品监测方面：要检测某种食品含有的危害物质浓度有多大，是否超标，需要浓度传感器来检测。还有就是智能电子产品以及家电产品这方面的应用，例如我们用的能够检测姿态的游戏手柄，其里面就有一个小型的电子陀螺仪。

1. 条形码：物联网的第一代身份证

现如今，有一样东西与我们的生活越来越密不可分，甚至我们每天都要用到它好几次，利用率连牙刷和毛巾都望尘莫及——它就是条形码。它现在已经成为人们日常工作和现实生活中随处可见的符号。例如，在商品外包装上，都印有一组黑白相间的条纹，这就是商品的第一代"身份证"——条形码。它是一种通行于国际市场的"共同语言"，是商品进入国际市场和超市的"通行证"，是全球统一标识系统和通用商业语言中最主要的标识之一。

2. 电子标签：物联网的第二代身份证

随着射频识别(RFID)的发展和普及，贴有电子标签的商品随处可见。射频识别技术是从 20 世纪 80 年代开始走向成熟的一项自动识别技术。RFID 射频识别俗称电子标签。RFID 是一种非接触式的自动识别技术，它通过射频信号自动识别目标对象并获取相关数据，识别工作无需人工干预，可工作于多种恶劣环境。RFID 技术可识别高速运动物体上的标签，可同时识别多个标签，操作快捷方便。

RFID 技术是指利用无线电波对记录媒体进行读写的一种自动识别技术。无线射频识别的距离可从几厘米到几十米，且根据读写方式的不同，可以输入多至数千字节的信息，其中包括标签(Tag)、读写器(Reader)和天线(Antenna)，三部分协同工作，完成 RFID 的识别。读写器和天线可集成一体，以节省成本和减小体积。

根据标签是否有源，RFID 系统可分为有源系统和无源系统。有源 RFID 系统识别距离较远，但标签需要电池供电，标签体积较大，寿命有限，而且成本高，限制了其应用范围。无源 RFID 系统中的标签无需电池供电，标签体积非常小，可以按照用户的要求进行个性化封装，而且标签的理论寿命无限，价格低廉，但其识别距离比有源 RFID 系统短。

如今，贴有电子标签的商品随处可见，充斥于社会生活的每一个角落。窄带物联网(NB-IoT)和5G(第五代移动通信)进一步推动了基于RFID的物联网发展,让人们产生无限的遐想,RFID在此成为全球的技术热点。

与我们居民身份证一样,商品的身份证也在"升级"。作为物联网的第二代身份证——电子标签将伴随商品从仓库到商店再到购买者,甚至一直到变成垃圾的整个生命过程。同时,顾客还可以通过这种智能标签直接了解他们所需的商品,并立刻得到带有标签的商品的有关信息。

RFID技术和其他识别技术相比,具有无需接触、自动化程度高、耐用可靠、识别速度快、适应多种工作环境、可实现高速识别和多标签同时识别等特点,在物流和供应链管理、门禁安防系统、道路自动收费、航空行李处理、文档追踪图书馆管理、电子支付、生产制造和装配、物品监视、汽车监控以及动物身份标识等领域都有着广泛的应用前景。

埃森哲实验室首席科学家弗格森认为,与条形码相比,RFID用于物品识别时具有很多优势:① 可以识别单个非常具体的物体,而不是像条形码那样只能识别一类物体;② 可以采用无线电透过外部材料读取数据,而条形码必须靠激光扫描在可视范围内读取信息;③ 可以同时对多个物体进行识读,而条形码每次只能读取一个;④ 存储的信息量非常大。

3. 传感器:物联网的神经元

物联网需要对物体具有全面感知的能力,对信息具有互联互通的能力,并对系统具有智慧运行的能力,从而形成一个连接人与物体的信息网络。传感器技术、通信技术和计算机技术并称为信息技术的三大支柱,它们构成了信息系统的"感官""神经"和"大脑",分别用于完成信息的采集、传输和处理。传感器是物联网的感觉器官,可以感知、探测、采集和获取目标对象各种形态的信息,是物联网全面感知的主要部件,是信息技术的源头,也是现代信息社会赖以生存和发展的技术基础。

随着现代传感器技术的发展,信息的获取权从单一化逐渐向集成化、智能化和网络化方向发展,众多传感器相互协作组成网络,又推动了无线传感器网络的发展。传感器的网络化将帮助物联网实现信息感知能力的全面提升,传感器本身也将成为实现物联网的基石。

红外感应技术也称为红外探测技术,是物联网应用中的基本技术(其中还包括RFID和GPS定位技术等)之一。红外感应技术利用目标与背景之间的红外辐射差异所形成的热点或图像来获取目标和背景信息。红外接收光学系统由光学系统和探测器、信息处理器、扫描与伺服控制器、显示装置、信息输出接口、中心计算机等一系列器件组成。其中,红外接收光学系统的作用就是把目标上或目标区域内的红外辐射聚焦在探测器上,其结构类似于通常的接收光学系统,但由于工作在红外波段,其光学材料和镀膜必须与其工作波长相适应。红外感应器将目标和背景的红外辐射转换成电信号,经过非均匀性修正和放大后以视频形式输出至信息处理器。例如,人体红外感应器的感应范围如图4-7所示。

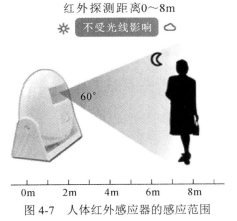

图 4-7　人体红外感应器的感应范围

信息处理器由硬件和软件组成，对视频进行快速处理后获得目标，然后通过数据接口输出。显示装置可以实时显示视频信号和状态信息。中心计算机的作用是对整个系统提供时序状态、接口以及对内和对外指令等控制。扫描与伺服控制器用于控制光学扫描镜或伺服平台的工作，并把光学扫描镜或伺服平台的角度位置信息反馈给中心计算机。

红外感应技术的主要优点在于符合隐蔽性的要求，即被动探测、不辐射电磁波，且因工作波长较微波雷达短 3、4 个数量级，因此可以形成具有高度细节的目标图像，而且目标分辨率也较高。

遥感(Remote Sensing)技术是 20 世纪 60 年代兴起的一种探测技术，是根据电磁波理论，应用各种传感仪器对远距离目标所辐射和反射的电磁波信息进行收集、处理，并最后成像，从而对地面各种景物进行探测和识别的一种综合技术。

任何物体都具有光谱特性，具体来说，它们都具有不同的吸收、反射、辐射光谱的性能。不仅在同一光谱区各种物体反映的情况不同，而且同一物体对不同光谱的反映也有明显差别。即使是同一物体，在不同的时间和地点，由于太阳光照射角度不同，它们反射和吸收的光谱也各不相同。遥感技术就是根据这些原理，对物体的属性作出判断。

遥感技术通常使用绿光、红光和红外光三种光谱波段进行探测。绿光段一般用于探测地下水、岩石和土壤的特性；红光段一般用于探测植物的生长和变化及水污染等；红外段一般用于探测土地、矿产及资源。此外，还有微波段，用于探测气象云层及海底鱼群的游动。

遥感是一门对地观测的综合性技术，它的实现既需要一整套的技术装备，又需要多种学科的参与和配合，因此实施遥感是一项复杂的系统工程。遥感系统由遥感器、遥感平台、信息传输设备、接收装置以及图像处理设备等组成。遥感器装在遥感平台上，是遥感系统的重要设备，它可以是照相机、多光谱扫描仪、微波辐射计或合成孔径雷达等。信息传输设备是用于在飞行器和地面之间传递信息的工具。图像处理设备对地面接收到的遥感图像信息进行处理(几何校正、滤波等)以获取反映地物性质和状态的信息。图像处理设备可分为模拟图像处理设备和数字图像处理设备两类，现代常用的是后一类。判读和成图设备是把经过处理的图像信息提供给判释人员直接判释，或进一步用光学仪器/计算机进行分析，找出特征，与典型地物特征进行比较，以识别目标。地面目标特征测试设备用于测试典型地物的波谱特征，为判断目标提供依据。

4.4.2　网络层：物联网的神经中枢和大脑

网络层是物联网架构的中间环节，是基于现有的通信网络和互联网基础上建立起来的，是架设在感知层与应用层之间的桥梁，主要负责信息接入、传输与承载，例如对传感器采集的信息进行安全无误的传输，并将收集到的信息传输给应用层。同时，网络层"云计算"技术的应用确保建立实用、适用、可靠和高效的信息化系统和智能化信息共享平台，实现对各种信息的共享和优化管理。网络层的主要核心技术包括 WSN、4G/5G、低速近距离无线通信、ZigBee、IP 承载技术以及 M2M 技术等。

通信网络是实现"物联网"必不可少的基础设施，安置在动物、植物、机器和物品上的电子介质产生的数字信号可随时随地通过无处不在的通信网络传送出去。只有实现各种传感网络的互联、广域的数据交互和多方共享，以及规模性的应用，才能真正建立一个有效的物联网。

1. 互联网——IPv6 技术

随着物联网的兴起，百亿量级的智慧设备需要运行，互联网协议第四版(Internet Protocol version 4，IPv4)地址资源心有余而力不足，正面临日益枯竭的窘态，基于 IPv6 的下一代互联网部署正在驶入"快车道"。

对于物联网而言，无论是采用自组织方式，还是采用现有的公众网进行连接，节点之间通信必然涉及寻址问题。为了满足 IP 地址需求量的空前提升，物联网协议必须尽快过渡到 IPv6。

IP 承载技术伴随互联网的普及而迅速发展，并从服务质量(QoS)机制、安全性、可靠性等方面逐渐达到了电信级网络应用的要求。IP 承载网是由各运营商以 IP 技术构建的一张专网，用于承载对传输质量要求较高的业务(如软交换、视讯、重点客户 VPN 等)，一般采用双平面、双星双归属的高可靠性设计，精心设计各种情况下的流量切换模型，采用 MPLS-TE(多协议标签交换-流量工程)、FRR(快速重路由)、BFD(双向转发检测)等技术快速检测网络断点，缩短故障设备/链路倒换时间。在实际网络中，部署二层/三层 QoS，保障所承载业务的质量，使网络既具备低成本、扩展性好、承载业务灵活等特点，同时具备传输系统的高可靠性和安全性。

IPv6 是 lnternet 工程任务组(IETF)用于替代现行版本 IPv4 的下一代 IP 协议，共为 128 位，可以解决 IPv4 地址不足的问题。现有的互联网是在 IPv4 协议的基础上运行的，当 IPv4 定义的有限地址空间将被耗尽时，必将影响互联网的进一步发展。为了扩大地址空间，可通过 IPv6 重新定义。IPv6 严格按照地址的位数进行划分。在 128 位的地址中，前 64 位为地址前缀，表示该地址所属的子网络用于路由；后 64 位为接口地址，用于子网络中标识节点。图 4-8 为 IPv4 向 IPv6 过渡网络的结构示意图。

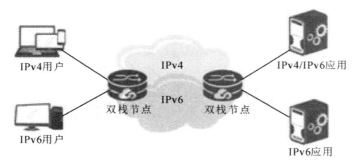

图 4-8　IPv4 向 IPv6 过渡网络结构示意图

在物联网应用中可以使用 IPv6 地址中的接口地址来标识节点，在同一子网络下，可以标识 264 个节点，该标识空间约有 185 亿个地址空间，完全可以满足节点标识的需要。

对于海量的地址分配问题，IPv6 采用了无状态地址分配的高效率解决方案，其基本思想是网络侧不管理地址的状态，如地址联系、有效期等，且不参与地址分配过程。节点设备连接到网络后，将自动选择接口地址(即 64 位)，加上 FE80 的前缀，作为本地链路地址，该地址只在节点与邻居之间的通信中有效，路由器设备将不路由，以该地址为源地址的数据包。在生成本地链路地址后，节点将进行 DAD(地址冲突检测)，检测该接口地址是否已有邻居节点使用。若节点发现地址冲突，则无状态地址分配过程终止，节点将等待手工配置 IPv6 地址。若在检测定时器超时后仍没有发现地址冲突，则节点认为该接口地址可以使用，此时终端将发送路由器前缀通告请求，寻找网络中的路由设备。当网络中配置的路由设备接收到该请求时，发送地址前缀通告响应，将节点应该配置的 IPv6 地址的 64 位地址前缀通告给网络节点，网络节点将地址前缀与接口地址组合后构成节点自身的全球 Pv6 地址。采用无状态地址分配之后，网络则不再需要保存节点的地址状态和维护地址的更新周期。这大大简化了地址分配的过程，网络可以以很低的资源消耗来达到海量地址分配的目的。

2. 移动通信网——4G/5G 技术

1G 的意义在于将人们从固定电话带入移动通信时代；2G 的意义在于将所有用户视为漫游用户，并将其从模拟移动通信带入数字移动通信时代，推动了移动通信的大范围普及；3G 的意义在于带动了数据通信的蓬勃发展，塑造了移动互联网产业；4G 的意义在于将承载数据业务的无线宽带作为通信基础设施，标志着数据业务接替语音业务成为主流；5G 的意义在于除了满足人类移动通信需求之外，开始大力发展面向物体的通信解决方案，构建物联网的基础设施；6G 的意义在于有望实现陆地通信、水下通信、卫星通信与平流层通信等技术的融合。

2016 年日 1 月，在乌镇举办的第二届世界互联网大会上，美国高通公司带来的可以实现"万物互联"的 5G (第 5 代移动通信系统)技术原型入选 15 项"黑科技"世界互联网领先成果，高通 5G 向千兆移动网络和人工智能迈进。由于物联网尤其是互联网汽车等产业的快速发展，对网络速度有着更高的需求，这无疑成为推动 5G 网络发展的重要因素。因此，全球各地均在大力推进 5G 网络，以迎接下一波科技浪潮。

5G 是 4G 之后的下一代移动通信网络标准，其上网速度将比 4G 高出 100 多倍，运营商的服务能力也将极大增强，5G 网络将会对家庭现有的宽带连接形成有益的补充。5G 是新一代移动通信技术发展的主要方向，是未来新一代信息基础设施的重要组成部分。与 4G 相比，5G 是它的延伸，不仅将进一步提升用户的网络体验，同时还将满足未来万物互联的应用需求。目前，中国(华为)、韩国(三星电子)、日本、欧盟都在投入相当大的资源研发 5G 网络。2017 年 2 月 9 日，国际通信标准组织 3GPP 宣布了"5G"的官方 Logo。2017 年 12 月 21 日，在国际电信标准组织 3GPP RAN 第 78 次全体会议上，5G NR 首发版本正式冻结并发布。2017 年 10 月，诺基亚与加拿大运营商 Bell Canada 合作，完成加拿大首次 5G 网络技术的测试。测试中使用了 73 GHz 范围内的频谱，数据传输速率为加拿大现有 4G 网络的 6 倍。鉴于两者的合作，外界分析加拿大很有可能将在 5 年内启动 5G 网络的全面部署。在全球市场，一些国家的运营商也已经进行前期试验和测试。欧盟的 5G 网络将在 2020—2025 年之间投入运营。2015 年 9 月 7 日，美国移动运营商 Verizon 无线公司宣布，从 2016 年开始试用 5G 网络，2017 年在美国部分城市全面商用。美国多家移动运营商将会争取获得 5G 网络的运营牌照。目前，AT&T、Verizon 等公司已经开始进行 5G 网络的测试。

我国 5G 技术研发试验在 2016—2018 年进行，分为 5G 关键技术试验、5G 技术方案验证和 5G 系统验证三个阶段实施。2017 年 11 月 15 日，工信部发布《关于第五代移动通信系统使用 3300～3600 MHz 和 4800～5000 MHz 频段相关事宜的通知》，确定 5G 中频频谱，能够兼顾系统覆盖和大容量的基本需求。2017 年 11 月下旬工信部发布通知，正式启动 5G 技术研发试验第三阶段工作，于 2018 年年底前实现第三阶段试验基本目标。2019 年 10 月 31 日，三大运营商公布 5G 商用套餐，并于 11 月 1 日正式上线 5G 商用套餐。2020 年 6 月 30 日，在"GSMA Thrive·万物生晖"在线展会的"5G 独立组网部署指南产业发布会"上，中国电信副总经理刘桂清以《中国电信 5G SA 计划》为题，阐述中国电信 5G 独立组网、云网融合、5G 核心价值等发展思路，强调 5G SA 战略是云网融合的最佳实践。9 月 15 日，以"5G 新基建，智领未来"为主题的 5G 创新发展高峰论坛在重庆举行。目前，中国 5G 用户超过 1.1 亿，5G 基站已超过 60 万个，覆盖全国地级以上城市。从用户体验看，5G 具有更高的速率、更宽的带宽，只需几秒即可下载一部高清电影，能够满足消费者对虚拟现实、超高清视频等更高的网络体验需求。

5G 网络正朝着网络多元化、宽带化、综合化、智能化的方向发展。随着各种智能终端的普及，移动数据流量将呈现爆炸式增长，其中 D2D 通信、M2M 通信技术等成为未来 5G 网络提高数据流量的关键技术。

(1) D2D 通信。

在 5G 网络中，网络容量、频谱效率需要进一步提升，更丰富的通信模式以及更好的终端用户体验也是 5G 的演进方向。设备到设备通信(Device-to-Device

Communication，D2D)具有潜在的提升系统性能、增强用户体验、减轻基站压力、提高频谱利用率的前景。因此，D2D 通信是未来 5G 网络中的关键技术之一。

D2D 通信是一种基于蜂窝系统的近距离数据直接传输技术。D2D 会话的数据直接在终端之间进行传输，不需要通过基站转发，而相关的控制信令，如会话的建立、维持、无线资源分配以及计费、鉴权、识别、移动性管理等仍由蜂窝网络负责。蜂窝网络引入 D2D 通信，可以减轻基站负担，降低端到端的传输时延，提升频谱效率，最终降低终端发射功率。当无线通信基础设施损坏，或者在无线网络的覆盖盲区，终端可借助 D2D 通信实现端到端通信甚至接入蜂窝网络。在 5G 网络中，既可以在授权频段部署 D2D 通信，也可在非授权频段部署。

(2) M2M 通信。

M2M(Machine to Machine，M2M)作为物联网最常见的应用形式，在智能电网、安全监测、城市信息化、环境监测等领域实现了商业化应用。3GPP 已经针对 M2M 网络制定了一些标准，并已立项开始研究 M2M 关键技术。M2M 的定义主要有广义和狭义两种。广义的 M2M 主要是指机器对机器、人与机器之间以及移动网络和机器之间的通信，它涵盖了所有实现人、机器、系统之间通信的技术；狭义的 M2M 仅仅指机器与机器之间的通信。智能化、交互式是 M2M 有别于其他应用的典型特征，这一特征下的机器也被赋予了更多的"智慧"。

第六代移动通信系统(6 Generation，6G)研究的启动和 5G 商用步伐的加快，以及移动通信业务范围的不断扩大，为物联网深入应用奠定了坚实的技术基础。在未来相当长的一段时期内，物联网与移动通信相结合，将会产生更大的价值。由于物联网节点具有分散性、移动性和海量性等特点，这就决定了移动通信是实现物联网可靠传输的主要技术手段。

3. ZigBee

在智能硬件和物联网领域，时下大名鼎鼎的 ZigBee 可谓是无人不知，无人不晓。除了 Wi-Fi、蓝牙之外，ZigBee 是目前最重要的无线通信协议之一。

ZigBee 是一种近距离、低复杂度、低功耗、低速率及低成本的双向无线通信协议，能在智能交通、环境保护、政府工作、公共安全、平安家居、智能消防、工业监测、老人护理及个人健康等领域有所作为，主要用于距离短、功耗低、日传输速率不高的各种电子设备之间的数据传输以及典型的周期性数据、间歇性数据和低反应时间数据的传输。由于物联网在这一领域大有发展潜力，因此 ZigBee 在物联网中将一展风采。目前，虽然处于起步阶段，但其巨大的应用前途还是引起了工业界和学术界的极大关注。

ZigBee 是 IEEE 802.15.4 协议的代名词。这个协议规定的技术是一种短距离、低功耗的无线通信技术。这一名称来源于蜜蜂的八字舞，由于蜜蜂(Bee)是靠飞翔和"嗡嗡"(Zig)地抖动翅膀的"舞蹈"来与同伴传递花粉所在的方位信息，也就是说，蜜蜂依靠这样的方式构成了群体中的通信网络。ZigBee 主要针对低传输速率、低功耗方向的射频应用，如无线开关控制照明、室内环境的距离测量以及小范围应用的消费电子产品等。

简单来说，ZigBee 是一种高可靠的无线数据传输网络，类似于 CDMA 和 GSM 网络。ZigBee 数据传输模块类似于移动网络基站，通信距离从标准的 75 米到几百米或几千米，并且支持无限扩展。ZigBee 是个低成本、低功耗的无线网络标准。首先，它的低成本使之能广泛适用于无线监控领域；其次，低功耗使之具有更长的工作周期；最后，它所支持的无线网状网络具有更高的可靠性和更广的覆盖范围。ZigBee 主要适用于自动控制和远程控制领域，可以嵌入各种设备。简而言之，ZigBee 是一种低成本、低功耗的近距离无线组网通信技术。ZigBee 与其他近距离无线传输系统的比较如表 4-1 所示。

表 4-1　ZigBee 与其他近距离无线传输系统的比较

无线传输系统	GRRS/GSM	Wi-Fi	蓝牙(Bluetooth)	ZigBee
标准名称	1XRTT/CDMA	802.11b	802.15.1	802.15.4
应用重点	广阔范围声音和数据	Web，E-mail，图像	电缆替代品	监测和控制
系统资源	16 MB+	1 MB+	250 KB+	4～32 KB
电池寿命/日	1～7	0.5～5	1～7	100～1000+
宽带/kb/s	64～128+	11000+	720	20～250
传输距离/m	1000+	1～100	1～10+	1～100+
成功尺度	覆盖面大，质量好	速度快，灵活性高	价格便宜，方便	可靠，低功耗，价格便宜

世界正以惊人的速度迈向万物互联，预计到 2025 年全球物联网设备数将达到 754 亿台，而实现这些目标的背后需要强大的通信网络，它能提供超宽带的接入，对业务需求的快速响应，具备网络智能，实现按需配置、自动组网，使"无网不胜"成为物联网成功的基石。

4.4.3　应用层：物联网的"加工厂"

应用层主要解决信息处理和人机界面的问题，即输入/输出控制终端。例如，手机、智能家居的控制器等，主要通过数据处理及解决方案来提供人们所需的信息服务。应用层是物联网和用户的接口，并与行业需求紧密结合，实现物联网的智能应用，针对的是直接用户，为用户提供丰富的服务及功能，用户也可以通过终端在应用层定制自己需要的服务，比如查询信息、监视信息、控制信息，等等。应用层涉及的关键技术可分为应用设计、应用支撑、终端设计三个子类，核心技术主要包括中间件技术、智能技术以及云计算等。

1. 中间件技术

中间件是物联网应用中的关键软件部件，是衔接相关硬件设备和业务应用的桥梁，其主要功能是实现异构性、实现互操作和信息的预处理等。

（1）实现异构性。

表现在计算机的软硬件之间的异构性包括硬件(CPU 和指令集、硬件结构、驱动程序等)、操作系统(不同操作系统的 API 和开发环境)、数据库(不同的存储和访问格式)等。造成异构的原因源自市场竞争、技术升级以及保护投资等因素。物联网中的异构性主要体现在以下几方面：① 物联网中底层的信息采集设备种类众多。如传感器、RFID、二维码、摄像头以及 GPS 等，这些信息采集设备及其网关拥有不同的硬件结构、驱动程序、操作系统等。② 不同的设备所采集的数据格式不同。这就需要中间件将所有这些数据进行格式转化，以便应用系统可直接处理这些数据。

(2) 实现互操作。

在物联网中，同一个信息采集设备所采集的信息可能要供给多个应用系统，不同的应用系统之间的数据也需要共享和互通，但是因为异构性，不同应用系统所产生的数据结果依赖于计算环境，使得各种不同软件在不同平台之间不能移植或者移植非常困难。而且，因为网络协议和通信机制的不同，这些系统之间还不能有效地相互集成，通过中间件可建立一个通用平台实现各应用系统应用平台之间的互操作。

(3) 信息的预处理。

物联网的感知层将采集海量的信息，如果把这些信息直接传输给应用系统，那应用系统对于处理这些信息将不堪重负，甚至面临崩溃的危险。应用系统想要得到的并不是这些原始数据，而是对其有意义的综合性信息。这就需要中间件平台将这些海量信息进行过滤，融合成有意义的事件再传给应用系统。

目前，随着物联网的兴起，中间件技术也得到了越来越多的关注，相关的技术研究和产品开发也日渐成为软件行业的重头戏。IBM、Oracle、微软等软件巨头都是引领潮流的中间件生产商，SAP 等大型(ERP)应用软件厂商的产品也是基于中间件架构的，国内的用友、金蝶等软件厂商也都有中间件部门或分公司。

2. 智能技术

简单来说，智能技术就是能够代替人的脑力劳动的一种技术，它把人的重复性脑力劳动用计算机代替。通过在物体中植入智能系统，可以使物体具备一定的智能性，能够主动或被动地实现物体与用户的沟通。

智能技术在其应用中主要体现在计算机、精密传感、GNSS 定位等技术的综合应用上。随着产品市场竞争的日趋激烈，产品智能化优势在实际操作和应用中得到非常好的运用，主要表现在：① 大大改善了操作者的作业环境，减轻了工作强度；② 提高了作业质量和工作效率；③ 一些危险场合或重点施工应用得到解决；④ 环保，节能；⑤ 提高了机器的自动化程度及智能化水平；⑥ 提高了设备的可靠性，降低了维护成本；⑦ 故障诊断实现了智能化等。

在目前的技术水平下，智能技术主要是通过嵌入式技术来实现的，智能系统也主要由一个或多个嵌入式系统组成。

(1) 嵌入式技术。嵌入式技术是将计算机、自动控制和通信等多项技术综合起来并与传统制造业相结合的一门技术，是针对某一个行业或应用开发智能化机电产品的技术，使用该技术开发的产品具有故障诊断、自动报警、本地监控或远程监控等功能，能够实现管理的网络化、数字化和信息化。物联网使物品具有了"信息生命"，将物理基础设施和信息基础设施有机地融为一个整体，使囊括其中的每一件物品都"活"了起来，具有了"智慧"，能够主动或被动地与所属的网络进行信息交换，从而更好地服务于人们的生产与生活，这其中离不开嵌入式技术的广泛应用。正是与嵌入式技术的结合，才使得对物品的标识及传感器网络等的正常和低成本运行成为可能，即把感应器或传感器嵌入和安装到电网、铁路、桥梁、隧道、公路、建筑、大坝、油气管道和供水系统等各种物体中，形成物与物之间能够进行信息交换的物联网，并与现有的互联网整合起来，从而实现人类社会与物理系统的整合，让所有的物品都能够远程感知和控制，形成一个更加智慧的生产与生活体系。

(2) 嵌入式系统。嵌入式系统是指将应用程序操作系统与计算机硬件集成在一起的系统，它以应用为中心，以计算机技术为基础，而且软件可以裁剪，因而是能够满足应用系统对功能、可靠性、成本、体积和功耗等有严格要求的专用计算机系统。嵌入式系统具有高度自动化和高可靠性等特点，主要由硬件和软件两部分组成。

嵌入式技术是在 Internet 的基础上产生和发展起来的。在智能家居控制中，应具有安全性以及能快速与外界进行信息交换的能力，这就对计算机的存储器、运算速度等性能指标提出了较高的要求。嵌入式系统一般情况下都是小型的专用系统，这就使其很难承受占有大量系统资源的服务。物联网技术对所采用的各类高灵敏度识别装置、专用的信号代码处理装置等的研发，将会进一步推动嵌入式智能技术在物联网中的应用。

3. 云计算

云计算(Cloud Computing)是基于互联网的相关服务的增加、使用和交付模式，通常通过互联网来提供动态易扩展的资源，一般是虚拟化的资源。"云"是网络、互联网的一种比喻说法。过去在图中往往用云来表示电信网，后来也用它来表示互联网和底层基础设施的抽象。因此，云计算可以让用户体验每秒 10 万亿次的运算能力，拥有这么强大的计算能力可以模拟核爆炸、预测气候变化和市场发展趋势。用户可以通过电脑、笔记本、手机等方式接入数据中心，按自己需求进行运算。

云计算是信息技术发展和服务模式创新的集中体现，是信息化发展的重大变革和必然趋势，是信息时代国际竞争的制高点和经济发展新动能的助燃剂。随着云计算步入第二个发展的 10 年，全球云计算市场趋于稳定增长，容器、微服务、DevOps 等技术在不断地推动着云计算的变革。云计算的应用已经深入政府、金融、工业、交通、物流、医疗健康等机构及行业，云计算的安全问题和风险管理的形势也日益严峻。

目前，对于云计算的认识还在不断地发展和变化，云计算仍没有一个普遍、一致的定义。根据美国国家标准与技术研究所定义，云计算是一种可以随时随地、方便而按需地通过网络访问可配置的计算资源(如网络、服务器、存储、应用程序和服务)的共享池模式，这个池可以通过最低成本的管理或与服务提供商的交互来快速配置和释放资源。中国网络计算与云计算专家刘鹏对云计算给出的定义是：云计算将计算任务分布在由大量计算机构成的资源池中，使各种应用系统能够根据需要获取计算能力、存储空间和各种软件服务。广义的云计算是指厂商通过建立网络服务器集群，向各种不同类型的客户提供在线软件服务、硬件租借、数据存储、计算分析等不同类型的服务。广义的云计算包括了更多的厂商类型和服务类型，例如国内用友、金蝶等管理软件厂商推出的在线财务软件，谷歌发布的 Google 应用程序套装等。狭义的云计算是指厂商通过分布式计算和虚拟化技术搭建数据中心或超级计算机，以免费或按需租用方式向技术开发者或企业客户提供数据存储、分析以及科学计算等服务，如亚马逊的数据仓库出租业务。

对云计算的通俗理解是：云计算的"云"是指存在于互联网上的服务器集群上的资源，它包括硬件资源(如服务器、存储器、CPU 等)和软件资源(如应用软件、集成开发环境等)，本地计算机只需通过互联网发送一个需求信息，远端就会有成千上万的计算机为用户提供需要的资源并将结果返回本地计算机，这样本地计算机几乎不需要做什么，所有的处理都由云计算提供商所提供的计算机群来完成。

4.5 物联网实现的世界

国际上，把物联网的各行各业应用习惯称作"垂直"应用，与物联网三层结构中关于综合应用层的划分相一致，从"垂直"的视角来预测物联网的前景，这些垂直的行业有智慧生活、智慧健康、智慧建筑、智慧城市、智慧能源、智慧交通等。图 4-9 所示是面向物联网 2020 视野中的智慧领域。

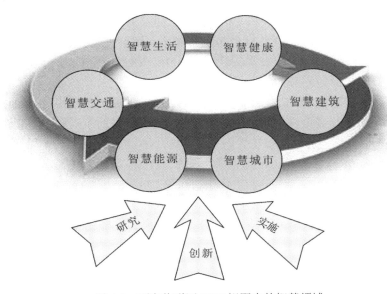

图 4-9　面向物联网 2020 视野中的智慧领域

4.5.1 物联网与无人超市

无人超市是指超市里没有营业员，购物、付款全部由顾客自助完成。付不付钱、付多少钱全由顾客自己决定，就算有人拿了东西就走也不会受到任何阻拦。未来，在技术和成本可控的前提下，人们将围绕无人超市展开更多的授权合作，无人超市在商业领域将有极高的可复制与扩张能力。有了无人超市背后的物联网支付方案，把这种方案开放赋能给线下实体店，并在硬件改造上尽可能不去改变线下实体店的原有布局，具有良好的推广应用前景。

1. 无人超市兴起的背景

无人超市，准确地说是"无人便利店"，是一种介于专卖店和自助售货机之间的无人营销方式，是为了应对高房租、高人工成本和省去结算排队等而产生的一种新零售方式。

无人超市的兴起，有其社会背景：

(1) 政策支持。据我国百货商业协会调查，受经营成本不断上涨、消费需求结构调整、网络零售快速发展等诸多因素影响，实体零售店发展面临前所未有的挑战，全国百货商超关店潮仍在持续。2016 年 11 月，国务院发布《关于推动实体零售创新转型的意见》，明确鼓励线上线下优势企业通过战略合作、交叉持股、并购重组等多种形式整合市场资源，培育线上线下融合发展的新型市场主体；同时也从减轻企业税费、加强财政金融支持等方面给予支持。很多大型商超如合肥百大集团、武商集团、中百集团、中商集团、银泰百货等纷纷转型，除自建平台外，均加强与阿里巴巴、腾讯等电商企业的合作，加快线上线下融合。

(2) 技术创新。随着技术的进步，人类让一切皆有可能。从技术上讲，Amazon Go 主要运用了机器视觉、深度学习算法和传感器融合三项核心技术；阿里巴巴的"淘咖啡"主要涉及生物特征自主感知和学习系统，结算意图识别和交易系统，以及目标检测与追踪系统；Take Go 无人商店应用了卷积神经网络、深度学习、机器视觉、生物识别、生物支付等 AI 领域前沿技术；缤果盒子主要采用 RFID 技术、人脸识别技术等；便利蜂、小 e 微店等主要利用二维码来完成对货物的识别。上述这些技术都是目前最为热门的前沿技术。

(3) 人工成本增加。据相关数据显示，我国的人工成本在短短 10 年内暴涨到原来的 7 倍，致使很多劳动密集型企业转向劳动力更低廉的东南亚、印度地区。在"当前企业经营发展中遇到的最主要困难"的选项中，选择"人工成本上升"的企业占 75.3%，这一选项连续 3 年排在所有选项的第一位。其他选择比重较高的选项还有"社保、税费负担过重"(51.8%)、"企业利润率太低"(44.8%)、"资金紧张"(35%)和"能源、原材料成本上升"(31.3%)。因此，有人算了一笔账，无人超市由于没有人工成本，其成本支出大约只有传统超市的 1/4，商品价格也将大幅度降低。

(4) 便于实现精准营销。由于无人超市与新技术的联合，让越来越多的数据可以上传到数据终端，经营者可以根据数据来总结消费者的消费偏好(比如：大部分消费者逛超市最喜欢走的路线是怎样的，哪些商品被拿起又放回去的频次最高，哪些商品最常被客人毫不犹豫地带走，等等)；通过对消费者的行为进行分析，直接把相关数据信息传达给物流配送终端，通过匹配相应物资来实现一对一直连，减少商品的折损率与返库率，降低运输成本；还能够根据客人前几次的购物记录，推送一个补货清单，由此实现更精准、更优质的服务。

(5) 互联网流量红利的消失。进入"互联网+"时代，我国庞大的人口数量产生了巨大的流量红利。然而，目前市场逐渐饱和、流量红利逐渐消失，导致电商零售的经营成本逐年上升，利润压缩严重。面对现实，连接线上线下的"无人超市"似乎成了电商转型的新战场。

2. 无人超市的运作原理

无人超市是一种免排队、自助结账的服务。继共享单车之后，无人便利店、自动售卖系统等无人超市应用成了 2017 年另一个互联网风口。由于人力、租金成本的上升和互联网电商流量红利的消失，传统零售业转型迫在眉睫。而移动支付、AI、人脸识别技术、大数据技术等的快速发展和普及，为零售创新带来更多可能。作为连接线上线下，融合互联网和实体经济的新零售表现方式，无人超市弥补了传统线下零售和线上电商的短板。

无人超市综合利用 AI、图像识别、射频感应扫描、大数据、云计算、计算机软件等技术，把支付系统集成到门禁系统，把货物软件与支付系统(如微信、支付宝)捆绑进行支付，利用视频监控系统和人脸识别系统来保证购物安全；货架区则用视频信息捕捉来优化运营，帮助结算。无人超市利用信用系统约束人们的购买行为，进行商业化运营。无人超市工作流程如图 4-10 所示。

扫码开门

商品智能识别

一键支付

图 4-10　无人超市工作流程

(1) 扫码开门(进店)：用户打开智能手机，通过无人超市 App、微信公众号或支付宝扫码获得电子入场券(签署数据使用、隐私保护、微信、支付宝代扣协议等条款)，接入相应界面，系统将自动定位到当前门店，通过闸机认证后，进入无人超市进行购物。

(2) 商品智能识别(选货)：选货过程跟普通超市没啥区别，扫描商品的条形码或者二维码，加入购物车，或者将商品直接放置到识别硬件上进行自动识别(一次可识别多件商品)。

(3) 一键支付(支付)：用户确认所购商品，可以选择支付宝或微信支付等支付方式，App 会自动显示促销价和会员价，用户必须经过结算门(该门共有两道)：第一道门感应到顾客离店的需求，将指令传达给第二道门；第二道门完成结算并扣费后开启，即可离店。整个购物流程结束。

3. 无人超市的应用与发展

随着缤果盒子、蚂蚁金服"淘咖啡"进入运营阶段，以及各种品牌的无人超市的相继出现，众多创业者和风险投资(VC)机构都在摩拳擦掌，跃跃欲试。无人超市从兴起到现在经历了开放式货架、半开放式货架、全封闭式货架三个阶段的无人便利店模式。其中，开放式货架最早在 2015 年 6 月雏形初现，其成本和技术壁垒较低，但防盗措施简陋，丢失率较高；半开放式货架以 Amazon Go 为代表，加上国内的缤果盒子和蚂蚁金服"淘咖啡"，它们运用了 RFID 或计算机视觉，并应用了软件、硬件、芯片、IoT、大数据等技术，比开放式货架阶段的性能有所提升；全封闭式货架模式是半开放式货架的升级版。

我国的新零售业时代已经到来，马云的"无人超市"不是最终目的，只是为了减少中间环节、降低成本、保持利润增长的一个手段。近两年来，无人超市、开放式货架等在世界各地纷纷涌现，发展十分迅猛，图 4-11 所示就是目前的无人超市。在 2016 年初，瑞典就出现了通过手机扫描二维码进门、用手机绑定信用卡支付的无人便利店 Nraff；2016 年下半年，日本经产省推出"无人便利店"计划，日本的便利店巨头罗森、日本 7-11、全家等 5 家大型便利店都引入该系统，实行无人收银台与"电子标签"；2016 年年底，美国亚马逊推出了 Amazon Go 便利店，在技术上更为先进，采用了计算机视觉、深度学习算法以及传感器、图像分析等多种智能技术；2017 年 5 月，韩国乐天集团则在 7-11 的高端版本"7-11Signature"基础上，开始测试使用生物技术的"刷手"支付。在国内，缤果盒子 2016 年 8 月开始在广东中山地区启动项目测试,2017 年 7 月 3 日宣布在一年内铺设 5000 个网点;2017 年 2 月,"去哪儿"前 CEO 庄辰超斥资 3 亿美元押注可自主购物的新型便利店——便利蜂;2017 年 6 月初,北京居然之家宣布无人便利店 EAT BOX 开业;2017 年 6 月,创新工场宣布完成对无人便利店企业 F5 未来商店 3000 万元 A+轮融资,计划在 3～6 个月内开出 30 家至 50 家门店。2017 年 5 月 10 日,第一个开放式货架 MiniU 店在武汉市招商银行金银湖支行亮相,大受欢迎;随后两个月,开放式货架在武汉市推广了 700 多个。2017 年 7 月 7 日,最火的莫过于阿里巴巴的杭州无人超市"淘咖啡",2017 年 7 月 8 日开业当天,吸引了大量市民前来排队体验。另外,娃哈哈早期创始人之一宗泽后对外宣布与深蓝科技(Take Go 无人商店)达成战略合作,签下了 3 年 10 万台无人商店。紧接着京东也正式宣布要在全国开设 50 万家京东便利店以及大量京东无人超市,其首家无人超市于 2017 年 10 月 17 日在京东总部亦庄落地,开业 50 天销售额已达 100 多万元,坪效(门店每平方米每年创造的收入)非常高。

图 4-11　无人超市

因此,无人超市的对决,实际上是一场争夺战。无人超市落地后,失败与成功的案例都有。上海首家无人超市缤果盒子试营业期间因空调故障导致食物融化,被迫关门。青岛首家无人超市 2017 年 11 月 23 日落地青岛北站,一个月内入户门被拽坏 7 次,运营方不得不雇专人看门;目前其日均销售额为 4000 元左右,预计 7 个月收回成本。无人超市面临的考验是要考虑在不同场景下如写字楼、火车站、高档社区以及城市广场、景区等的设计,不同的场景体验,其设计是不一样的。

2017 年 12 月 30 日,京东首个社会化无人超市在烟台大悦城开业,这体现出线上巨头孵化的实验性产品携手商业地产网红。从用户体验来讲,要求品类齐全,价格适中；从运营来讲，坪效等指标要非常"良性"。烟台大悦城无人超市的目标是三四个月后赢利。据了解，2017年12月14日，京东集团与中海地产签订了战略合作协议，将利用双方优势在全国主流城市建设数百家无人超市，联合布局无界零售，X无人超市、X无人售药柜、智能配送终端等"黑科技"项目将逐步落地。未来京东无人超市的场景，核心在购物中心、交通枢纽、写字楼、社区，不同的场景有着不同的业态和布局。据艾媒咨询预测，2017年我国无人零售商店的交易规模可达389.4亿元，至2022年将达到1.8万亿元，用户规模也将从2017年的600万人增长到2022年的2.45亿人。

综上所述，无人超市的未来发展呈现以下几个方面：

(1) 无人零售是建立在大数据基础上的物品售卖，可以了解消费者最为频繁的逛超市路线，哪个货架人流量最密集，哪个货架停留时间最长，哪个货架的产品补给周期最短。无人超市有一套复杂的生物特征自主感知系统，即使在消费者不看镜头的情况下，超市也能精准地捕捉到消费者的生物特征。例如，消费者拿到某一样商品时的表情和肢体语言，都会被记录下来帮助商家判断此款商品是不是让人满意；又如，捕捉消费者在店内的行为轨迹、在货架面前的停留时长，指导商家来调整货品的陈列方式和店内的服务装置。

(2) 运用人脸识别、360°无死角监控消费行为的大数据采集分析技术等，消费者从进店到离店，所有行为轨迹都将被数字化、被捕捉和记录。这些高科技手段将一个小小的无人便利店变成了对消费者消费行为进行科学实验的"实景实验室"。无人便利店凭借技术优势在成本上领先于传统便利店，为更具竞争力的产品定价提供了空间，即通过AI技术，不仅解决了人力成本的问题，而且完全自动化的结算模式可以消除传统便利店排队付款环节，从而提供更加便捷的购物环境和更佳的消费体验。

无人超市与大数据的紧密结合，通过采集和分析消费数据，透过消费行为识别消费者需求，划分类别，摸清不同群组消费者的个性与共性，从而在日常消费中进行精准引导、营销；实时了解消费群体的需求变化，以及同类产品市场竞争力的动向，形成更精准的市场管理，从而指导企业自身的经营管理。

4.5.2　物联网与共享单车

共享单车是指企业在校园、地铁站点、公交站点、居民区、商业区、公共服务区等提供自行车单车共享服务，是一种分时租赁模式和一种新型环保共享经济。共享单车实质上是一种新型的交通工具租赁业务，即自行车租赁业务，其主要依靠载体为自行车(单车)，它可以充分利用城市因快速发展而带来的自行车出行萎靡状况，最大化地利用公共道路通过率，同时起到健康身体的作用。

物联网系统通常分为三个层次：感知层，利用RFID、传感器、二维码等随时随地获取物体的信息；网络层，通过各种电信基础网络与互联网的融合，实现对物体信息的实时准确传递；应用层，对感知层得到的信息进行处理，实现对物体的识别、定位、跟踪、监控和管理等实际应用。

共享单车智能锁集成了具有与云端保持通信能力(GPRS数据传输功能)、带有独立号码的 SIM 卡，能够及时将车辆所在位置(GNSS 定位信息)和车辆电子锁状态(锁定状态或使用状态)报送云端。用户通过手机 App 查找到附近单车后扫描车身二维码，获取单车编号上传云端，并发出解锁请求，手机和单车(智能锁)共同构成物联网的感知层；云端对应物联网的应用层，是整个共享单车系统的控制和计算平台，与所有单车进行数据通信，收集信息与下达命令，为管理人员和手机 App 提供服务，响应用户和管理员的操作，向单车终端发送解锁命令；而在手机、单车和云端三者之间建立的通信链路和信息传输网络，对应物联网的网络层。共享单车系统结构如图 4-12 所示。

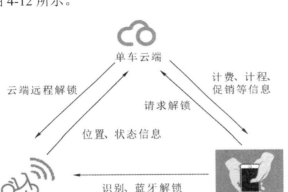

图 4-12　共享单车系统结构

1．二维码识别

目前，包括共享单车在内的所有共享物件的识别，几乎都是通过手机扫描二维码来实现的。二维码是用某种特定的黑白相间的几何图形，按一定规律在平面(二维方向)分布并记录数据符号信息的条形码。在代码编制上，利用构成计算机内部逻辑基础的"0""1"比特流的概念，使用多个与二进制相对应的几何图形来表示文字数值信息，通过图像输入设备或光电扫描设备自动识读，以实现信息自动处理。二维码具有条形码技术的一些共性：每种码制有其特定的字符集；每个字符占有一定的宽度；具有一定的校验功能；具有自动识别不同行的信息及处理图形旋转变化等特点。若纯粹从应用上来看，RFID 其实有着比较突出的优势。首先是识别距离。理论上 RFID 可以识别从几米到 1 千米的距离，而二维码目前识别距离只有 10 厘米左右。其次是移动目标识别。二维码本质上是对图形的识别，这样需要有一个相对稳定的瞬间来提供给终端，使得物体在移动过程中要准确识别二维码变得非常困难。而 RFID 标签在进入读写器的磁场后通过接收读写器发出的射频信号，使用感应电流所获得的能量发出存储在芯片中的信息，或者主动发出某一固定频率的信号，由读写器在接收信号后解码并进行传输处理。这种信息识别和传输机制使得电子标签在移动识别的过程中有着二维码无可比拟的速度优势。正是由于有以上两种优势，RFID 目前被广泛应用于大型物流、仓储、高速公路 ETC 收费等领域。

那么，共享单车为什么不采用 RFID 电子标签而采用二维码呢？主要问题在于生产成本上，二维码与一维条码一样，几乎是零成本的信息存储技术。一维码将信息通过一定的算法转化成计算机易识别的特殊图形，再将这些图形打印到物品上；打印或印刷一个特殊图形的成本仅仅在于印刷材质本身的价格，故成本极低。而 RFID 电子标签相对较高的成本就是它推广应用的瓶颈，对于一般的小商品而言，电子标签的价格要占据整体生产销售成本的一大部分，甚至可能超出商品本身的价格，因此一般的厂商或销售商都难以接受。目前，在共享单车的应用中，二维码被人为涂改遮盖和破坏的情况非常多，需要修复甚至多次修复的概率较高，但若采用 RFID 电子标签，则对于单车运营商来说成本压力显然更大。

2. 智能电子锁

智能电子锁是一种高度集成的机电一体化车载控制器，也是实现单车共享的核心部件。其内部装备了一块集成多功能的中央处理单元(CPU)，从而实现卫星定位、远程开锁、计时收费和防盗监控等多种功能。智能电子锁的功能模块如图4-13 所示。

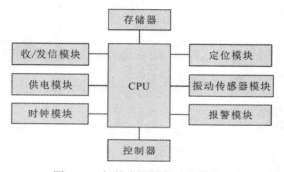

图 4-13　智能电子锁的功能模块

用户通过手机 App 寻找车辆，云端系统会根据用户当前位置，通过定位模块得到用户附近单车的经纬度，并以地图 API (应用程序接口)模式在 App 上展示给用户。当用户找到单车后，扫描单车上的二维码，使得单车信息、用户个人信息通过收/发信模块一起被发送到云端系统。接着，系统会向锁控制模块发送开锁指令。车载 CPU 便触发电机组件转动，从而带动锁舌驱动构件将锁舌从锁销的档槽内移出，锁销在拉簧的作用下变位至开锁状态。在用户到达目的地之后，将单车停放在路边白线公共停车区域，手动将锁销向闭锁方向拉动，使得锁舌在弹簧的推力下进入档槽，卡定锁销。最后，CPU 会通知云端系统锁车成功，实现远程开闭锁功能，同时时钟模块自动计时收费。

为了解决用户临时性停车和单车被盗问题，智能电子锁内装有振动传感器模块和报警模块。振动传感器模块里设有用于振动检测的加速度传感器和位置传感器等，报警模块内置光报警模块和声音报警模块。共享单车防盗流程如图4-14 所示。云端系统通过无线网络与电子智能锁建立通信，周期性地唤醒 CPU 模块检查锁的状态。若锁处于闭合状态，加速度传感器检测到大于阈值的振动强度，就会向CPU 模块提供振动强度和位置等信息。CPU 模块发送报警指示信号给报警模块，通过声音报警和光警报等方式进行现场报警，同时连接云端系统报备。考虑到自行车可能处于通信不畅的环境下，此时可先把时间和位置信息保存至存储器，待自行车移动到可通信的环境下再发送。

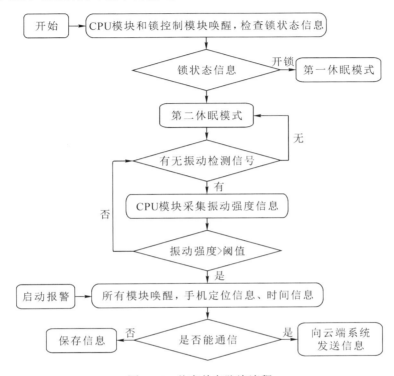

图 4-14 共享单车防盗流程

3. 物联网定位

目前，主流的共享单车内部都安装了高集成度的物联网芯片，这种芯片一般都支持 GNSS(Global Navigation Satellite System)多重卫星定位系统，还集成了 2G/3G/4G 调制解调器，并继承了 GNSS 秒速定位功能和极低耗电、精准轨迹追踪功能。

通过集成的通信模块和定位系统，运营商平台可以完全掌握区域内单车的数量、状态、位置等关键信息，同时可积累大量的用户出行数据，为车辆投放、调配和运维提供智能指引。只有拥有准确的定位技术，才能继续提供系列的后续服务和拓展应用。随着各地共享单车的应用标准纷纷出台，无随车定位技术的单车将被强制升级。OFO 在 2017 年提出与中国电信合作，利用窄带物联网(NB-IoT)技术进行多模定位传输，并在京津冀地区首先配备"北斗智能锁"，除了实现定位等功能，还可以实施电子地理围栏，车辆不进入停放区就无法上锁。但是，由于当时技术原因，其电子锁仍然是利用 GPRS 和 GNSS 结合的定位技术。

摩拜单车(Mobike)的定位统一应用多模导航芯片，集成低功耗物联网 GPRS 通信以及多模定位("北斗+GPS+GLONASS"定位)等技术，提供了比较完备的定位技术。其定位功能的实现首先为其日常运营管理带来了便利。此外，其巨大的投放量以及随之产生的海量数据，通过物联网技术可以采集回平台。这些大数据在完成其基本管理功能的同时也可提供给研究部门进行进一步的数据挖掘，由此可以获得骑行的需求、骑行的时间、骑行的路线等种种对于城市规划有益的数据。

4.5.3　物联网与智能家居

物联网能够为我们的家居生活增光添彩。在家电和家具中嵌入物联网智能感知终端节点，使家电通过无线网络融入家庭物联网中，将会为住户提供更加舒适宜人、智能化的家居环境。利用远程监控系统，主人可以对家电进行远程遥控。例如，在寒冷的冬天或炎热的夏天，我们回家前半小时打开空调，这样到家的时候就可以立刻享受舒适的室温了。其他的家电，例如电饭锅、微波炉、电冰箱、电话机、电视机等，都可以按照我们自己的遥控指令在网络中实现控制。再如，即使出差在外，我们也可以通过远程遥控查看家里的情况；安装在窗户上的警报器会在有人非法闯入时发出报警，并通过摄像头记录下闯入者的体貌特征。如果家有老人，也不用整日担心，在家中不同的区域安放传感装置，一旦老人发生跌倒等状况，系统就会自动感知，并把老人的信息及时传给社区或者医院相关人员，使老人能以最快的速度得到救助。

1. 家电控制

家电控制是物联网在家居领域的重要应用，它是利用微处理电子技术、无线通信及遥控遥测技术来集成或控制家中的电子电器产品的，如电灯、厨房设备(电烤箱、微波炉、咖啡壶等)、取暖制冷系统、视频及音响系统等。它是以家居控制网络为基础，通过智能家居信息平台来接收和判断外界的状态与指令，进行各类家电设备的协同工作的。图 4-15 是智能家居初级阶段的示意图，这是以家用网关作为家居数据中心的发展阶段。

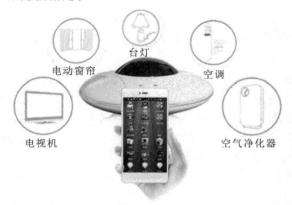

图 4-15　智能家居初级阶段的示意图

智能手机 App 可控制灯泡(见图 4-16)，对用户来讲，形成了一个体验的感知、控制的反馈闭合环路。作为对智能家居下一阶段的智慧体现的预测，具备一定自治能力的物联网家居网络，也许能够更好地定义家庭的"智慧"。而对于智能家电的网络接入，则未必限于无线方式，未来智能家电在接入电源的地方可以同时能够将内置的智能控制模块通过 USB 等有限方式接入家庭网络。

图 4-16 智能手机 App 可控制灯泡

(1) 用户对家电设备的集中控制。

通过物联网，用户可以实现对家电设备的户内集中控制或户外远程控制。户内集中控制是指在家里利用有线或无线的方式对家电设备进行集中控制。在实现家电设备控制时，用户通过对按钮或开关的关联定义，可以轻松控制房间里的任意设备。户外远程控制是指用户利用手机或计算机网络在异地对家电设备进行控制，实现家电设备的启停。

(2) 智能家居设施的自动化感知、调节与控制。

通过传感器对家庭环境进行检测，根据湿度、温度、光亮度、时间等变化自动启停空调、空气净化器、加湿(除湿)器等；根据主人进家的频次、时机与睡眠模糊控制热水器、空调等电器设备。最诱人的是如图 4-17 所示的身体健康状态感知镜子，它不仅在早晨洗漱前会告诉主人室外天气，还能够"察言观色"，检测主人的身体状态。

图 4-17 能够检测并告知身体健康状态的镜子

（3）各种设备之间的智能协同。

家居控制系统根据住户的要求和实际生活的需要，对住宅的设备定义了一套规则(物联网网络)，自动实现设备之间的协同工作，使设备之间可以实现相互通信。在实际应用中，家居控制通过设置场景模式来实现设备的协同工作。例如：当夏天中午开启空调降温的时候，同时需要拉上窗帘；晚间观看电视时，需要调整房间的灯的亮度，如图 4-18 所示。

图 4-18   智能控制房间各种家电

2. 家庭安防

当主人不在家，如果家中发生偷盗、火灾、煤气泄漏等紧急事件时，智能家庭安防系统能够现场报警，及时通知主人，同时还向保安中心进行计算机联网报警。安防中的主要功能可概括为以下几点：

（1）单独设防。利用传感器，有人在家时可设置单独防区，如有人进入或者闯入便可产生警报。也可设置为在家时周边防范状态，此时主机只接收门窗等周边传感器信号，室内传感器处于非工作状态。如果周边有人非法闯入，主机则立即向外报警。

（2）智能布防。当用户离家时，设置所有防区为"布防"状态。此时用户的终端接收所有传感器传来的信号，如有非法进入，主机将自动向用户的终端和接警中心报警。接警中心在电子地图上自动显示出警情方位，信息栏显示用户户主名、家庭成员、地址、电话等详细信息，便于派出所迅速出警，以最快的速度赶往现场。

（3）意外报警。当煤气、火(烟感)等终端发生意外时，可以通过煤气泄漏传感器、烟感或温度传感器实现自动意外报警。无论终端处于何种状态，当发生煤气浓度超过安全系数等意外时，智能终端立即在本地端、主人手机端、接警中心同时发出报警信号。

(4) 联合报警。当报警触发后报警器自动连接主人等家庭成员的手机(计算机)终端,此时主人可实现对报警现场情况的远程视听。

3. 智能家居系统

智能家居系统以智能电网为基础,以物联网技术为依托,涵盖适合家庭使用的微型新能源接入装置、储能及户内控制设备,如家庭智能终端、智能插座、智能开关、家庭网络通信设备、智能家用电器等,可全面实现智能电网信息的实时双向互动,支持微型分布式能源的接入和管理,支持智能家用电器和智能家居的全面集成,能更有效地管理家庭住宅能源的消耗,使用户更智能、更高效合理地用电。

图 4-19 是一张智能家居物联网全景图,包含了远程控制、终端展示和智能家居的 IoT 基础设施与服务提供方。

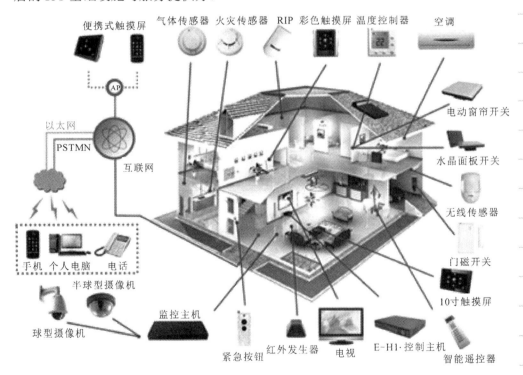

图 4-19 智能家居物联网全景图

基于物联网的智能家居系统通过安装各种传感器来采集住宅内的环境、设备及人员信息,利用 ZigBee 无线网络将上述各种信息接入物联网网关,再由网关将这些信息转发给服务器,通过手机 App 或者浏览器可以实时查看各个系统的运行情况,以控制家居设备的运行。智能家居系统通常主要涵盖智能灯光、家庭安全、家电控制、室内环境控制、背景音乐、家庭影院、云健康体系、智能厨房以及智能园艺等九大应用领域。依据物联网的体系结构,智能家居系统结构主要包括感知层、网络层、应用层三个层次,如图 4-20 所示。

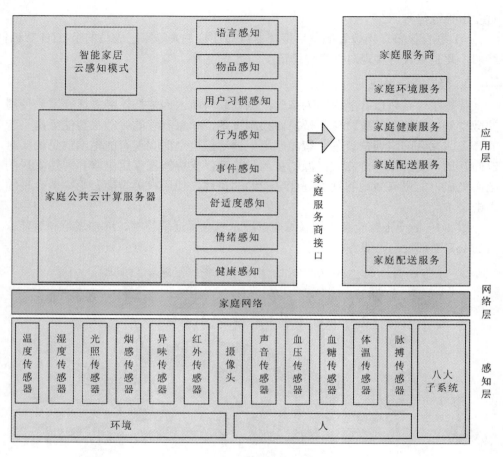

图 4-20　物联网智能家居系统结构

(1) 感知层。感知层的主要作用是"感知"环境参数及电气设备的工作参数，主要包括各类传感器(如温湿度传感器、光照传感器等)、智能开关、智能插座、智能水表电表热表、烟感探测器及紧急报警按钮等。这些设备是物联网智能家居中的最低层，具有无线接口和接入网络的通信端口。目前，智能家居中应用最广泛的是视频监控、安全报警和远程抄表等方面的设备。八大子系统包括网络布线系统、智能照明系统、背景音乐系统、家庭影院系统、电器控制系统、智能控制系统、安防监控系统和环境控制系统。

利用物联网技术构建感知层，主要通过采用 RFID、GNSS、摄像头、二维码、传感器等技术手段，实现系统设备对家庭环境以及其他感知对象信息的采集与简单处理，并下达指令完成任务。感知功能的有效发挥，既提高了各子系统的智能化程度，又实现了更多的智能家居服务，从而方便了居民合理而高效地利用智能家居系统的各个功能。同时，也促使了智能家居系统自身的不断完善，如在设计与功能优化上的创新，以实现更多、更完善的服务。此外，物联网技术在智能家居中应用的典型感知技术，还包括无线燃气泄漏传感器、无线温湿度传感器、无线门磁及窗磁等。

(2) 网络层。网络层是物联网关，主要负责将感知层的感知设备信息接入互联网中。它接收感知设备发送的信息，并通过网络接口接入互联网，实现远程通信服务。

物联网智能家居的网络层，主要包括通信网络与互联网形成的融合网络，以及家居物联网中心、信息处理中心、云计算平台及专家系统等。其中，融合网络是系统中信息连通的基础，是实现智能化处理的主要部分。利用物联网技术构建的网络层，不但要有强大的网络运营能力，而且要确保信息传送的可靠性以及数据处理的智能化。网络层的有效构建，可确保智能家居系统用到高质量的网络，解决传统智能家居智能化程度低和信息数据分析能力差的问题，使人们居家办公或休闲娱乐都能顺畅进行。

(3) 应用层。应用层主要包括台式电脑、便携式电脑、智能手机等终端设备，通过浏览器或者手机 App 软件为用户提供一个可以与智能家居系统远程交互的人机接口。应用层还可以利用大数据、云计算等技术把大量的数据处理放在家庭外部，构成智能家居的核心。借助于临床医学、营养学、机器视觉等技术实现云感知模式，也可为家庭服务商提供各种服务。

物联网技术构建应用层，需要分析应用的物联网技术对改善智能家居现有的不足所起的作用，进而制定更优的实施方案，确保物联网技术与智能家居的完美结合，实现智能家居的智能监测、智能安防、智能报警、智能家庭环境控制以及家用电器的自动记忆与智能化服务，从而提升家居生活的智能化水平。应用层的有效构建，确保了智能家居系统各设备运行的安全性、舒适性、节能性和智能性，实现了物体与人之间的数字信息交流。例如，WSN(Wireless Sensor Network)在智能家居安防系统布线中的应用，极大地降低了布线和维护的复杂性，而且传感器节点兼具信息处理功能，当有异常情况发生时，系统不但能够自动控制险情，还能将报警信号及时发送给住户本人或监控者，从而可实现住户对家居随时随地进行主动监控。

4.5.4 物联网与智慧医疗

智慧医疗通过打造健康档案区域医疗信息平台，利用先进的物联网技术，实现患者与医务人员、医疗机构、医疗设备之间的互动，从而使患者只要用较短的等疗时间，支付基本的医疗费用，就可以享受安全、便利、优质的诊疗服务。随着技术的进步，在不久的将来医疗行业将融入人工智能(AI) ，使智慧医疗走进寻常百姓的生活，从根本上解决"看病难、看病贵"等问题，真正做到"人人健康，健康人人"，让医疗服务走向真正意义的智能化与人性化。

1. 智慧医疗概述

智慧医疗是指利用互联网和物联网等技术并通过智能化的方式，将与医疗卫生服务相关的人员、信息、设备、资源连接起来实现良性互动，以保证人们及时获得预防性和治疗性的医疗服务。智慧医疗系统框图如图 4-21 所示。

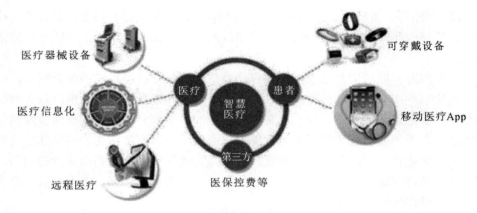

图 4-21　智慧医疗系统框图

智慧医疗是生命科学和信息技术融合的产物，是现代医学和通信技术的重要组成部分，一般包括智慧医院服务、区域医疗交互服务和家庭健康服务等基本内容。智慧医疗与数字医疗、移动医疗等概念存在相似性，但是智慧医疗在系统集成、信息共享和智能处理等方面存在明显的优势，是物联网在医疗卫生领域具体应用的更高阶段。

智慧医疗目前尚无非常明确的定义，从不同的角度出发，专家学者们对于智慧医疗都有不同的见解。智慧医疗是以医疗数据中心为基础，以电子病历、居民健康档案为核心，以自动化、智能化为表现，综合应用物联网、射频技术、嵌入式无线传感器、云计算等信息技术，构建便捷化的医疗服务、人性化的健康管理、专业化的业务应用、科学化的监督管理、高效化的信息支撑、规范化的信息标准以及常态化的信息安全等体系，打造高度集成的人口健康信息服务平台，使得医疗服务更加便捷可及，健康管理更加全面及时，医疗工作更加高效优质，监管决策更加科学合理，最终使整个医疗生态圈的每一个群体均可从中受益。

智慧医疗具有互联性、协作性、预防性、普及性、可靠性、创新性等特点。经授权的医生能随时查阅患者病历、档案等，患者也可自主选择更换医生或医院。智慧医疗将个体、器械、机构整合为一个整体，将病患人员、医务人员、保险公司、研究人员等紧密联系起来，实现业务协同，增加社会、机构、个人的三重效益。同时，通过移动通信、移动互联网等技术，将远程挂号、在线咨询、在线支付等医疗服务推送到每个人的手中，缓解"看病难"问题。

2. 我国智慧医疗发展现状

智慧医疗在我国发展迅速，自智慧地球理念和智慧医疗概念产生以来，IBM中国地区政府与公众事业四部经理刘洪在 2009 年的国际医疗卫生信息与管理系统协会(HIMSS) 大会上，将智慧医疗的主要内容概括为数字化医院和区域卫生信息化两部分。HIMSS 对移动互联网医疗的定义是：通过使用移动通信技术(如 PDA、移动电话和卫星通信)来提供医疗服务和信息。移动医疗使得医疗便携化，提高了诊疗的效率，实现了医疗服务的"随手可得"。目前，全球医疗行业采用的移动解决方案基本上可概括为：无线查房、移动护理、药品管理和分发、条形码病人标志带的应用、视频诊断等。

我国中央和部分地方政府也相继提出了关于智慧医疗的设计方案和实施规划。国家出台了关于智慧地球实行的相关文件，为智慧医疗的实施提供了宏观指导。同时，部分城市提出了关于智慧医疗的建设理念和实施方案，为智慧医疗这个抽象的概念提供了实践的机会，以积累经验，进一步推动智慧医疗信息体系在我国医疗行业的应用与发展。

各城市智慧医疗的推进、实施和快速发展主要体现在：① 明确包括深化医疗卫生体制改革和提高医疗水平及服务质量在内的智慧医疗建设目标和规划蓝图；② 为提高医院运作效率和医疗服务的水平，利用物联网技术打造医疗服务信息平台；③ 为缓解看病挂号难问题的预约挂号服务平台的普遍推广使用；④ 利用先进的智能医疗设备提高诊疗水平和质量的智慧诊疗的推行；⑤ 关注弱势群体的远程医疗服务项目的开展；⑥ 方便结算和提高医疗服务效率的医疗卡结算方式的推广应用。例如，浙江省瑞安市妇幼保健院实施了网上预约挂号服务，不仅利用先进的互联网技术为患者及其家属提供了快速便捷的预约门诊通道，也为患者就诊提供了极大的便利。30 台医疗服务自助机陆续启用，实现了自助挂号、预约取号、自助缴费、自助查询、自助打印等功能，患者在机器上不仅可以查询门诊就诊流程、医师出诊信息、专家介绍、物价信息、检验结果等，还可以自助打印化验单、取药单等。机器上还可以直接进行银行转账服务，减少了窗口排队的时间。自助机的启用，不仅提高了就诊效率，解决了排队难、挂号难的问题，方便了患者，也减轻了医院的负担。表 4-2 显示的是我国某沿海城市的公共医疗研究项目。

表 4-2　智慧医疗的 7 个研究项目

主要功能	功 能 简 介
医疗废物管理	医疗废物处理的全程实现安全、有序、高效和准确地管理
医药安全监控	随时追踪、共享药品生产和物流信息，保证药品安全
健康监测及咨询	感知患者的身体各项指标情况，并提供专家建议
医疗设备管理	检测设备运行状态以保证其正常运行
医院信息化平台	查房、重症监护、人员定位以及无线上网等信息化服务
老人儿童监控	家庭或老年公寓的老人、儿童的日常生活检测、协助以及健康状况检测
公共卫生控制	通过射频识别技术建立医疗卫生的监督和追溯系统、病源追踪和病菌携带的管理

3. 智慧医疗在我国发展过程中出现的问题

智慧医疗已有一些成功的应用案例，也取得了一定的实际效果，但是在宏观指导、信息资源共享、信息安全以及相关法律法规等方面都还存在问题。

(1) 智慧医疗的推行实施缺乏专门的宏观指导性文件。目前，我国智慧医疗在整体规划和具体实施等方面都没有现成的可供借鉴和学习的经验，一般只有城市制定的智慧医疗建设的规划目标和实施意见，没有专门针对智慧医疗建设的宏观指导性文件，智慧医疗的实施中出现了宏观指导缺位的问题。我国目前已有关于智慧地球的宏观指导意见，但不能为智慧医疗具体推进和在建设过程中出现的具体问题提供指导和解决方案，在一定程度上造成了部分地区和单位参与建设智慧医疗的积极性不高，推进智慧医疗的步伐不一致，不利于智慧医疗的进一步推进和建设，也不利于医疗服务水平和质量的提高。

(2) 具体实施过程中存在信息资源共享未充分实现的问题。智慧医疗实施中利用先进的互联网和物联网技术打造的医院信息管理系统和医疗服务信息服务平台，就是通过对患者信息资源的共享，提高医院的运作效率以及医疗服务的水平和质量。而目前在我国与医疗服务有关的各单位在日常工作中产生的包括居民健康信息和临床医疗信息在内的公共卫生信息未实现充分共享。例如，市级医疗机构与省级大医院未建立信息共享机制，在某一医院做的相关检查在另一医疗机构不能获得认可，这在一定程度上给群众就医带来不便，不利于患者享受及时高效统一的诊疗服务。

(3) 智慧医疗服务中的信息安全问题。众所周知，在高度发达的信息社会，信息安全对于维护个人的隐私权和维护公共安全及公共秩序产生着十分重要的影响。智慧医疗的运用在为患者提供就医便利的同时，也对信息安全提出了新的考验和挑战。因此，各医疗机构在充分利用互联网技术推动智慧医疗实施时，也要提高对信息安全的重视，加强网络建设，加强信息数据的保护，确保信息系统的稳定，以避免信息数据泄露。

(4) 在智慧医疗的实施过程中存在相关法律法规欠缺的问题。目前，在智慧医疗的推进和实施中，关于如何保护公民个人电子档案信息和患者的隐私等方面，仍然存在着法律空白和相关法律法规不完善、不健全的问题。因此，在智慧医疗的建设实践中，需要加强相关法制建设，以法律的强制性保证智慧医疗相关规定和措施的落实，指导智慧医疗的推进和落实，使医疗机构的医疗服务和管理行为有法可依。

4. 智慧医疗的发展趋势

人们生活水平的提高，对个人的健康及日常保健提出了更高的要求，使得对先进医疗技术的需求也日益增长，智慧医疗恰恰就是为满足这一需求而诞生的。未来随着物联网技术的发展与普及，智慧医疗越来越接近人们的生活，其发展趋势涉及以下方面：

(1) 政府参与加强化。虽然智慧医疗在发展过程中存在缺乏宏观指导性文件和相关法律法规欠缺的问题，但是从政府对智慧医疗的支持和扶持力度可以看出，在智慧医疗的发展过程中呈现政府参与加强化的趋势。一方面，由于智慧医疗是一种新型的医疗服务方式，没有相对成熟的模式可供借鉴。为避免在智慧医疗的实践过程中出现更多的问题，国家有必要通过制定相应的政策规范和法律法规，对智慧医疗的具体实施提供指导和引领。另一方面，国家和政府参与度的加强不仅可以给智慧医疗的实施提供宏观性指导，规范智慧医疗的实施行为，而且有利于维护公众的信息安全、合法权益，实现智慧医疗的规范化和进一步推动医疗体制的改革。

(2) 应用范围扩大化。随着智能技术的不断提高和应用系统的成熟完善，智慧医疗对提高医疗卫生水平和质量的作用越来越大，智慧医疗的功能和作用为更多的人所认可，其应用范围也将逐渐扩大。智慧医疗将贯穿公民从出生到死亡的整个生命周期，并覆盖儿童、老人、孕妇和特殊疾病患者等多类人群，适用范围将逐步扩大并惠及更多公众，也将在更多医疗机构适用。在政府的不断支持和扶持下，智慧医疗的作用和功能将得到很大宣传，其适用范围还可覆盖卫计委提出的包括药物管理、新农合监管、城镇医疗保障、药品器械信息化监管、公共卫生信息管理等重点业务系统。

(3) 信息共享普遍化。针对智慧医疗在实施过程中出现的信息共享未完全实现的问题，在国家和政府的相关政策及制度的支持下和互联网技术高度发达的环境中，智慧医疗呈现了信息共享普遍化的发展趋势。国家和政府在智慧医疗的发展过程中也十分重视医疗信息的共享，一直在采取措施推动医疗信息共享的普遍化。物联网技术和互联网技术的高度发达，为打造全方位、立体化的更成熟、更完善的数据处理和信息服务平台提供了技术支持，有利于对相关信息进行快速准确的加工和整合并实现医疗信息的融合，进一步实现医疗信息共享的普遍化。

5. 智慧医疗体系架构

智慧医疗的体系架构总体上以物联网架构为平台，并结合医疗领域的感知、传输和应用特点。

1) 感知层

感知层主要由无线医疗传感器节点组成，也称为无线人体传感网(BSN)，主要对人体生理和疾病状态进行实时测量与监视。其应用场景可分为：① 社区/医院场景，包含功能检查、内窥检查、实验、病理、射线、超声波诊断等终端，放射、理化、核医学、激光、透析护理等治疗类终端，以及消毒、制冷、血库、制/配药等辅助类终端；② 家庭/个人场景，主要是一些常规的生理/生命指标参数监测终端，如无线智能血压计、血糖仪、心率仪等；③ 车载/移动、野外救灾场景，属于急救应用场合。

感知层是智慧医疗的"眼睛"，是信息反馈环节，其测量数据的准确性和安全性直接影响到医生对患者病情和病理的推断，一旦出现纰漏和安全问题，就会导致医生的错误判断，造成病情延误甚至危及患者的生命安全。因此，该层在数据监测、保护、处理、抗干扰及网络安全保护环节的硬件、软件系统的设计与开发显得尤为重要。目前，医疗健康感知终端以数字化，标准化，智能化，低功耗、低成本化等为发展趋势，如数字化生物传感诊断、机器人器械辅助诊断、网络医疗终端、微创化医疗终端等。

2) 网络层

网络层用来实现感知层与应用层之间数据的双向远近距离的传输、云计算、打包压缩、抗干扰、文本格式化等处理，或者说实现二者之间数据的在线和实时共享。其架构是建立在固定通信和移动通信网络基础之上的。固定通信网络以国家电子政务外网作为平台，并由此部署卫生部门所有的纵向业务信息系统。移动通信网架构也称为 mHealth 平台(移动健康平台)，它将患者侧的移动健康设备、医务人员侧的医疗设备和一些应用服务器作为终端接入网络。

　　无线局域网(WLAN)技术是现阶段能够满足移动医疗通信的首选技术，它突破了有线网络终端移动不方便、部署复杂、布线凌乱等局限性，可安装覆盖在病房、急诊、ICU、手术室等需要医护人员移动工作的区域。为了确保信号的连续性，采用无线 AP (无线接入点)中的 FITAP (瘦型 AP)部署方式，能使患者侧和医务人员侧的 mHealth 终端真正实现无缝漫游。

　　移动通信网络是 WLAN 组网的基础。其硬件主体由 mHealth 平台、患者侧和医务人员侧移动健康诊断/医疗终端设备三部分组成。mHealth 平台是智慧医疗的业务支撑，也是一个 IT 平台。例如：医院方为医务人员提供访问权限，医保中心或行政部门向医院提供患者和医务人员的费用结算信息等；B2B 医疗数据交换模块负责移动健康平台与医疗企业的数据库之间的数据信息往来。患者侧的移动健康设备均安装有移动网络 SIM 卡，以便对签约者的身份进行管理，确保以签约者的具体身份与网络之间进行操作和信息交换。

　　3) 应用层

　　应用层由业务应用平台(急救类、慢病类、个人健康管理类)和云计算支撑平台共同完成，借助于联网的各医疗机构的分工协作、资源共享和互联互通，实现共享协作。这两个组成部分也可以直观地分别称为终端设备层和应用程序层。前者提供人机接口及各终端设备的"物物相联"；后者进行数据的融合处理，主要包括支付、监控、定位、盘点、预测等，涵盖了患者与医疗机构相关的方方面面，是智慧医疗与物联网行业技术的深度融合。

第 5 章　区块链的应用与未来

5.1　区块链的概述

区块链是随着比特币等数字加密货币的日益普及而逐渐兴起的一种全新的去中心化基础架构与分布式计算范式。区块链作为伴随比特币产生的概念，其所承载的意义远远超出了加密货币。区块链技术应该是可以有更多种形态、更多种体系、更多种用途、更多种规格的技术，目前已经被应用于许多领域，包括金融政务服务、供应链版权和专利、能源、物联网等。同时，区块链技术本身也吸引了越来越多的人对其进行深入研究并探索其宽广的应用空间。未来，与区块链技术接触的群体将会越来越多，对区块链技术进行更加深入的了解与探究将是很多领域的创新创业中不可或缺的一环。

5.1.1　区块链的基本概念

区块链(Blockchain)技术的产生和发展离不开比特币。首先，随着比特币的诞生，区块链技术才得以公布于众；其次，比特币是截至目前区块链技术最成功、最成熟的应用案例。比特币的概念由中本聪在 2008 年发表的论文《比特币：一种点对点的电子现金系统》中首次提出。文中，中本聪将区块链技术作为构建比特币数据结构及交易体系的基础技术，将比特币打造为一种数字货币和在线支付系统，利用加密技术实现资金转移，而不再依赖于中央银行。比特币使用公钥地址发送和接收比特币，并进行交易记录，从而实现个人身份信息的匿名。交易确认的过程则需要用户贡献算力，共同对交易进行共识确认，从而将交易记录在全网公开账本中。用户可以利用电脑、手机等发送或接收比特币，并选择交易费用。

到底什么是区块链？工信部指导发布的《区块链技术和应用发展白皮书 2016》的解释是：狭义来讲，区块链是一种按照时间顺序将数据区块以顺序相连的方式组合成的链式数据结构，并以密码学方式保证的不可篡改和不可伪造的分布式账本。广义来讲，区块链技术是利用块链式数据结构来验证和存储数据，利用分布式节点共识算法来生成和更新数据，利用密码学的方式保证数据传输和访问的安全性，利用由自动化脚本代码组成的智能合约来编程和操作数据的一种全新的分布式基础架构与计算范式。

专业的解释或许有些抽象，顾名思义，区块链是一个去中心化的分布式账本，该账本由一串使用密码学方法产生的数据区块按照时间顺序首尾相连形成链式结构，区块中包含一定时间内产生的通过密码学保证无法被篡改的数据记录信息。区块链中所谓的账本，其作用和现实生活中的账本基本一致，按照一定的格式记录流水等交易信息。特别是在各种数字货币中，交易内容就是各种转账信息。只是随着区块链的发展，记录的交易内容由各种转账记录扩展至各个领域的数据。比如，在供应链溯源应用中，区块中记录了供应链各个环节中物品所处的责任方、位置等信息。

要探寻区块链的本质，何为区块、何为链，首先需要了解区块链的数据结构，即这些交易以怎样的结构保存在账本中。区块链结构示意图如图 5-1 所示。区块是链式结构的基本数据单元，聚合了所有交易相关信息，包含数据记录、当前区块根哈希(Hash)、前一区块根哈希、时间戳以及其他信息。数据记录的类型可以根据场景决定，比如资产交易记录、资产发行记录、清算记录、智能合约记录甚至物联网数据记录等。数据记录在存储过程中，通常组织为树形式，比如默克尔树，而区块根哈希实际上就是数据记录树的根节点哈希，是根据数据记录树自下而上逐步通过 SHA-256 等哈希算法计算得出的。时间戳为区块的生成时间。其他信息包括区块签名信息、随机值等信息，也可以根据具体应用场景灵活定义。

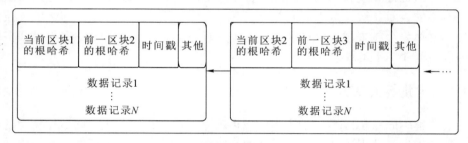

图 5-1　区块链结构示意图

5.1.2　区块链的发展史

区块链由诞生至今，其发展先后经历了加密数字货币、企业应用、价值互联网三个阶段，如图 5-2 所示，沿着这三个阶段可以清晰地看到区块链的现状与未来。

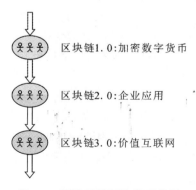

图 5-2　区块链发展阶段示意图

1. 区块链 1.0：加密数字货币

2009 年 1 月，比特币系统正式运行并开放了源码，标志着比特币网络的正式诞生。其主要创新是创建了一套去中心化、公开透明、防篡改的交易账本系统；其数据库由所有的网络节点共享，由"矿工"更新，全民维护，没有人可以控制这个总账本。在区块链 1.0 阶段，区块链技术的应用主要聚集在加密数字货币领域，典型代表是比特币系统以及从比特币系统代码衍生出来的多种加密数字货币。现有逾百种加密数字货币(未来币、点点币、莱特币、狗狗币等)，比特币约占所有加密数字货币市值的 90%。

加密数字货币的快速发展吸引了人们对区块链技术的关注，对于传播区块链技术起到了很大的促进作用，人们开始尝试在比特币系统上开发加密数字货币之外的应用，比如存证、股权众筹等。但是比特币作为一个为加密数字货币设计的专用系统，也存在如下的问题：

(1) 比特币系统内置的脚本系统主要针对加密数字货币交易而设计，不是图灵完备的脚本，表达能力有限，因此在开发诸如存证、股权众筹等应用时，有些逻辑无法表达；比特币系统内部需要做大量开发，对开发人员要求高，开发难度大，因此无法进行大规模的非加密数字货币类应用的开发。这里，要了解一个基本的概念——图灵完备，即理论上能够解决任何算法的编程语言。

(2) 比特币系统在全球范围内只能支持每秒 7 笔交易，交易记账后追加 6 个区块才能比较安全地确认交易，追加一个块大约需要 10 分钟，意味着大约需要 1 小时才能确认交易，不能满足实时性要求较高的应用的需求。

2. 区块链 2.0：企业应用

针对区块链 1.0 存在的专用系统问题，为了支持如众筹、溯源等应用，区块链2.0 阶段支持用户自定义的业务逻辑，即引入了智能合约，从而使区块链的应用范围得到了很大的扩展，在经济、市场、金融等方面得到了全方位的应用，极大地降低了社会生产消费过程中的信任和协作成本，提高了行业内和行业间的协同效率，典型的代表是 2013 年启动的以太坊系统。

关于以太坊，可以界定其为一个开源的区块链底层系统，在这个系统中可以运行所有区块链和协议。就像比特币一样，以太坊不受任何人控制，由全球范围内的所有参与者共同维护。这和安卓系统非常相似，可以为用户提供非常丰富的API，让用户能够在其上快速开发出各种区块链应用。截至目前，以太坊上已经有200 多个应用。

以太坊项目为其底层的区块链账本引入了被称为智能合约的交互接口，这对区块链应用进入 2.0 时代发挥了巨大作用。智能合约是一种通过计算机技术实现的，旨在以数字化方式达成共识、履约、监控履约过程并验证履约结果的自动化合同，极大地扩展了区块链的功能。智能合约可以简单地理解为：以数字形式定义的一系列承诺，一旦合约被设立，在区块链系统上无需第三方的参与便可以自动执行。智能合约是以太坊显著的特点之一，是可编程货币和可编程金融的基础技术。有了智能合约系统的支持，区块链的应用范围开始从单一的货币领域扩大到涉及合约共识的其他金融领域，区块链技术首先在股票、清算、私募股权等众多金融领域崭露头角。比如，企业股权众筹一直是众多中小企业的梦想，区块链技术使之成为现实。区块链分布式账本可以取代传统的通过交易所发行股票，这样企业就可以通过分布式自治组织协作运营，借助用户的集体行为和集体智慧获得更好的发展，在投入运营的第一天就能实现募资，而不用背负复杂的 IPO 流程产生的高额费用。

从人类分工协同的角度来看，现代社会已经是契约社会，而契约的签订和执行往往需要付出高昂的成本。以公司合同为例，A 和 B 签订了一笔供货合同，后来 B 违反了合同条款，导致 A 因供货不足产生了重大损失，于是 A 向法院提起诉讼，在历经曲折并耗费大量人力、物力后终于打赢了官司。但是 B 拒绝履行判决，A 只得向法院申请强制执行，从立案，提供人证、物证到强制执行，整个流程浪费了大量的社会资源。

若通过智能合约，则整个履约过程将变得简单、高效、低成本。例如，A 和 B 签订了一笔供货合同，合同以智能合约的形式通过计算机程序编码实现，经过双方确认后，供货智能合约连同预付违约金账户被安装到区块链平台上自动执行，后来 B 违反了合同条款，导致 A 因供货不足产生了重大损失，于是 A 提供电子证据并通过平台真实性验证后触发供货智能合约的违约赔偿条款，违约赔偿条款自动将 B 预付的违约金按照合约规定汇入 A 的账户作为补偿。

再通过一个小故事来理解认识以太坊和智能合约。A 想购买 B 的房子，B 也有出售房屋的意向。但是，现在房子还在租赁阶段，租客的合同两个月后才能到期，无法立即交易。然而，A 两个月后需要去外地出差，并且会持续很长一段时间，无法当面办理房屋所有权的转让手续，于是两人商量在以太坊上建立一个关于房产转让的智能合约。合约规定：两个月后，租客的租赁合同到期，A 把钱打到 B 的账户，B 将房屋的所有权转让到 A 的名下。以太坊为 A 和 B 提供了一个可信任、安全的环境，并且 A、B 双方都愿意执行。而在现实中，若是 A、B 双方选择线下签订合同，需要双方约定好时间，去登记机关提供各种证明信息办理产权交接，然后通过第三方平台进行房屋交易。在此期间，A、B 双方都会浪费很多的时间和精力。

以以太坊为主的区块链 2.0 技术，其"开放透明""去中心化"及"不可篡改"的特性在其他领域逐步受到重视，可以达到每秒 70~80 次交易次数。有一些行业的专业人士开始意识到，区块链的应用也许不仅局限在金融领域，还可以扩展到任何需要协同共识的领域中去。于是，在金融领域之外，区块链技术又陆续被应用到了公证、仲裁、审计域名、物流、医疗、邮件、鉴证投票等其他领域，应用范围逐渐扩大到各个行业。

3. 区块链 3.0：价值互联网

区块链 3.0 时代也是区块链全面应用的时代，由此构建一个大规模协作社会。

除金融、经济等方面，此时的区块链在社会生活中的应用更为广泛，特别是在政务、健康、科学、文化和艺术等领域。从技术的角度来看，应用 CA 认证、电子签名、数字存证、生物特征识别、分布式计算、分布存储等技术，区块链可以实现一个去中心、防篡改、公开透明的可信计算平台，从技术上为构建可信社会提供了可能。区块链与云计算、大数据和人工智能等新兴技术交叉演进，将重构数字经济发展生态，促进价值互联网与实体经济的深度融合。

可以想象，对于一个构建在区块链上的智能化政务系统，它可以承载存储公民身份信息、管理国民收入、分配社会资源、解决争端等公有事务。在这个系统中，诸如地契、注册企业、结婚登记、健康档案管理等与公民相关的信息得以妥善保存和处理。当一个婴儿呱呱坠地时，医生将孩子的出生年月等信息上传至区块链公民电子身份系统，系统确认孩子的信息后将分配给孩子一个 ID，ID 得到政府相关部门的确认后，相关电子身份信息便将伴随孩子的一生。此后，这个孩子的学籍、健康、财产、职称、信用等信息都将与 ID 挂钩，存储在区块链上。当他离世时，有关他的遗嘱合约将被触发，相关财产分配给他的继承人，在系统上有关他的信息链将不再新增信息。

价值互联网是一个可信赖的实现各个行业协同互联，实现人和万物互联，实现劳动价值高效、智能流通的网络，主要用于解决人与人、人与物、物与物之间的共识协作、效率提升问题，将传统的依赖于人或依赖于中心系统的公正、调节、仲裁功能自动化，按照大家都认可的协议交给可信赖的机器来自动执行。通过对现有互联网体系进行变革，区块链技术将与 5G 网络、机器智能、物联网等技术创新一起承载着我们的智能化、可信赖梦想飞向价值互联网时代。

在这个即将到来的智能价值互联时代，区块链将渗透到生产、生活的方方面面，充分发挥审计、监控、仲裁和价值交换的作用，确保技术创新向着让人们的生活更加美好、世界更加美好的方向发展。

5.1.3　区块链的特征

1. 去中心化

去中心化是区块链最基本的特征，意味着区块链不再依赖于中央处理节点，实现了数据的分布式记录、存储和更新。由于使用分布式存储和算力，不存在中心化的硬件或管理机构，全网节点的权利和义务均等，系统中的数据本质是由全网节点共同维护的。由于每个区块链节点都必须遵循同一规则，而该规则基于密码算法而非信用，同时每次数据更新需要网络内其他用户的批准，因此不需要一套第三方中介机构或信任机构背书。在传统的中心化网络中，对一个中心节点实行攻击即可破坏整个系统，而在一个去中心化的区块链网络中，攻击单个节点无法控制或破坏整个网络，掌握网内超过 51% 的节点只是获得控制权的开始而已。

2. 透明性

区块链系统的数据记录对全网节点是透明的，数据记录的更新操作对全网节点也是透明的，这是区块链系统值得信任的基础。由于区块链系统使用开源的程序、开放的规则，以及具有高参与度，因此区块链数据记录和运行规则可以被全网节点审查、追溯，具有很高的透明度。区块链上发生的任意一笔交易都是有完整记录的，可以针对某一状态在区块链上追查与其相关的全部历史记录。

3. 开放性

区块链系统是开放的，除了与数据直接相关各方的私有信息被加密外，区块链的数据对所有人公开(具有特殊权限要求的区块链系统除外)。任何人若参与节点都可以通过公开的接口查询区块链数据记录或者开发相关应用，因此整个系统信息高度透明。

4. 自治性

区块链采用基于协商一致的规范和协议，使整个系统中的所有节点都能够在去信任(即无需相互信任)的环境中自由安全地交换数据、记录数据、更新数据，把对个人或机构的信任改成对体系的信任，任何人为的干预都将不起作用。

5. 信息不可篡改

信息不可篡改是指交易一旦在全网范围内经过验证并添加至区块链，就会得到永久存储，很难被修改或者抹除(具备特殊更改需求的私有区块链等系统除外)。

一方面，当前联盟区块链所使用的如 PBFT 类共识算法，从设计上保证了交易一旦写入即无法被篡改；另一方面，以 PoW 作为共识算法的区块链系统的篡改难度及花费都是极大的。若要对此类系统进行篡改，攻击者需要控制全系统超过51%的节点，否则单个节点上对数据库的修改是无效的，且若攻击行为一旦发生，区块链网络虽然最终会接受攻击者计算的结果，但是攻击过程仍然会被全网见证，当人们发现这套区块链系统已经被控制以后便不再会相信和使用这套系统，这套系统也就失去了价值，攻击者为购买节点而投入的大量资金便无法收回，所以一个理智的个体不会进行这种类型的攻击。因此，区块链的数据稳定性和可靠性极高。

6. 匿名性

区块链技术解决了节点间信任的问题，使得节点之间不需要互相公开身份，因为任意节点都不需要根据其他节点的身份进行交易有效性的判断，这为区块链系统保护用户隐私提供了前提，所以数据交换甚至交易均可在匿名的情况下进行。区块链系统中的用户通常以公私钥体系中的私钥作为唯一身份标识，用户只要拥有私钥即可参与区块链上的各类交易，至于谁持有该私钥则不是区块链关注的事情，区块链也不会去记录这种匹配对应关系，所以区块链系统只知道某个私钥的持有者在区块链上进行了哪些交易，并不知晓这个持有者是谁，进而保护了用户的隐私。

由于节点之间的数据交换遵循固定且预知的算法，因而其数据交互是无需信任的，可以基于地址而非个人身份进行，也就是说交易双方无需通过公开身份的方式让对方产生信任。

7. 系统高可靠性

区块链系统的高可靠性体现为以下几点：

(1) 每个节点对等地维护一个账本并参与整个系统的共识。也就是说，如果其中某一个节点出现故障了，整个系统仍然能够正常运转。这就是为什么我们可以自由加入或者退出比特币系统网络，而整个系统依然工作正常的原因。

(2) 区块链系统支持拜占庭容错。传统的分布式系统虽然也具有高可靠性，但是通常只能容忍系统内的节点发生崩溃现象或者出现网络分区的问题，而系统一旦被攻克(甚至是只有一个节点被攻克)，或者说节点被修改了消息处理逻辑，则整个系统都将无法正常工作。

通常，按照系统能够处理的异常行为可以将分布式系统分为崩溃容错(Crash Fault Tolerance，CFT)系统和拜占庭容错(Byzantine Fault Tolerance，BFT)系统。CFT 系统是指可以处理系统中节点发生崩溃(Crash)错误的系统，而 BFT 系统则是指可以处理系统中节点发生拜占庭错误的系统。拜占庭错误来自著名的拜占庭将军问题，现在通常是指系统中的节点行为不可控，可能存在崩溃、拒绝发送消息、发送异常消息或者发送对自己有利的消息(即恶意造假)等行为。

传统的分布式系统是典型的 CFT 系统，不能处理拜占庭错误，而区块链系统则是 BFT 系统，可以处理各类拜占庭错误。区块链能够处理拜占庭错误的能力源自其共识算法，而每种共识算法也有其对应的应用场景(或者说错误模型，即拜占庭节点的能力和比例)。例如：PoW 共识算法不能容忍系统中超过 51%的算力协同进行拜占庭行为；PBFT 共识算法则不能容忍超过总数 1/3 的节点发生拜占庭行为；Ripple 共识算法不能容忍系统中超过 1/5 的节点存在拜占庭行为等。因此，严格来说，区块链系统的可靠性也不是绝对的，只能说是在满足其错误模型要求的条件下，能够保证系统的可靠性。然而由于区块链系统中参与节点数目通常较多，其错误模型要求完全可以被满足，所以一般认为，区块链系统是具有高可靠性的。

5.1.4 　全球区块链技术发展

世界主要国家对于数字货币有着不同的监管态度，但对于区块链技术的应用态度却趋于一致，基本上都在进行积极的探索。各国央行都在加快对基于区块链的数字货币的研究工作，使得各领域区块链行业联盟迅速兴起。自 2016 年以来，美国、英国、日本、韩国及中东地区国家一直积极推动区块链相关技术的研发，其中欧美高度重视区块链产业与监管并行发展。美国政府坚持产业推动与监管双管齐下，美联储(美国联邦储备委员会)开展区块链研究以解决网络安全和监管问题，并充分认可区块链技术的重要性以及对金融交易的影响。

2015 年，我国区块链市场规模几乎为零，但随着国内资本对于区块链技术的投资力度不断加大，区块链在国内的商业模式逐步成熟，各地涌现出一大批优秀的企业投入区块链产业中，各类企业投融资活动十分活跃，充分展示了区块链的产业活力。2016 年 1 月，我国首个区块链联盟——中国区块链研究联盟(CBRA)在北京成立，国内区块链产业落地试验拉开序幕；2016 年 2 月，北京中关村区块链联盟成立；2016 年 4 月，中国分布式总账基础协议联盟成立；2016 年 10 月，工信部发布《中国区块链技术和应用发展白皮书》，指明区块链的核心技术路径及其标准化方向和进程；2017 年 5 月 16 日，首届中国区块链开发大赛成果发布会在杭州国际博览中心成功举办，首个区块链标准《区块链参考架构》也正式发布；2017 年 5 月 25 日，"2017 中国国际大数据产业博览会"在贵阳市举行，李克强总理致信祝贺并首次在公开讲话中提到区块链技术，体现政府对区块链技术发展的高度重视。

2019 年 10 月，区块链正式上升到国家战略高度；2020 年 4 月，国家发改委首次将区块链列入新型基础设施的范围，明确其属于新基建的信息基础设施。在国家政策、基础技术推动和下游应用领域需求不断增加的促进下，我国区块链行业市场规模不断发展，地域集中度较高，产业集群效应明显。随着区块链技术的不断成熟，区块链行业正在从 2.0 阶段努力迈入 3.0 阶段，在金融、交通运输、物流、版权保护等领域有着良好的表现，为推动我国数字化建设，加快数字中国进程贡献了巨大的力量。

5.2　区块链的分类

根据网络范围及参与节点特性，区块链可被划分为公有区块链、联盟区块链、私有区块链三类。这三类区块链特性对比如表 5-1 所示。

表 5-1　区块链的类型及其特性

特　性	类　型		
	公有区块链	联盟区块链	私有区块链
参与者	任何人自由进出	联盟成员	个体或公司内部
共识机制	PoW/PoS/DPoS 等	分布式一致性算法	分布式一致性算法
记账人	所有参与者	联盟成员协商确定	自定义
激励机制	需要	可选	可选
中心化程度	去中心化	多中心化	(多)中心化
突出特点	信用的自建立	效率和成本优化	透明和可追溯
承载能力	3～20 笔/秒	1000～10 000 笔/秒	1000～200 000 万笔/秒
典型场景	加密数字货币、存证	支付、清算、公益	审计、发行

共识机制：在分布式系统中，共识是指各个参与节点通过共识协议达成一致的过程。

去中心化：相对于中心化而言的一种成员组织方式，每个参与者高度自治，参与者之间自由连接，不依赖任何中心系统。

多中心化：介于去中心化和中心化之间的一种组织结构，各个参与者通过多个局部中心连接到一起。

激励机制：鼓励参与者参与系统维护的机制。比如，比特币系统对于获得相应区块记账权的节点给予比特币奖励。

5.2.1　公有区块链

公有区块链是指全世界任何人都可读取、可发送交易进行有效性确认，不受任何单个中央机构的控制，数据完全开放透明，任何人都能参与其共识过程的区块链。区块链上的数据记录公开，所有人都可以访问，都可以发出交易请求，并通过验证被写入区块链。共识过程的参与者通过密码学技术共同维护公有区块链数据的安全、透明、不可篡改。

公有区块链的典型应用是比特币系统。使用比特币系统，只需下载相应的客户端。创建钱包地址、转账交易、参与挖矿，这些功能都是免费开放的。比特币开创了去中心化加密数字货币的先河，并充分验证了区块链技术的可行性和安全性。比特币本质上是一个分布式账本加上一套记账协议，但比特币尚有不足，在比特币体系里只能使用比特币一种符号，很难通过扩展用户自定义信息结构来表达更多信息，比如资产、身份、股权等，从而导致扩展性不足。

为了解决比特币的扩展性问题，以太坊应运而生。以太坊通过支持一个图灵完备的智能合约语言，极大地扩展了区块链技术的应用范围。以太坊系统中也有以太币地址，当用户向合约地址发送一笔交易后，合约被激活，然后根据交易请求，合约按照事先达成共识的契约自动运行。

公有区块链系统完全没有中心机构管理，只是依靠事先约定的规则来运作，并通过这些规则在不可信的网络环境中构建可信的网络系统。通常来说，需要公众参与、需要最大限度保证数据公开透明的系统，都适合选用公有区块链，如数字货币系统、众筹系统等。

公有区块链是完全分布式的区块链，不仅区块链数据公开，而且用户参与程度高，同时易于产生网络效应，便于应用推广。公有区块链上试图保存的数据越有价值，越要审视其安全性以及安全性带来的交易成本、系统可扩展性问题。在公有区块链环境中，节点数量不定，节点实际身份未知，在线与否也无法控制，甚至极有可能被一个蓄意破坏系统者控制。在这种情况下，如何保证系统可靠可信呢？实际上在大部分公有区块链环境下，主要通过共识算法、激励或惩罚机制、对等网络的数据同步来保证最终一致性。

5.2.2　联盟区块链

联盟区块链是指参与区块链的节点是事先选择好的，节点间通常有良好的网络连接等合作关系，区块链上的数据可以是公开的，也可以是内部的，为部分意义上的分布式，可视为"部分去中心化"。比如，有若干家金融机构之间建立了某个共同体区块链，每个机构都运行着一个节点，而且为了使每个区块生效需要获得至少其中 10 个机构的确认。因此，联盟区块链系统一般都需要严格的身份认证和权限管理，节点的数量在一定时间段内也是确定的，适合处理组织间需要达成共识的业务。其典型应用为 Hyperledger Fabric 系统。

联盟区块链具有以下优点：

(1) 效率较公有区块链有大幅度提升。

联盟区块链参与方之间互相知道彼此在现实世界的身份，支持完整的成员服务管理机制，成员服务模块提供成员管理的框架，定义了参与者身份及验证管理规则；在一定的时间内参与方个数确定且节点数量远远小于公有区块链，对于要共同实现的业务在线下已经达成一致理解，因此联盟区块链共识算法较比特币 PoW 的共识算法约束更少，共识算法运行效率更高，如 PBFT、Raft 等，从而可以实现毫秒级确认，吞吐率有极大的提升(几百到几万 TPS(服务器每秒处理的事物数))。

(2) 具有更好的安全隐私保护。

数据仅在联盟成员内开放，非联盟成员无法访问联盟区块链内的数据。即使在同一个联盟内，不同的业务之间的数据也进行一定的隔离，比如 Hyperledger Fabric 的通道(Channel)机制将不同业务的区块链进行隔离；在 1.2 版本中推出的 Private Data Collection 特性支持对私有数据的加密保护。不同的厂商又做了大量的隐私保护增强，比如华为公有云的区块链服务(Blockchain Service，BCS)提供了同态加密，对交易金额信息进行保护；通过零知识证明，对交易参与方身份进行保护等。

(3) 不需要代币激励。

联盟区块链中的参与方为了共同的业务收益而共同配合，因此有各自贡献算力、存储、网络的动力，一般不需要通过额外的代币进行激励。

5.2.3　私有区块链

私有区块链与公有区块链是相对的概念，所谓私有是指不对外开放，仅仅在组织内部使用。私有区块链是联盟区块链中的一种特殊形态，即联盟中只有一个成员，比如企业内部的票据管理、账务审计、供应链管理或者政府部门内部管理系统等。完全私有的区块链中写入权限仅在参与者手里，读取权限可以对外开放，也可以进行任意程度的限制。相关的应用囊括数据库管理、数据库审计甚至公司管理，尽管在有些情况下希望私有区块链可以具有公有的可审计性，但在更多的情况下，没有公有的可读性。由于私有用户有决定权，里面的数据没有无法篡改的特性，对于第三方的保障力度大大降低。因此，目前很多私有区块链会以依附在比特币等已有区块链的方式存在，定期将系统快照数据记录在比特币等系统中。其典型应用如 Eris Industries。

私有区块链具有以下优点：

(1) 更加高效。

私有区块链规模一般较小，同一个组织内已经有一定的信任机制，即不需要应对违信行为，可以采用一些非拜占庭容错类、对区块进行即时确认的共识算法，如 Paxos、Raft 等，因此确认时延和写入频率较公有链和联盟链都有很大的提高，甚至与中心化数据库的性能相当。

(2) 具有更好的安全隐私保护。

私有区块链大多在一个组织内部，因此可充分利用现有的企业信息安全防护机制，同时节点间连接情况好，故障可以迅速通过人工干预来修复，从而提升交易速度并可以更好地保护隐私。相比传统数据库系统，私有区块链的最大好处是加密审计和自证清白的能力，没有人可以轻易篡改数据，即使发生篡改也可以追溯到责任方。

(3) 交易成本低。

私有区块链交易成本更低。交易只需被几个授信的高算力节点验证即可，而不需要数万个节点的确认，因此交易成本更低。但从长远来看，随着区块链技术的进步，公有区块链的成本将可能降低 1、2 个数量级，大致与高效的私有区块链系统类似。

公有区块链、联盟区块链和私有区块链各有优势。公有区块链很难完美地实现，联盟区块链、私有区块链需要找到实际迫切需求的应用需求和场景。具体选择哪套方案取决于具体需求，有时使用公有区块链会更好，但有时又需要一定的私有控制，适合于使用联盟区块链或私有区块链。

5.3 认识区块链技术

区块链系统由数据层、网络层、共识层、激励层、合约层和应用层组成。区块链技术架构示意图如图 5-3 所示，其中，数据层封装了底层数据区块以及相关的数据加密和时间戳等基础数据与基本算法；网络层则包括分布式组网机制、数据传播机制和数据验证机制；共识层主要封装网络节点的各类共识算法；激励层将经济因素集成到区块链技术体系中，主要包括经济激励的发行机制和分配机制；合约层主要封装各类脚本、算法和智能合约，是区块链可编程特性的基础；应用层则封装了区块链的各种应用场景和案例。该模型中，基于时间戳的链式区块结构、分布式节点的共识机制、基于共识算力的经济激励和灵活可编程的智能合约是区块链技术最具代表性的创新点。

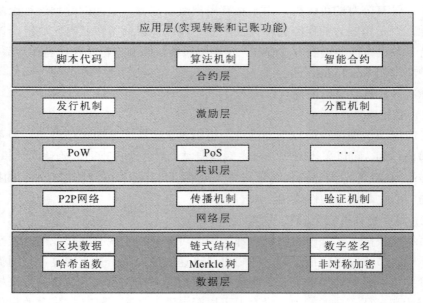

图 5-3　区块链技术架构示意图

本质上，区块链是一种高度可信的数据库技术，提供了一种在不可信网络中进行信息与价值传递交换的信任机制。简单来说，区块链建立了一个由无数独立且自主管理的计算机构成的账本网络，每一笔交易的发生都得到认证和记录，可以被任何第三方查验，交易的历史记录不断累积在区块链体系中。分布账本的加密方式使得任何人要想篡改数据就需要更改几乎全网数据。

5.3.1　分布式账本技术

当前使用的商业账本往往存在效率低下、成本高、不透明且容易发生欺诈和滥用等问题。这些问题源于集中化的、基于信任的第三方系统，如金融机构、票据交换所以及现有制度安排下的其他中介。这些集中化的、基于信任的账本系统会给交易结算带来瓶颈和障碍：缺乏透明性，而且很容易发生腐败和欺诈，并导致争议；解决争议、逆转交易或提供交易保险的成本很高；每个网络参与者自己系统上的商业账本副本都是不同步的，会导致因为临时、错误的数据而制定错误的商业决策。因此，要重建一套可行的信任机制，去权威化或去中心化是需要解决的首要问题。

分布式记账技术凸显了"去中心化"的特点，交易记账由网络中多个参与者集体进行校验和维护，由分布在不同地方的多个节点共同完成，而且每一个节点记录的都是完整的账目，因此它们都可以参与监督交易合法性，同时也可以共同为其作证。一方面，不同于传统的中心化记账方案，没有任何一个节点可以单独记录账目，从而避免了单一记账人被控制或者被贿赂而记假账的可能性；另一方面，由于记账节点足够多，理论上讲除非所有的节点都被破坏，否则账目不会丢失，从而保证了账目数据的安全性。

去中心化对等区块链网络可阻止任何单个或一组参与者控制底层基础架构或破坏整个系统，让链条上的每个环节可以彼此独立，让以权力和权威为支撑的中心体系瓦解，从而为无中心合作提供了网络和制度设计。但与此同时，在去中心化以后，整个系统中没有了权威的中心化代理，信息的可信度和准确性便会面临问题。作为整个信息链条上的一环，我们无法确认信息来源是否可靠，也无法确认信息是否传递给可靠的人，而当信息链的规模越大时，信任的难度就越大。针对这一问题，区块链采取去信任化(Trustless)的方式，即参与整个系统中的每个节点之间进行数据交换是无需信任积累的，不要求每个使用者都是值得信任的，而是通过整个系统的运作规则设定，保证节点之间无法实现欺骗其他节点。

5.3.2　加解密技术

区块链要想实现自身的去信任化，首先需要采取加解密技术保证存储信息的安全、完整，接着需要采用密码学的方法来保证已有数据不可篡改。这一部分包含两个核心要点：密码学哈希函数和非对称加密技术。其中，密码学哈希函数能确保交易输入的任何改动都会计算出一个不同的哈希值；非对称加密技术则能确保交易源自发送方而不是冒名顶替者。

密码学哈希函数是一类诸如 $Y=H(X)$ 的数字函数，可以在有限合理的时间内，将任意长度的消息压缩为固定长度的二进制串，其输出值被称为"哈希值"或"散列值"，用于实现数据完整性和实体认证。哈希函数中，由 X 可以很容易算出 Y，但由 Y 不可能算出 X，不可能找到另一个 X' 使得 $H(X')=Y$，即使 X 和 X' 相差很小，$H(X)$ 和 $H(X')$ 也完全不相关。如此，密码学哈希函数便确保了篡改过的数据完全不可能通过哈希校验。区块链中，交易数据被填写在区块里，除第一个随意填写的创世区块外，从第二个区块开始，每个区块的第一部分中都有前一区块的哈希值。此外，区块链中的每一笔交易数据都是不可被篡改的。

非对称加密作为一种密钥的保密方法，通常采用的是椭圆曲线算法，其特殊之处在于为每个用户分配一对密钥：公开密钥(Public Key)和私有密钥(Private Key)。两个秘钥成对存在：如果用公开密钥对数据进行加密，那么只有用对应的私有密钥才能解密；如果用私有密钥对数据进行加密，那么只有用对应的公开密钥才能解密。其基本工作原理可以用一个案例进行展示：A(发送方)向 B(接收方)发送信息，则 A 和 B 都会产生一对密钥；A 将自己的私钥保密，同时将公钥告诉 B，B 也按此操作；A 向 B 发送信息时会将信息用 B 的公钥进行加密，同时用 A 的私钥签名；B 收到 A 发送的密文后会用 B 的私钥解密，并用 A 的公钥验证签名。由于每个用户的私钥是唯一的，其他所有收到密文的人都无法成功解密。

加密技术可以保障区块链中每一笔交易数据的真实性和可信度，然而数据库中的数据是会增加的，每次增加的数据形成一个区块，不同生成时间的区块需要以链的形式连接在一起。在区块链这一去中心化的系统中，如何使区块之间达成共识以维护区块链的统一，需要共识机制的建立。

5.3.3 共识机制

区块链要成为一个难以攻破的、公开的、不可篡改数据记录的去中心化的诚实可信系统，需要在尽可能短的时间内做到分布式数据记录的安全、明确及不可逆。在实践中，该流程分为两个方面：一是选择一个独特的节点来产生一个区块；二是使分布式数据记录不可逆。实现上述流程的技术核心就是共识机制。共识机制是区块链节点就区块信息达成全网一致共识的机制，可以保证最新区块被准确添加至区块链，节点存储的区块链信息一致、不分叉，甚至可以抵御恶意攻击。

区块链通过全民记账来解决信任问题，但是所有节点都参与记录数据，那么最终以谁的记录为准？怎么能够保证所有节点最终都记录一份相同的正确数据，即达成共识？在传统的中心化系统中，因为有权威的中心节点背书，所以可以以中心节点记录的数据为准，其他节点仅简单复制中心节点的数据即可，很容易达成共识。然而在区块链这样的去中心化系统中，并不存在中心权威节点，所有节点对等地参与到共识过程之中。由于参与的各个节点的自身状态和所处网络环境不尽相同，而交易信息的传递又需要时间，并且消息传递本身不可靠，因此，每个节点接收到的需要记录的交易内容和顺序也难以保持一致。更不用说，由于区块链中参与的节点的身份难以控制，还可能会出现恶意节点故意阻碍消息传递或者发送不一致的信息给不同节点，以干扰整个区块链系统的记账一致性，从而从中获利的情况。因此，区块链系统的记账一致性问题，即共识问题，是一个十分关键的问题，它关系着整个区块链系统的正确性和安全性。

区块链提出了 PoW、PoS、DPoS、Pool 四种不同的共识机制，适用于不同的应用场景，在效率和安全性之间取得平衡。

1. PoW

PoW (Proof of Work，工作量证明)，即大家熟悉的挖矿，通俗来讲，就是"通过工作来获得指定成果，用成果来证明曾经付出的努力"，核心为算力越大，挖到"矿"的概率越大，维护区块链安全的权重就越大。PoW 共识机制逻辑简单，在安全性和公平性上比较有优势，也依赖其先发优势已经形成成熟的挖矿产业链，但也因为其对能源的消耗而饱受诟病。

2. PoS

PoS(Proof of Stake，股权证明)是根据用户持有货币的数量和时间派发利息的制度，它认为，区块链应该由那些在其中具有经济利益的人进行保障。PoS 的优点是在一定程度上缩短了共识达成的时间，且安全性更有保障，但缺点是还需要挖矿。

3. DPoS

DPoS(Delegated Proof of Stake，委任权益证明)类似于董事会投票，需要持币者投出一定数量的节点，代理他们进行验证和记账。其优点在于大幅缩小了参与验证和记账节点的数量，从而达到秒级的共识验证；其缺点在于整个共识机制还是依赖于代币，而很多商业应用是不需要代币存在的，在安全性和公平性方面也比不上 PoW。

4. Pool

Pool(验证池)是一种基于传统的分布式一致性技术加数据验证机制，是目前行业区块链大范围使用的共识机制。其优点在于不需要代币也可以工作，在成熟的分布式一致性算法基础上，可实现秒级共识验证，极大地提升了验证的速度，在速度有保障的前提下，安全性也更高，是适合多方参与的多中心商业模式；其缺点在于存在公平性、去中心化程度不足等问题。

由此可见，四种共识机制各有利弊，需要根据不同的应用场景择优选择。

5.3.4　以太坊

以太坊(Ethereum)是一个开源的、有智能合约功能的公共区块链平台(见图5-4)，通过其专用加密货币以太币(Ether，简称 ETH)提供去中心化的以太虚拟机(Ethereum Virtual Machine)来处理点对点合约。

图 5-4　以太坊

以太坊的概念由程序员 Vitalik Buterin 受比特币启发后于 2013 年首次提出。2013 年，Vitalik 高中毕业后进入以计算机科学闻名的加拿大滑铁卢大学，因倍感在学校的学习不能够完全满足他想与更多的区块链爱好者交流学习的需求，于是，在入学仅 8 个月后便毅然退学，走访其他国家的比特币开发者社群，并积极参与到比特币转型工作之中。

随着 Vitalik 寻求比特币在加密数字货币以外的应用的开展，Vitalik 意识到比特币系统在设计上具有一些先天的局限性，比如带来巨大能源损失的挖矿机制，而这些局限性是难以通过后期的完善来克服的。因此，Vitalik 决定自己开发出一个全新的区块链平台，该平台的目的主要在于扩展比特币区块链在更多领域的应用，2013 年年末，Vitalik 发布了以太坊初版白皮书，启动了项目。2014 年 7

月 24 日起，以太坊进行了为期 42 天的以太币预售。2016 年年初，以太坊的技术得到市场认可，价格开始暴涨，吸引了大量开发者以外的人进入以太坊的世界。中国三大比特币交易所中的火币网及 OKCoin 币行都于 2017 年 5 月 31 日正式上线以太坊。

以太坊是一个可编程的区块链，内置了一个完全成熟的图灵完备的程序语言，可以用这个语言来创建"合约"，使用户可以创建属于他们自己的任意复杂的操作(比特币只能交易)，以太坊作为一个平台为不同的区块链应用提供服务。具体来说，以太坊通过一套图灵完备的脚本语言(Ethereum Virtual Machinecode，EVM)来建立应用，类似于汇编语言。以太坊里的编程并不需要直接使用 EVM 语言，而是类似C 语言、Python、Lisp 等高级语言，再通过编译器转成 EVM 语言。

5.3.5　智能合约

智能合约的引入可谓区块链发展的一个里程碑。区块链从最初的单一数字货币应用，到如今融入各个领域，智能合约可谓不可或缺。很多金融、政务服务、供应链、游戏等各种类别的应用，几乎都是以智能合约的形式，运行在不同的区块链平台上。

智能合约(Smart Contract)是指基于可信的不可篡改的数据，自动化地执行一些预先定义好的规则和条款。从用户角度来看，智能合约通常被认为是一个自动担保账户，例如，当特定的条件满足时，程序就会释放和转移资金。从技术角度来看，智能合约被认为是网络服务器，只是这些服务器并不是使用 IP 地址架设在互联网上，而是架设在区块链上，从而可以在其上面运行特定的合约程序。"智能合约"术语的提出者尼克·萨博(Nick Szabo)认为："一个智能合约是一套以数字形式定义的承诺，包括合约参与方可以在上面执行这些承诺的协议。"由此可见，智能合约总体上包含以下组成要素：一是承诺，即合约定义了参与方同意的(经常是相互的)权利和义务；二是数字形式，即以计算机可读的代码形式展现；三是协议，即合约承诺被实现，或者合约承诺实现均将被记录下来，选择哪个协议取决于许多因素，最重要的因素是在合约履行期间，被交易资产的本质。

一个基于区块链的智能合约需要包括事务处理机制、数据存储机制以及完备的状态机，用于接收和处理各种条件。事务的触发、处理及数据保存都必须在链上进行。当满足触发条件后，智能合约即会根据预设逻辑读取相应数据并进行计算，最后将计算结果永久保存在链式结构中。

现实世界是一个合约的世界，智能合约的应用使得区块链犹如一台"信任的机器"。个体之间也存在着一些合约，这些合约可以理解为一种私法，相应地，这种私法仅对合约的参与者生效。例如，你和一个人订立合约，借给他一笔钱，但他最后毁约了，不打算还这笔钱。此时，你多半会将对方告上法庭。智能合约通过编程语言实现，满足触发条件即自动执行，因此，代码写成的合约既定义了合约的内容，也保证了合约内容的执行。本质上，这份合约是一份不会销毁的合约，这样确保了在区块链上能够构建相互之间的信任机制。

5.3.6　哈希运算

1. 哈希运算的概念和特性

哈希运算是区块链中用的最多的一种算法，它被广泛地使用在构建区块和确认交易的完整性上，为了保证数据完整性，会采用哈希值进行校验。区块链账本数据主要通过父区块哈希值组成链式结构来保证不可篡改性。

哈希运算(Hash Algorithm)被称为散列算法，虽然被称为算法，但实际上它更像是一种思想。哈希运算没有一个固定的公式，只要符合散列思想的算法都可以被称为哈希运算。它的基本功能就是把任意长度的输入(如文本等信息)通过一定的计算，生成一个固定长度的字符串，输出的字符串成为该输入的哈希值。使用哈希运算可以提高存储空间的利用率，可以提高数据的查询效率，也可以做数字签名来保障数据传递的安全性。所以，哈希运算被广泛地应用在互联网应用中。

一个优秀的哈希运算要具备如下特征：

(1) 正向快速：由输入计算输出的过程快速，即对于给定的数据，可以在极短的时间内快速得到哈希值。

(2) 输入敏感：输入信息发生任何微小变化，哪怕仅仅是一个字符的更改，重新生成的哈希值与原哈希值也会有天壤之别。

(3) 逆向困难：要求无法在较短时间内根据哈希值计算出原始输入信息。

(4) 强抗碰撞：不同的输入很难产生相同的哈希值输出。

哈希运算的以上特性保证了区块链的不可篡改性。对一个区块的所有数据通过哈希运算得到一个哈希值，而这个哈希值无法反推出原来的内容。因此，区块链的哈希值可以唯一、准确地标识一个区块，任何节点通过简单快速地对区块内容进行哈希运算都可以独立地获取该区块哈希值。如果想要确认区块的内容是否被篡改，利用哈希运算重新进行计算，对比哈希值即可。

2. 通过哈希运算构建区块链的链式结构以实现防篡改

区块链可理解为区块+链的形式，这个链是通过哈希值连接起来的。每个区块可能都有很多交易，整个区块又可以通过哈希函数产生摘要信息，然后规定每一个区块都需要记录上一个区块的摘要信息，这样所有区块都可以连成链。区块链里包含了自该链诞生以来发生的所有交易，如果修改了历史中某一个区块的数据，意味着这个区块摘要值(即哈希值)就会发生改变，那么下一个区块中记录的上一个区块的哈希值也得作相应的修改，以此类推，也就是说如果要修改历史记录的话，所有记录都要修改才能保证账本的合法性，相应地，哈希函数就提高了账本篡改的难度。

3. 通过哈希运算构建默克尔树以实现内容改变的快速检测

基于哈希运算组装出的默克尔树也在区块链中发挥了重要作用。默克尔树本质上是一种哈希树，1979 年瑞夫·默克尔申请了该专利，故此得名。前面已经介绍了哈希运算，在区块链中默克尔树就是当前区块所有交易信息的一个哈希运算值(简称哈希值)。但是这个哈希值并不是直接将所有交易内容计算得到的哈希值，而是一个哈希二叉树。首先对每笔交易计算哈希值；接着进行两两分组，对这两个哈希值再计算得到一个新的哈希值，两个旧的哈希值就作为新哈希值的叶子节点，如果哈希值数量为单数，则对最后的哈希值再次计算哈希值即可；然后重复上述计算，直至最后只剩下一个哈希值，作为默克尔树的根，最终形成一个二叉树的结构。在区块链中，我们只需要保留对自己有用的交易信息，删除或者在其他设备备份其余交易信息。如果需要验证交易内容，只需验证默克尔树即可。若根哈希值验证不通过，则验证两个叶子节点，再验证其中哈希值验证不通过的节点的叶子节点，最终可以准确识别被篡改的交易。

5.3.7　拜占庭将军问题

　　拜占庭将军问题是容错计算中的一个老问题，由莱斯利·兰伯特(Leslie Lamport)等人在 1982 年提出。拜占庭帝国是 5～15 世纪的东罗马帝国，即现在的土耳其。拜占庭城邦拥有巨大的财富，使它的十个邻邦垂涎已久。但是拜占庭高墙耸立，固若金汤，没有一个单独的邻邦能够成功入侵。任何单个城邦的入侵行动都会失败，而入侵者的军队也会被歼灭，使其自身反而容易遭到其他九个城邦的入侵。这十个邻邦之间也互相觊觎对方的财富并经常爆发战争。拜占庭的防御能力如此之强，十个邻邦中的至少一半同时进攻，才能攻破。也就是说，如果六个或者更多的邻邦一起进攻，就会成功并获得拜占庭的财富。然而，如果其中有一个或者更多邻邦发生背叛，答应一起入侵但在其他人进攻的时候又违背承诺，会导致只有五支或者更少的军队在同时进攻，那么所有的进攻军队都会被歼灭，并随后被其他邻邦所劫掠。因此，这是一个由不互相信任的各个邻邦构成的分布式网络，每一方都小心行事，因为稍有不慎，就会给自己带来灾难。为了获取拜占庭的巨额财富，这些邻邦分散在拜占庭的周围，依靠士兵相互通信来协商进攻目标及进攻时间。这些邻邦将军想要攻克拜占庭，都面临着一个困扰——邻邦将军不确定他们中是否有叛徒，叛徒可能擅自变更进攻意向或者进攻时间。在这种状态下，将军们能否找到一种分布式协议进行远程协商，进而赢取拜占庭城堡攻克战役的胜利呢？这就是拜占庭将军问题。

　　针对拜占庭将军问题的解决方法包括口头协议算法、书面协议算法等。口头协议算法的核心思想是：要求每个被发送的消息都能被正确投递，信息接收者知道消息的发送者身份，知道缺少的消息信息。采用口头协议算法，若叛徒数少于 1/3，则拜占庭将军问题可解。也就是说，若叛徒数为 m，当将军总数 n 至少为 $3m+1$ 时，问题可解。然而，口头协议算法存在明显的缺点，那就是消息不能追根溯源。为解决该问题，提出了书面协议算法。该算法要求签名不可伪造，一旦被篡改即可发现，同时任何人都可以验证签名的可靠性。书面协议算法也不能完全解决拜占庭将军问题，因为该算法没有考虑信息传输时延、其签名体系难以实现且签名消息记录的保存难以摆脱中心化机构。

　　与已有方法相比，区块链技术将是更完美的解决方案。区块链是怎样来解决这个问题的呢？它为发送信息加入了成本，降低了信息传递的速率，并加入了一个随机数以保证在一段时间内只有一个矿工可以进行传播。它加入的成本就是"工作量"，区块链矿工必须完成一个随机哈希运算的计算工作量才能向各城邦传播消息。

当用户向网络输入一笔交易的时候，他们使用内嵌在客户端的标准公钥加密工具为这笔交易签名，这好比拜占庭将军问题中他们用来签名和验证消息时使用的"印章"。因此，哈希运算速率的限制，加上公钥加密，使一个不可信网络变成了一个可信的网络，使所有参与者可以在某些事情上达成一致。拜占庭将军问题的区块链解决方案可以推广到任何在分布式网络上缺乏信任的领域，比如域名、投票选举或其他需要分布式协议的地方。

5.3.8　区块链工作流程

区块链的工作流程主要包括如下步骤：

(1) 发送节点将新的数据记录向全网进行广播。

(2) 接收节点对收到的数据记录信息进行初步合法性检验，通过检验后，数据记录将被纳入一个区块中。

(3) 全网所有接收节点对区块执行共识算法(工作量证明、权益证明等)，对区块链的合法性、正确性达成共识。

(4) 区块通过共识算法过程后被正式纳入区块链中存储，全网节点均表示接收该区块，而表示接收的方法，就是将该区块的随机散列值视为最新的区块散列值，新区块的制造将以该区块链为基础进行延长。

区块链工作流程图如图 5-5 所示。

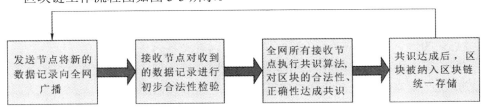

图 5-5　区块链工作流程图

节点始终都将最长的区块链视为正确的链，并持续以此为基础验证和延长它。如果有两个节点同时广播不同版本的新区块，那么其他节点接收到该区块的时间将存在先后差别，它们将在先收到的区块基础上进行工作，但也会保留另外一个链条，以防后者变成长的链条。该僵局的打破需要共识算法的进一步运行，当其中的一条链条被证实为是较长的一条，那么在另一条分支链条上工作的节点将转换阵营，开始在较长的链条上工作。以上就是防止区块链分叉的整个过程。

所谓"新的数据记录广播"，实际上不需要抵达全部的节点，只要数据记录信息能够抵达足够多的节点，那么将很快地被整合进一个区块中。而区块的广播对被丢弃的信息是具有容错能力的。如果一个节点没有收到某特定区块，那么该节点将会发现自己缺失了某个区块，也就可以提出自己下载该区块的请求。

现在已知区块链网络里的记账者是节点，节点负责把数据记录记到数据区块里，为了鼓励节点记账，系统会按照规则随机地对记账的节点进行奖励。那么如何保证不会人为制造假数据记录或者说如何保证造假数据记录不被通过验证？这就涉及时间戳。这也正是区块链与众不同的地方。区块链不仅关注数据区块里的内容，也关注数据区块本身，把数据区块的内容与数据区块本身通过时间戳联系起来。时间戳为什么会出现？这是由区块链的性质规定的。节点把数据记入了区块，因此一个区块就相当于一页账簿，每笔数据在账簿中的记录可以自动按时间先后排列，那么账簿的页与页怎么衔接起来？也就是说，这一个区块与下一个区块的继承关系如何断定就成为问题，于是时间戳就出现了。

时间戳的重要意义在于其使数据区块形成了新的结构。这个新的结构使各个区块通过时间线有序连接起来，形成了一个区块的链条，因此才称为区块链。区块按时间的先后顺序排列，使账簿的页与页的记录也具有了连续性。通过给数据记录印上时间标签，使每一条数据记录都具有唯一性，从而使数据记录本身在区块和区块上的哪个位置上发生可以被精确定位且可回溯，也给其他的校验机制协同发挥作用提供了极大的便利和确定性，使整个区块链网络能够确定性地验证某条数据记录是否真实。由于区块链网络是公开的，意味着系统知道过去发生的所有数据记录，而任何新的数据记录都继承于过去的数据记录，因为过去的数据记录是真实的，而且链条的各个区块记录由时间戳连接起来使之环环相扣，所以如果想要制造一个假的数据记录，就必须在区块链上修改过去的所有数据记录。尽管在挖矿的过程中形成了多个链条，但因为最长的那个被诚实的节点所控制，所以想要修改过去的数据记录，首先就要从头构造出一个长度比之前最长的那个还要长的链条，在这个新的链条超过原来的那个链条后，才能制造双重支付的虚假数据。然而随着时间的推移，制造新链条的难度和成本都是呈指数级上升的，而且随着链条越来越长，其难度也变得越来越大，成本也就越来越高。同时，由于去中心化的设置，区块链的各个核心客户端同时又是服务器，保存了区块链网络的完整数据，因此对区块链网络的攻击很难像对传统的中央处理节点那样有效，一般情况下很难对区块链网络构成重大冲击。最终，区块链网络成为一个难以攻破的、公开的、不可篡改数据记录和制造虚假数据的诚实可信系统。

区块链保证数据安全、不可篡改以及透明性的关键技术包括两个方面：一是数据加密签名机制；二是共识算法。在数据加密签名机制中，首先要有一个私钥，私钥是证明个人所有权的关键，比如证明某人有权从一个特定的钱包消费数字货币，是通过数字签名来实现的。其次要使用哈希(Hash)运算。哈希散列是密码学里的经典技术，它把任意长度的输入通过哈希运算，变换成固定长度的由字母和数字组成的输出，且具有不可逆性。共识算法是区块链中节点保持区块数据一致、准确的基础。现有的主流共识算法包括工作量证明(PoW)、股权证明(PoS)、瑞波共识协议(RCP)等。以 PoW 为例，它通过消耗节点算力形成新的区块，是节点利用自身的计算机硬件，为网络做数学计算以便进行交易确认和提高安全性的过程。交易支持者(矿工)在电脑上运行比特币软件，不断计算软件提供的复杂的密码学问题以此保证交易的进行。作为对他们服务的奖励，矿工可以得到他们所确认的交易中包含的手续费，以及新产生的比特币。

5.4　区块链典型应用场景

目前，区块链的应用已从单一的数字货币应用延伸到经济社会的各个领域。

1. 区块链与金融服务

金融服务是区块链技术的第一个应用领域，由于区块链技术拥有高可靠性、简化流程、交易可追踪、节约成本、减少错误以及改善数据质量等特点，因此具备重构金融业基础架构的潜力。而区块链技术的数据不可篡改和可追溯特性，可以用来构建监管部门所需要的、包含众多手段的监管工具箱，以利于实施精准、及时和更多维度的监管。同时，基于区块链技术能实现点对点的价值转移，通过资产数字化和重构金融基础设施架构，可达成大幅度提升金融资产交易后清、结算流程效率和降低成本的目标，并可在很大程度上解决支付所面临的现存问题。

2. 区块链与供应链管理

供应链是一个由物流、信息流、资金流共同组成的，将行业内的供应商、制造商、分销商、零售商、用户串联在一起的复杂结构。区块链技术作为一种大规模的协作工具，适用于供应链管理。首先，区块链技术能使数据在交易各方之间公开透明，从而在整个供应链条上形成一个完整且流畅的信息流，这可确保参与各方及时发现供应链系统运行过程中存在的问题，并有针对性地找到解决问题的方法，进而提升供应链管理的整体效率；其次，区块链所具有的数据不可篡改和时间戳的存在性证明特质能很好地运用于解决供应链体系内各参与主体之间的纠纷，轻松实现举证与追责；最后，区块链数据不可篡改与交易可追溯两大特性相结合，可根除供应链内产品流转过程中的假冒伪劣问题。

3. 区块链与文化娱乐

文化娱乐是文化产业的重要组成部分，包括数字音乐、数字图书、数字视频、数字游戏等，产品涉及生产、复制、流通和传播等主要环节。文化娱乐的起点是创意，核心是内容，利用区块链技术首先可以对作品进行确权，证明一段文字、视频、音频等的存在性、真实性和唯一性。这种数字化证明可以与已有的应用无缝整合，为文娱产品加盖唯一的时间戳身份证明，交叉配合生物识别技术，从根本上保障了数据的完整性、一致性，为司法取证提供了一种强大的技术保障和结论性证据。一旦在区块链上被确权，作品的后续交易都会被实时记录，文化娱乐业的全生命周期可追溯、可追踪，从而可以将文化娱乐价值链的各个环节进行有效整合，加速流通，缩短价值创造周期。基于区块链的政策监管、行业自律和民间个人等多层次的信任共识与激励机制，以及通过安全验证节点、平行传播节点、交易市场节点、消费终端制造等基础设施建设，可以不断提升文化娱乐行业的存储与计算能力，有助于文化娱乐业跨入全社会的数字化生产传播时代。

4. 区块链与智能制造

加快推进智能制造，是实施《中国制造 2025》的主攻方向，是落实工业化和信息化深度融合、打造制造强国的战略举措，更是我国制造业紧跟世界发展趋势、实现转型升级的关键所在。当前，我国正在加快实施智能制造工程，积极推动制造企业利用新一代信息技术提升研发设计、生产制造、经营管理等环节的数字化、网络化水平，实现智能化转型，以重塑制造业竞争新优势。利用区块链技术，可以有效采集和分析在原本孤立的系统中存在的所有传感器和其他部件所产生的信息，并借助大数据分析、评估其实际价值，对后期制造进行预期分析，帮助企业快速有效地建立更为安全的运营机制、更为高效的工作流程和更为优秀的服务。数据透明化使研发审计、生产制造和流通更为有效，同时有助于制造企业降低运营成本、提升良品率和降低制造成本，使企业具有更多的竞争优势。智能制造的价值之一就是重塑价值链，而区块链有助于提高价值链的透明度、灵活性，并能够更敏捷地应对生产、物流、仓储、营销、销售、售后等环节存在的问题。

5. 区块链与社会公益

区块链技术存储数据可靠性高且不可篡改的特点，使其可以与社会公益场景高度契合。公益流程中的相关信息，如捐赠项目、募集明细、资金流向、受助人反馈等，均可以存放于区块链上，在满足项目参与者隐私保护及其他相关法律法规要求的前提下，有条件地进行公示。为进一步提升公益透明度，公益组织、支付机构、审计机构等均可加入进来作为区块链系统中的节点，以联盟的形式运转，方便公众和社会监督，让区块链真正成为"信任的机器"，助力社会公益的快速健康发展。同时，区块链中的智能合约技术在社会公益场景中也可以发挥作用。一些更加复杂的公益场景，如定向捐赠、分批捐赠、有条件捐赠等，可以运用智能合约进行管理，使得公益行为完全遵从预先设定的条件，更加客观、透明、可信。

6. 区块链与教育就业

教育就业作为社会文化传授、传播的窗口，需要实现学生、教育机构以及用人单位之间的无缝衔接，以提高教育就业机构的运行效率和透明度。区块链系统的透明化、数据不可篡改等特征，完全适用于学生征信管理、升学就业、学术、资质证明、产学合作等方面。利用区块链技术能有效简化流程，提高运营效率，并及时规避信息不透明和容易被篡改的问题，方便追踪学生在校园时期所有正面以及负面的行为记录，帮助有良好记录的学生获得更多的激励，并构建起一个良性的信用生态。利用区块链技术，可为学术成果提供不可篡改的数字化证明，为学术纠纷提供权威的举证凭据，降低纠纷事件消耗的人力与时间成本。

7. 区块链与民生应用

针对国家扶贫政策，扶贫工作中心致力于全面提高城乡低收入困难群体的收入和生活保障水平。然而，目前存在低收入对象识别不准，扶贫对象不了解政策，缺乏监管手段，扶贫过程中存在套取、侵占和挪用资金等现象。针对上述问题，结合区块链技术，形成专项扶贫链，可以有效加强扶贫工作的全生命周期管理和建立扶贫诚信积分系统。利用智能合约技术，匹配帮扶项目和资金，保障资金用在正确的对象中，实现全程跟踪。

8. 区块链与政务应用

推进政府数据共享开放，能够提高政府透明度，增强政府公信力，提升行政效率和服务水平。通过利用区块链技术，根据数据载体、数据消费者、数据所有者三方的敏感程度，可构建政府各职能部门的联盟链、面向公众的公有链以及涉及保密的私有链，形成政府数据共享开放的区块链服务平台，打造可信的政府数据共享开放平台，保障部门之间数据共享开放的同时，解决大数据关联风险。

5.5　区块链的影响

比特币作为区块链技术的第一个应用，其出现为区块链技术在众多领域的使用和推广拉开了序幕。从最初的加密数字货币到后来的金融应用，再到近年来在各大行业领域的广泛使用，区块链技术正以其独特的价值深入影响和改变着人们的认知与生活。

从图 5-6 中可以看出，区块链的具体应用领域在不断扩展，而这正是我们对区块链的认识和理解不断深入的结果。最初，我们只是片面地认为区块链只用于虚拟货币交易，然而随着对其链式结构原理和不可篡改等特性的了解，发现区块链适用的交易不只局限于货币，一切金融界的交易都可以用区块链来记录。随着我们对区块链传递信任本质的进一步领悟，又发现只要传递信任的地方就需要区块链，金融业只是区块链应用场景的一个分支。于是区块链的应用领域便被扩展到供应链、公共事务、物联网、新能源等各种行业，甚至庞大的互联网也只能说是区块链领域的一个分支。我们更相信随着区块链应用领域的不断扩展、区块链应用规模的不断扩大，未来将会催生出大量的以区块链为创新点的颠覆性应用，我们的社会也由此向着可信社会的方向迈进。

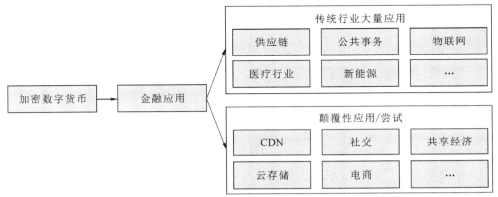

图 5-6　区块链应用的趋势

5.5.1　区块链对金融业的影响

在区块链应用领域，金融业一直是最活跃的地方，常见的应用场景有跨境清算、中小微企业的贸易融资和银行客户身份识别。金融本质上是一种信用经济，在求变的路上，金融机构一直在寻求一种能够构建在互联网基础上的信用机制。比特币的诞生让金融机构看到了其背后的底层技术区块链所带来的创新：一个可以将金融信任由中央信任机制或双方互信转变为多边共信及社会共信的可行途径。它的应用过程是金融弱中心化、强交互信任的过程。

通常将区块链看作一个分布式账本系统，系统中的节点之间彼此独立又相互关联，每个节点既是信息的发出者，也是信息的读取者，它们共同更新与维护着同一个账本，同时每个节点也可同步保存这个账本真实、完整、准确的数据。对于金融业而言，它与区块链具有天然的匹配性。

在传统的金融业中，往往通过法律、合约等来构建信任关系。但是，大量违背合约、违背良俗、不遵守合约的事件让我们看到了这种信任关系的脆弱性。区块链与金融结合将大量依靠"人"构建的信任关系引领到了通过"技术"搭建信任机制的道路上。利用区块链的共识机制和智能合约技术，在无需第三方担保的情况下，可以建立互信、创造信用，可以制定和执行交易各方认同的商业条款，以及引入法律规则和监管控制节点，确保价值交换符合契约原则和法律规范，避免无法预知的交易风险。这种技术信任加持商业信用的方式是吸引大量金融机构关注区块链的重要原因。

安全是保障金融业稳定健康发展的另一个基本要素。在保证信息安全性方面，区块链技术综合了密码学、经济学、分布式存储技术、网络科学及应用数据等多种技术，让系统中的每一个节点都能参与和维护信息。理论上，只有超过 51% 的攻击才能让整个系统的信息发生改变，因此区块链节点越多，系统信息的防篡改性就越强。此外，区块链通过生成信息区块和数据链并加盖时间戳实现了信息的可验证性、可追踪，并可有效保护用户的私密信息。

过去几年，摩根大通、花旗银行、汇丰银行等全球顶级金融机构都开展了基于区块链的研究和试点。在金融领域，区块链的应用层出不穷，具体来看，主要分为以下几方面。

1. 数字货币

随着互联网技术的发展，人类在衣、食、住、行等方方面面都发生了翻天覆地的变化，作为一般等价物的货币也开启了数字化进程的大门。目前，货币的数字化可以分为两个阶段。

第一个阶段：货币的电子化。电子银行、支付宝、微信支付便是货币电子化时期的产物。在这个时期，货币的信任体系仍依靠央行等第三方机构，发行、支付、清算等环节仍然围绕原有的金融机构展开。

第二个阶段：数字货币。不同于第一个阶段货币的电子化，数字货币应用了区块链技术，是一种去中心化的货币形式和点对点的电子现金系统，是对现有货币体系颠覆性的创新。比特币的出现是这个阶段开启的标志，它在八年的发展期内形成了一个从生产发行、法定货币兑换到商业支付的较为完整的生态系统，同时也催生了很多竞争币。据不完全统计，目前网络上的数字货币已达上千种。

民间数字货币市场的繁荣也带动了法定数字货币的发展。有公开资料显示，全球已有 10 多家中央银行开展了法定数字货币的研究和测试工作。

　　我国是较早一批进行法定数字货币研究的国家。早在 2014 年，中国人民银行就组建了团队来研究发行数字货币的问题。2017 年，中国人民银行数字货币研究所正式挂牌成立。据该研究所所长姚前公开发表的信息显示，中国的法定数字货币将有机融入"中央银行—商业银行"二元体系。系统不仅可以独立运行，也可分层并用：发钞行只需对数字货币本身负责，账户行承担实际的业务，应用开发商落实具体的实现。此外，印度储备银行表示正在进行法定数字货币的研究，新加坡金融管理局已经开始测试发行数字货币的可行性，英国央行则创建了一个名为 RScoin 的数字货币系统。

　　无论是民间数字货币还是法定数字货币的开发和应用，目前都尚处于早期开发阶段，但是已展现出巨大的发展潜力。从全球范围内来看，未来发行数字货币是对传统货币的一种补充，也是一种趋势。在这个历程中，区块链技术具有无限的想象空间。

2. 跨境支付与结算

　　尽管互联网技术已经发展了几十年，但是跨境支付与结算仍然是费时又费力的事情。在跨境支付与结算的过程中涉及大量中介机构，包括银行、第三方支付平台、托管机构等，信息传递的效率与成本都较高。

　　西联汇款拥有全球最大、最先进的电子汇兑金融网络，代理网点遍布全球近 200 个国家和地区，然而使用西联汇款最低需要支付 15 美元的手续费，最快到账时间是 2、3 天，如果使用普通的银行电汇更是需要 3～7 天的等待时间。据埃森哲报告显示，每年通过银行进行的跨境支付金额规模为 25 万亿～30 万亿元，全年总交易次数为 100 亿～150 亿笔，每笔交易产生的费用为 30～40 美元。

　　区块链技术的去中心化特性让交易双方不再需要依赖一个中央系统来负责资金清算和存储交易信息，可为用户提供 7×24h、接近"实时"的跨境交易服务。汇款方可以随时了解收款方是否已经收到汇款，随时对汇款情况进行追踪并快速、高效地实现资金的转移。据麦肯锡发布的报告称，区块链技术应用于企业与企业之间的跨境支付与结算业务时，可使每笔交易成本从 26 美元下降至 15 美元左右。

　　区块链与跨境支付的结合，利用了区块链去中心、分布式账本特点，实现了点对点交易，打通了中间环节，构建了可信交易，最大限度地提升了效率，节省了成本开支。目前，全球已有数百家区块链公司开展了相关的应用研究。

3. 票据业务

　　由于需要介入的人员过多，在传统票据业务的操作中很容易发生人为错漏以及违规事件，票据的真实性难以保证，并常常发生资金转移不及时等问题。

　　2015 年，国内大量违规操作、欺诈客户的事件频频见报，陆续有多家商业银行的汇票业务事件集中爆发。国内现行的汇票业务多用纸质，同时人工介入过多，面临诸多困难。尽管近年来电子汇票的发展改善了票据资源管理效率和业务交易效率，但是只能在开通 ECDS 应用的企业中间流转。同时，中心化的架构也无法杜绝信息不对称情况下造成的数据安全性问题以及网络攻击和病毒问题。

区块链的可溯源性以及数据不可篡改性能够保证一旦信息经过验证并添加至区块链，就会永久地存储起来，除非能够同时控制系统中超过 51%的节点，否则单个节点上对数据库的修改是无效的，这极大地避免了人为操作带来的业务风险，保证了票据的真实性。此外，时间戳和全网公开的特性可以有效防范传统票据市场"一票多卖""打款背书不同步"等问题，降低了系统中心化带来的运营和操作风险，同时可以借助数据透明的特性促进市场交易价格更加真实地反映资金需求，以控制市场风险。此外，通过区块链技术可以直接实现点对点的价值传递，不需要特定的实物票据或中心系统，让交易更高效。

4. 证券交易

区块链技术在证券交易领域的应用颠覆了原本高度依赖第三方机构的传统交易模式，即通过开放的分布式网络系统构建了一个高效、自治、安全的点对点交易模式，让交易流程更加公开、透明。

特别是在智能合约的帮助下，区块链能够减少交易结算中繁复的过程，提高交易效率。总而言之，这种交易模式不仅能大幅度减少证券交易成本和提高市场运转的效率，而且能够减少暗箱操作与内幕交易等违规行为，有利于证券发行者和监管部门维护市场秩序。

从发展现状分析，区块链技术在证券行业的发展将分阶段循序推进。目前，区块链技术着力于提升现有证券交易体系的功能和效率，以保证数据的安全。未来，区块链技术将逐步与证券发行体系改革相结合，尝试支持注册制证券的发展，并结合智能合约打造智能证券应用。

5. 客户征信

在传统征信领域，如何确认获得信息的真实性是一大难题，为此传统金融业投入了大量的人力和时间来反复核对信息是否真实。然而这种方式仍然存在极大的弊端，问题在于就算耗费了所有的人力和时间也很难保证信息百分之百的正确，很大程度上信息的真实性取决于被征信人的诚信。

区块链技术拥有数据不可篡改的特性以及可溯源性，使得核对信息是否真实的成本能够最大限度地降低，并且减少了人力的介入，更能避免因为人为错误而造成的信息失真。区块链技术可以改变现有的征信体系，有助于银行识别异常交易并防止欺诈。

6. 供应链金融

供应链金融是贸易金融的一个典型场景，如图 5-7 所示，它是指金融机构基于产业链中的核心企业，掌握上下游企业的信息流、物流、商品流通等信息，并通过这些信息建立一套征信体系，将单个企业不可控的风险转变为整个产业链可控的风险，是解决上下游企业融资难问题的主要途径。下面举例来说明供应链金融。一家企业和供应商 A 签订采购合同，金额为 1000 万元，合同在 12 个月后到期，当然合同款也是在 12 个月后才能付清，但是供货商需要 600 万元的资金用于生产。传统金融思路是供应商不得不想办法去金融机构贷款，并支付高额的利息，从而间接增加了生产成本；同时金融机构一方放款可能并不及时，放款金额也和该供应商的资质、信用甚至是抵押物有关。供应链金融就是试图使用新的方式来解决过程中各方的金融需求，比如将业务过程中的采购合同作为抵押物，金融机构校验合同真实性后就可以和供应商 A 签订贷款合同，同时提前放款 600 万元给供应商，12 个月采购合同到期后，企业直接付给金融机构 600 万元的本金和相应利息，剩余的钱直接付款给供应商 A，因此银行的风险极大地降低了。

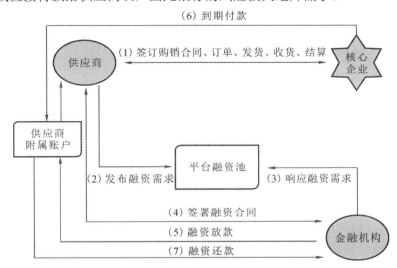

图 5-7　供应链金融场景示意图

从上述例子可以看到这是一个三赢的局面：企业和供应商的业务可以正常开展，金融机构也可从中受益，所以供应链金融思路的核心就是打通传统供应链中的不通畅点，让业务流中的资金都可以顺利地流动起来。当然，其中的过程有很多关键点，比如合同是否真实，合同额有没有被非法篡改，企业有没有不诚信记录，合同到期后企业能否按时顺利付款等。

供应链金融领域目前的难点有如下几点：

首先，高度依赖人工的交叉核查，即银行必须花费大量时间和人工判定各种纸质贸易单据的真实性和准确性，且纸质贸易单据的传递或差错会延迟货物的转移以及资金的收付，造成业务的高度不确定性；其次，金融贸易生态链涉及多个参与者，单个参与者只能获得部分的交易信息、物流信息和资金流信息，信息透明度不高；再次，资金管理监管难度大，由于银行间信息互不联通，监管数据获取滞后，例如不法企业有可能"钻空子"，以同一单据重复融资，或虚构交易背景和物权凭证；最后，中小微企业申请金融融资成本高。由于以上几个难点，为了保证贸易融资自偿性，银行往往要求企业缴纳保证金或提供抵押、质押、担保等，因此提高了中小微企业的融资门槛，增加了融资成本。

供应链金融场景中的关键需求是：如何存证供应链的关键信息；如何确保可信资质的评估；如何保障交易各方的权益；供应链的上下游核心企业和供应商之间如何建立互信，降低融资的成本。区块链技术提供的特性和这些需求吻合度很高，数据不可篡改可以让数据很容易追溯，公私钥签名保证不可抵赖，这些机制可以让上下游企业建立互信；区块链中的智能合约可以保障各方约定的合同自动执行。基于区块链可信机制的供应链金融解决了供应商单方面数据可信度低、核验成本高的问题，能够打通企业信贷信息壁垒，解决融资难题，提升供应链金融效率；通过供应链中各方协商好的智能合约，可以让业务流程自动执行，资金的流转更加透明。华为云 BCS 服务利用自身在供应链和区块链方面的业务和技术积累，携手合作伙伴，积极支持其供应链金融结合区块链技术的创新，服务平台提供新型的智能合约引擎支持复杂的智能合约和高效的查询，提供创新共识算法支持峰值可达 10 000 TPS(Transactions Per Second，服务器每秒处理的事务数)的高性能并发交易，为该行业的进一步发展提供了良好支撑。

5.5.2　区块链对能源业的影响

近年来，全球能源需求增长缓慢，能源转型推动新能源快速发展，能源消费结构清洁化趋势明显。在新政策下，我国的能源需求增长速度每年稳定下降。能源消费构成中，煤炭和石油等传统能源占比下降，天然气、水电、核电和风电等能源供给一直在稳步增加。然而，我国能源供给结构依然存在大量问题，包括供给垄断、结构转变缓慢、清洁化不足、价格非理性和供给动力不足等。具体的行业现状和存在的问题主要有以下三点：

(1) 消费者缺少选择导致用电成本高。

在能源领域，传统上通过公共的电力公司(也就是提供电力的中央电网)完成电力能源交易，以净耗电量来计算电费，消费者没有任何选择权，因此导致公共事业费用很高，这些费用基本上都来自用户在市场上的能耗支付费用。

尽管现在涌现出很多新能源发电手段，如太阳能电池板、风力涡轮机等，但这些能源生产方法缺乏适当的基础设施和技术来储存多余的能源。在没有合适的生产分配手段的情况下，生产者也只能将产生的多余能量卖回电网，而不是直接卖给他的邻居。因此，电力的终端消费者在形成价格时并没有真正的发言权，他们无法真正选择所使用的能源来自哪里，以获得最高性价比。

(2) 分布式电网管理控制困难。

随着新能源发电手段的普及，现在越来越多的家庭都装上了可以自己发电、储能的家用设备(比如屋顶光伏、特斯拉 Powerwall)，而对于海量的分布式的小型发电站，中心化电网是管不过来的。多余的电力如何就近卖给社区用户，而不用再经过中心化电网与高损耗远距离传输成为一个需要解决的问题。

(3) 碳资产开发流程不透明。

2014 年，联合国政府间气候变化专门委员会发布报告，以超乎寻常的强烈用词，警告全球必须在 2100 年之前把温室气体排放减少到零，否则恐将引发生态和社会灾难。2015 年 12 月 12 日，《巴黎协定》在巴黎气候变化大会上通过，该协定为 2020 年后全球应对气候变化行动作出安排，主要目标是将 21 世纪全球平均气温上升幅度控制在 2℃以内，并将全球气温上升控制在前工业化时期水平之上的 1.5℃以内。减少温室气体排放成为全球各国的统一目标，而碳排放的监控和交易即成为实现这一目标的重要手段。但碳排放的每项技术和政策途径都依赖于在全球市场中准确测量、记录和跟踪各个控排企业的碳排放数据、配额和 CCER(中国核证自愿减排量)的数量、价格，以及数据的真实性和透明性。然而，传统方法的透明度有限，标准不连贯，监管制度不统一，还存在严重的信任问题，使得中心服务器无法对数据安全做到绝对的保障，而信息的不透明也让很多机构和个人无法真正参与进来。碳资产开发流程时间很长，涉及控排企业、政府监管部门、碳资产交易所、第三方核查和认证机构等，平均开发时长超过一年，而且每个参与的节点都会有大量的文件传递，容易出现错误，影响最后结果的准确性。

此外，国家政策鼓励新能源应用，对于生产新能源的企业有减少税收的优惠政策。随之带来的一个挑战是：企业是否如实上报了所生产新能源的数量？是否存在非新能源发电"骗补"的问题？如何追踪溯源新能源的交易？

2018 年 3 月，华为云与招商新能源合作，为深圳蛇口 3 个光伏电站提供基于区块链 FusionSolar 的智能光伏管理系统，用于清洁能源发电数据溯源和点对点交易。该系统通过区块链技术实现了可信交易和价值转移，利用多方共识和不可篡改特性达成点对点交易，实现了清洁能源创新盈利模式，打造了新能源交易信任基石。该能源区块链项目关注发电端和用电端，充分发挥了区块链技术的可追溯和去中心化等特性，定点为社区提供清洁能源。它将其位于蛇口的分布式电站每日所发出的清洁电力放入能源互联网平台，华为提供电站数据接入的技术支持工作。用户可以直接在平台上选择使用清洁能源或传统能源，当用户选择清洁能源时，区块链技术根据智能合约直接配对电站与用户之间的点对点虚投交易，同时第三方认证机构将为用户出具权威电子证书，证明其所使用的是清洁能源电力。

清洁能源电力认证等环境资产原本有着识别和认证困难的问题，区块链的不可篡改特性让其成为解决这类问题的关键。清洁能源电力的产生及消费可以直接用区块链技术进行记录，使得后续无论是电力生产者向政府申请新能源发电补贴，还是电力消费者进行碳证交易都既可信又方便。

区块链技术在能源互联网领域有如下应用价值：

(1) 不依赖第三方的去中心化交易平台。

很多年前曾经有人这样幻想未来的电力布局：人类已经不再需要通过大型电厂远距离将电输送到每家每户，而是可以通过太阳能电池板，由地方居民自己生产电力，自己使用。人类将同时充当着电力的生产者、销售者和消费者三种角色，实现"隔墙售电"。

应用区块链技术可以提供一种完全去中心化的能源系统，能源供应合同可以直接在生产者和消费者之间传达，还可以规定计量、计费和结算流程，这样有助于加强个人消费者和生产者的市场影响力，并使消费者直接拥有购买和销售能源的高度自主权。这意味着，能源生产者不需要通过公共的电力公司(也是提供电力的中央电网)就能完成电力能源交易。那些拥有能源生产资源(比如太阳能电池板)的公司，也可能将能源出售给社区。而对于消费者，相比于从中央电网购买电力，P2P(点对点)能源销售的优势在于有更大的选择权，价格可能更加便宜。另外值得一提的是，在能源互联网中，即便用户没有生产能源的技术，也能选择绿色可再生能源电力。

(2) 利用智能合约实现电网分布式管理。

对于分布式能源的管理只有一种办法，即把电网变成分布式的、高度灵活自治的网络，这与区块链的结构是很匹配的。分布式能源可以增加电网灵活性，降低运营成本，提高可靠性。在区块链技术和智能合约的帮助下，分布式能源可以有效地控制能源网络。智能合约将基于预定义规则向系统发出信号，制定如何启动交易的规则，确保所有的能量和存储流都是自动控制的。分布式能源正在缓慢地改变配电系统与大容量电力系统的作用，这些变化可以改变电力传输和电网运营商对各种运行条件的响应。区块链可以将可再生能源和其他分布式能源添加到电力系统中，提高分布式能源的可视化和控制性，以满足日益复杂的电网运营需求。智能合约允许供应商和消费者能够通过创建基于价格、时间、地点和允许的能源类型等参数实现销售自动化。理论上，基于区块链的分布式电网控制管理可以创建更优的电力供需平衡。

(3) 碳资产/新能源交易环节简化及端到端透明化和防篡改。

在碳跟踪与注册的应用场景中，区块链的核心能力与围绕开发、部署和管理排放跟踪与交易系统的诸多挑战保持一致。作为交易数据的可信存储库，区块链可用于简化交易，加强验证过程，并取消对集中管理的需求。区块链能够为碳排放权的认证和碳排放的计量提供一个智能化的系统平台。采用区块链技术搭建的碳排放权认证和交易平台给予每一单位的碳排放权专有数字身份，加盖时间戳并记录在区块链中。排放企业的温室气体排放实时向区块链进行更新；区块链系统将根据排放企业的排放情况，采用智能合约方式自动确认碳排放权消耗量；进行碳交易时，每当碳排放权发生一次所有权转移，交易信息即记录在区块链中并且不可篡改；区块链系统自动对超标排放的企业进行罚款。

将新能源的生产交易数据分散地存储在一个区块链上，将有可能保存所有能量流和业务活动的分布式安全记录。由智能合约控制的能量和交易流可以以防篡改的方式记录在区块链上，监管审计部门能够从区块链上获得真实可靠的数据，防止"骗补"行为。

虽然能源区块链的发展情景乐观，但是仍然存在诸多挑战。这些挑战一部分来自于区块链技术自身，一部分来自于区块链技术与新能源结合产生的潜在制约因素，即包括从技术层面到政府层面再到商业层面，从区块链技术及其应用的不成熟到政府如何监管能源区块链运作、如何保持电网系统的稳定，再到企业投资者如何推进其应用。目前，对于绝大部分地区来说，相对于中央电网，点对点的电力交易在供电安全和稳定性上都还有欠缺。在缺乏规模效应的情况下，很多项目在价格上也不具备优势。其次，去中心化的区块链只能省去电力交易的中介费用，而能源公司对用户进行的所有能源服务都是天然中心化的，这部分的费用并不能省去。另外，由于电力是我们人类所有生产、生活的基础和动力，所以电力行业一直都会是一个政策强监管行业。这一系列的挑战需要企业、政府、消费者、供给者共同解决。

5.5.3　区块链对公共事务的影响

党的十九大报告中明确指出了未来政务系统的发展方向是由互联网、大数据等网络构成的网络综合治理体系，而区块链技术的分布式、透明性、可追溯性和公开性与政务"互联网+"的理念相吻合，它在政务上的应用也会进一步推动政务"互联网+"的建设，并给政府部门和广大群众带来非常大的影响。

对于政府工作而言，由于信息不透明所造成的"黑盒"业务一直备受公众的质疑，极大地影响了政府的公信力。区块链技术作为下一代全球信用认证和价值互联网基础协议之一，其不可篡改、可追溯、可编程等优点让政府看到了解决公共事务难题的一个有效途径，越来越受到政府的重视。在过去几年，世界各国纷纷开始了"区块链+公共事务"的尝试。在澳大利亚，其邮政部门已准备在选举投票时也使用区块链来记录。防篡改、可追溯性和安全性将会成为使用区块链系统的优势。在英国，福利基金的分配以及使用情况将由政府使用区块链技术来跟踪，并且会逐步在税收监管、护照发行、土地登记和食品供应链安全等相关方面推进。在瑞典及巴西等国家，政府计划使用区块链技术进行土地登记改革。

区块链技术在公共事务方面的应用主要包括：

(1) 政务信息保护。

随着政府事务办公电子化进程的推进，与政务相关的信息安全问题越来越突出。尽管与其他行业相比，政务信息系统的安全性已经相对较高，但是基于中心化的信息处理方式仍然面临巨大的风险。一旦黑客找到核心的中心节点，那么信息盗取及篡改事件便不可避免，所带来的损失也将无法估量。区块链多节点参与、分布式存储的特点，有利于降低高度中心化所带来的风险性，任何单一节点进入和退出都不会影响全网系统的稳定性，就算单一节点受到攻击也不会影响系统信息的安全性，网络也会保持正常运行。因此，各国政府都在尝试将区块链与政府信息安全系统进行结合，以构建一套安全的政务信息管理系统。

(2) 公民身份和权利验证。

在目前的公共事务体系中，国家权威部门是公民身份和权利验证的唯一途径。尽管政府部门在这方面投入了大量的人力与物力，但是对于普通公民而言，信息的认证显得烦琐而且效率低下。基于区块链的公民身份和权利验证系统，有望让信息验证变得便捷和高效。如果公民从出生开始其身份、住址、学历、财产等信息都由区块链系统来管理，那么将有望建立点对点的认证和确权机制。

(3) 政务公开。

区块链的透明性、开放性及不可篡改性让其成为公民保证知情权的最佳技术载体，对政府工作实现透明化管理有很大的帮助。近年来，在投票选举、土地登记、政策意见收集等方面，各国都加大了区块链的应用范围，虽然还未成规模，但是广阔的应用空间已经展现。同时，政府项目的招投标工作也是区块链应用的一大领域，在区块链系统上，公民可以查看社会基础设施的招投标信息，并监测项目的进展情况，防止腐败的发生。

(4) 税收监管。

在税收监管方面，区块链可以帮助政府部门高效地完成工作。基于分布式架构特征，部署在全国的税收监管系统辅以智能合约功能，将有效协调多部门多节点协同工作，全流程监控公司业务，以防止企业偷税、漏税行为的发生。目前，欧洲国家在税收监管方面的区块链应用比较活跃，对于企业诚信体系的建设作用也比较明显。

从目前区块链在公共事务应用的情况分析，这些应用将对政府部门的架构造成很大的影响，可以预见，在未来的社会中政府在公共事务方面的角色、组织形式、管理效率等方面都会出现较大的改变。

公共事务痛点与区块链应用如表 5-2 所示。

表 5-2　公共事务痛点与区块链应用

运用分类	行业痛点	区块链技术运用
去中心化	传统政府一直处于社会的中心地位，民众与政府地位不对等	国家政府部门将不再占据中心地位，政府与民众处于一个较为平等的地位
P2P 技术	政府由于层级明确，存在指令下达慢的问题，且无法与民众进行更好交互与连通	政府能够跨越结构障碍，直接与民众进行交互与连通
智能合约	政府工作存在效率低下的问题，层层审批需要耗费大量的时间，且人工审核将使错误率增加	政府利用智能合约技术可以实现公共服务、社会管理等方面的自动化运行与监管，用计算机来进行合约执行可以减少出错率并提高行政效率
共识机制	在政府的诸多协议中，难免有多方不能共同遵守的协议，协议问题成为政府痛点之一	共识机制可以促进多方履行同一个协议，自发地组成自治网络

区块链技术在公共事务方面的应用会带来如下的三大优势：

(1) 进一步实现"互联网+政务服务"的优化升级。"互联网+政务服务"已经成为政府部门政务工作数字化建设和发展的趋势。信息技术已经开始广泛应用于政府机构，支撑其进行数字化管理和网络化管理，把日常办公、收集与发布信息、公共事务管理等工作转变为政府办公自动化、政府实时信息发布、公民网上查询政府信息、电子化民意调查和社会经济统计等方式。随着区块链技术的发展，"区块链+政务服务"的电子政务服务模式开始逐步加以使用，"区块链+政务服务"服务模式可以通过区块链技术结合大数据作为切入点，去解决开放共享数据所带来的信息安全问题，消除社会大众对隐私泄露的担忧，在改进政府管理能力的同时，保障公民的个人隐私不被盗用、公民自身的合法权益受到保护，每个人对自己的信息所有权都能掌握，能够实现在发展的同时保证安全。区块链技术自身具备的不可篡改、非对称加密能力、数据可追溯等特性，使得通过区块链传输的行政业务需求的数据信息具有高度的安全性和可靠性，并且能够基于共识算法构建一个纯粹的、跨界的"利益无关"信任网络的验证机制，打造一条牢不可破的网络"信任链"，确保系统对任何用户都是"可信"的，为网络政务服务营造一个高度安全、深度信任的数据流通环境。

（2）提升服务效率并降低信息系统运营成本。政府各部门在本地部署他们的区块链节点，使得其分布式账本与业务系统数据保持同步。同时，只有数据的哈希值会被存储到区块链中，并不会同步完整的原始数据。每条数据的哈希值只有数十个字节，可以以极小的数据带宽消耗来实现数据记录的安全同步。各部门的工作量减少，使得他们的业务数据不用全量地冗余复制到中心化数据交换系统中(还能保护部门间的数据隐私)，除非他们进行跨部门业务，从而降低了信息化服务中心对中心化系统的维护负担。据埃森哲 2017 年发布的报告统计，区块链的应用将为政府监管降低 30%～50%的成本，并在运营上节约 50%的成本。

（3）进一步促进政务公开。根据国家政务公开的相关要求，政府通过大力进行信息化建设，为市民提供了便利的政务公示和查询环境，但从技术上仍然无法避免内部管理权限泄露或被擅自使用的问题，导致违规对数据记录进行更改，更改公示信息、不予执行公示政策，或不经大众达成共识而擅自执行，从而产生信任隐患。使用区块链对数据及多方哈希值进行记录同步，能够留下不可篡改且发生时间明确的数据记录。基于此记录，内部审查人员能够清楚地进行穿透式监管。此外，公众可以通过区块链网络中的可信节点对记录在区块链上的数据进行真实性验证，促使政务服务变得阳光、透明、可信。区块链的应用使得政府部门的职能公信力与技术公信力叠加提升，从而更好地施行阳光型、服务型政府定位。

虽然区块链技术在公共事务方面的应用有如此多的优势和场景，但是不可避免地还是会有很多挑战和一些难以解决的问题。以税务为例，当涉税业务体量变得非常巨大的时候，涉及的部门领域就会越来越多，需要确保数以亿计纳税人的利益。去中心化的区块链系统如何保证在如此大数据量的情况下正常运作，并且顺利解决全国范围内跨大量部门的涉税数据按需共享且相互保密，以及保证所有数据合法性、安全性受到有关部门的监管，这将是一个巨大的挑战，也是我们今后继续研究的重点和方向。

5.5.4　区块链对医疗行业的影响

如今医疗行业正在经历医疗服务模式的"数字分散化"转型。大多数国家都制定了以数字医疗为目标的政策或战略，但是当前个人健康数据的安全性、完整性和访问控制依然存在很大的问题，导致数字医疗工作流程的效率低下，而区块链技术可以推动医疗行业完成这一改革。

患者私密信息的频繁泄露不断揭示了医疗机构的中心化数据库或文件柜式管理已远远跟不上时代发展的步伐。随着指纹数据应用和基因数据检测手段的普及，医疗数据泄露的后果愈发严重，而具有可溯源、不可篡改、高冗余、安全透明及成本低廉等属性的区块链，才是医疗数据存储的最佳方案。

1. 电子健康病历

作为分布式账本技术，区块链的基础应用就是数据保存，对医疗行业来说同样如此。区块链在医疗行业最主要的应用就是对个人医疗记录的保存，可以理解为区块链上的电子健康病历。通过区块链来保存医疗健康数据，患者自己就能控制个人医疗的历史数据，可以将其用作个人健康规划以及寻找其他医生问诊的依据。

区块链技术将会创造一个连接医疗健康产业的新框架，将所有医疗平台的重要数据连接起来，并保证数据的有效性与安全性。对于医疗行业来说，这将使医院、保险公司与医学实验室实现实时连接和即时无缝的信息共享，不需要再担心信息被泄露或篡改。

2. 医疗数据共享

区块链将为医疗行业提供一种全新的数据共享方式。利用区块链的独特属性可提供一个去中心化的分布式数据库，它可以记录、验证和更新用户在医疗机构活动时产生的信息。由于区块链的去中心化与分布式属性，它会比传统数据服务器更加安全，并且可以增加健康数据监管部门的参与程度，在去中心化的医疗数据交互过程中确保对受保护的医疗信息的访问控制，确保其真实性和完整性。另外，在现有的 HIT(健康医疗信息化)系统基础上成功部署区块链技术，替换现有健康数据交换工作流程中那些传统的第三方机构，将会大大提高管理效率。

3. 药品防伪

区块链在药品供应链领域的应用尚处于初级阶段，目前仅包括防伪验证与药品追踪。区块链的防伪验证与编码防伪技术类似，对于运用区块链技术防伪的药物而言，在药品包装表面有一个可以被刮去的膜，其下是一个特别的验证标签，可与区块链数据相互对照来确保药品的唯一合法性。

将区块链技术与药品供应链相结合，制药商、批发商以及医院的所有药品信息将在区块链上进行记录，最大程度保证了药品的可追溯性，进而保证了病患的用药安全，从根本上改变了全球药品的安全现状。

总而言之，区块链技术可以帮助医疗行业解决一些紧迫的问题，如数据安全、数据共享、药品供应链来源、保险公证和账单欺诈等。此外，区块链还可以优化现有的 IT 系统或数字工作流程，并引入新的商业模式来改善护理协调。

尽管区块链在医疗行业潜力巨大，但其技术发展尚处于初级阶段，并且区块链对于现有医疗秩序及数字化系统的更替并不是一朝一夕可以完成的。在医疗行业中很多数据标准是互相冲突的，运用不同术语来管理这些数据标准时，区块链也不是一个万能的解决方案。因此，对于医疗行业的利益相关者来说，在潜在医疗案例中选择性地评估区块链技术的配置也是至关重要的。

5.6　区块链与其他技术的融合

区块链的影响力，不局限于区块链自身的技术领域和相关的产业生态圈，作为价值互联网的底层技术，它不是单独存在的技术架构，而是可以与其他技术相互兼容的新一代革新型技术。近年来，不少公司将物联网、大数据、人工智能、云计算等技术与区块链相结合，这些新兴技术产生的跨领域融合与协同将推动区块链技术进一步成熟，技术应用范围也会得到大幅提升，从而逐渐改变未来社会的工作生活方式，大幅提高生产与生活效率。其中，中央政府、地方政府与很多巨头企业、新兴技术主体都在提倡要同步发展各项跨学科、跨领域高新技术，共建新型社会信用体系，降低产业和社会发展的成本，促进技术与实体经济的高度融合，推动经济高质量发展。

在探索过程中，区块链对于这些技术的推广起到重要的促进作用。同时我们也发现，区块链技术的应用也需要人工智能、大数据、物联网等新一代信息技术作为支撑。可以说，区块链技术的发展过程也是与其他技术不断融合并不断创新的过程。这种创新与融合将加速区块链技术在各领域的应用，行业与行业之间的界线也将变得越来越模糊，越来越多的新商业模式将出现，互联网也将进一步回归平等、开放、协作与共享。

5.6.1 区块链与大数据的融合

在大数据时代，数据被分为三大类型：

(1) 来源于企业管理、生产与销售的数据。这些数据一般基于 CRM(Customer Relationship Management，客户关系管理)、ERP(Enterprise Resource Planning，企业资源计划)等系统，由企业的经营活动产生。

(2) 来源于机器和传感器的数据。这类数据包括设备日志信息、呼叫记录、交易数据等。

(3) 来源于社交网络的数据。这类数据由人与人之间的社交活动产生，包括个体的身份信息、行为信息、交互信息等。

这些数据体量庞大，起始计量单位至少是 PB、EB 或 ZB 数量级。大而繁多的数据聚集在一起，使得数据的存储、读取、验证、筛选与清洗等工作面临很大的挑战。区块链作为一种分布式数据存储技术，在与大数据结合方面，其可信任性、安全性和不可篡改性等特点保证了数据的质量，并打破了信息孤岛的障碍，增强了数据间的流动。区块链新的分布式账本数据存储方式，也在影响着传统数据库和存储系统等大数据基础技术的形态，具体表现在以下几方面。

1. 基于区块链的大数据交易平台

在大数据时代，全社会的生产与交易方式、商业形态、管理决策等能力都在向"数据化"演进。数据成为驱动虚拟世界与现实世界交互的基础。生产资料依据大数据的分析与预测，实现分配、整合、共享和使用。数据成为战略性资源，逐渐受到各国政府、企业和机构的重视。关于数据的交易将繁荣起来，数以万亿计的市场也将被启动。

数据资产化的过程中需要一个价值的载体，以实现数据资产的注册、确权和交易。区块链作为目前价值互联网最成功的载体，是数据资产天然的交易平台。

比特币是区块链最成功的应用。作为一种数字货币，其本质是一种分布式账本，所包含的信息是交易数据的汇总，其实也是一种数据资产。区块链存储数据机制示意图如图 5-8 所示。

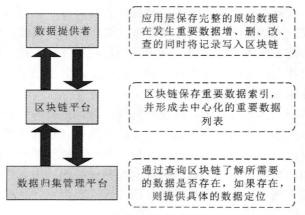

图 5-8　区块链存储数据机制示意图

在区块链搭建的数据交易平台上，数据提供者在完成数据确权的基础上，交由系统完成真实性、完整性与有效性的验证，并形成去中心化的数据列表，供所有节点查阅、下载与应用。当数据交易双方达成合作时，交易信息将被上传至区块链，被系统记载并告知所有节点，交易信息将被所有节点记录与保存，以保证交易的安全性与可靠性。在此基础上，区块链上所部署的智能合约也将使数据交易更加智能。根据交易双方的合作意愿，以代码形式存在的合约将在条件满足时自动执行，以实现数据的买卖、租赁、借用、交换等。

数据交易化的进程是数据产业化的里程碑，市场机制和权益机制的建立将让这个产业向着更稳定、更健康的方向发展，并进一步促进大数据的流通。

2. 区块链作为数据源接入大数据分析平台

区块链上的每一个区块其实都是包含信息的数据块。区块链的可追溯性让系统中的每一个数据都能实现从采集、交易到流通等环节的全流程监控，也就是说，链上的数据是高质量且可应用的数据源。同时，随着区块链在各领域应用的推进，越来越多的基于区块链的数据块将被建立，成为天然的数据汇聚地。可以预见，区块链作为高质量的数据源将成为各个大数据平台抢占的战略高地。

大数据是一种低价值数据。通过大量数据的聚合，找出数据之间的相关关系，发挥数据的作用，是大数据系统建设和开发的核心诉求。大数据系统中大部分数据的质量并不高，这种质量包括数据本身的真实性、数据自身蕴含的内在价值、数据价值与其自身占用空间的比例等不同维度。

低价值数据或无价值数据没有在全网范围内进行一致性分发和冗余存储的必要，只有高价值数据和稀缺数据才有这种需要，并经过全网范围内的一致性分发和冗余存储，确保数据不可篡改、不可伪造，且来源可追溯。因此，可以通过区块链系统，对大数据系统中的数据去伪存真，保留必要的数据上链，而不是将所有数据上链。将所有数据上链既没有必要，现有的区块链系统也无法承载，更无法承受。因此，要实现区块链系统的应用，就必须对大数据系统中的数据进行筛选，提高数据的可用性和数据质量。

此外，大数据时代所倡导的数据互联、共享和互通，在一定程度上与个人数据的隐私性产生了冲突。在区块链系统中，个人可实现对数据的全面管理，外部大数据分析平台在未获得授权时是无法读取系统信息的。同时，区块链本身的数据分析能力并不强，通过大数据分析平台的接入将充分利用其高效的数据处理能力与分析能力，促进区块链上数据的二次利用，以实现更大的经济效益。

3. 区块链与大数据技术在数据采集和共享方面的应用

打破数据孤岛，形成一个开放共享的生态系统是大数据产业化的关键。在构建开放共享的数据生态体系过程中，我们将把区块链技术作为单纯的技术，来分析区块链与大数据融合带来的变革。

区块链作为分布式数据存储技术，具有很强的兼容性，能够提供一套接入性强的标准应用程序(API)和开发者工具(SDK)，供希望在任何时间、任何地点接入区块链系统的大数据开发者使用。希望在区块链上接入各类大数据采集和共享应用的开发者并不需要构建太复杂的系统，通过简单的程序语言就能接入区块链，并从这些系统中采集到想要的数据以进行数据挖掘与分析。同时在数据共享方面，区块链数据的归属问题已得到确认，参与共享的机构、企业和个人不必担心由于共享所造成的权属问题，并能很好地保证自己的权益。

总而言之，区块链与大数据技术的结合既能利用大数据技术弥补区块链数据处理与分析能力弱的问题，又能利用区块链价值承载的能力为大数据产业的商业化铺平道路。

5.6.2　区块链与物联网的融合

物联网行业应用主要分为工业、消费和民生三个主线，对全球经济的影响力不断增强，发展前景广阔。物联网技术的发展实现了物与物的连接，是互联网技术改变人与人信息交流方式后的又一大进步。计算机技术让全球各地的人们借助互联网设备实现快捷高效的交流，连接的是分散在各地的人。而物联网连接的是冰箱、电视、汽车、制造工具、办公家具等智能设备，实现的是物与物之间的信息交互和控制，虽然不依赖于人，却进一步扩展了人对物理空间的控制能力。借助物联网，工人可以实现对制造设备的远程操作，完成个性化定制；家庭中的家居用品可以随着天气的变化自动调整温度和湿度；人们也可远距离控制家里的电器，营造温馨舒适的生活环境。

虽然物联网发展的时间并不长，但是得益于智能设备、信息技术和传感技术的发展，该领域的发展已呈燎原之势。公开数据显示，包括小型传感器及大型家电等物联网设备已达百亿数量级。在这些设备联网后带来变革的同时，也将给现有的互联网体系带来巨大挑战。

这些挑战体现在以下几个方面：

(1) 海量数据的存储。物联网产生的数据囊括了衣、食、住、行等日常生活的方方面面，同时也涉及政府管理、生产制造、医疗卫生等领域。按照现在的存储方式，海量数据将被集中起来，统一存储，这需要大量的基础设施投入，维护成本也非常大。

(2) 数据的安全性。数据汇总至单一的中心控制系统后，带来的另一个隐患是数据安全问题，一旦中心节点被攻击，所带来的损失是难以估量的。

(3) 多主体协调的问题。由于物联网涉及很多领域，不同运营商、自组织网络都加入其中，这将造成多中心、多主体同时存在，如果处理不好彼此之间的互信问题，将使物联网系统难以协调工作，所谓的智能物联网时代所带来的益处也将大打折扣。

物联网+区块链的融合创新将成为物联网行业新的探索方向。区块链的出现为物联网提供了点对点直接互联的数据传输方式，也给物联网的发展带来了更多的可能。首先，区块链＋物联网能够实现成本的降低。运用区块链技术后，无需再布局中心化服务器，既节约了巨大的设备成本，也避免了后续昂贵的运营维护费用。其次，加强用户的隐私保护。区块链所有传输的数据都经过加密算法处理，可以确保用户的个人信息更加安全。再次，区块链能保证物联网终端设备的真实性和可追溯性。物联网的设备终端会产生大量的数据，这些数据在数字化时代比石油值钱，因此保证物联网产生的数据的真实性显得尤为重要。在移动终端的节点接入区块链后，产生的数据便无法篡改，但可对数据实施有效追溯。最后，区块链可以帮助物联网实现跨主体的协作。区块链可以低成本地建立互信机制，打破个人、组织、机器等不同主体间信息的屏障，促进多方之间信息无障碍地流动。

实际上，区块链在物联网领域的应用探索在 2015 年前后开始，目前国内外已经有一批企业和机构投入到区块链在物联网中的应用，如阿里巴巴、京东、中兴、中国联通、万向、IBM、西门子、沃尔玛、丰田汽车等知名公司和麻省理工学院(MIT)、清华大学等知名研究机构。同时，初创企业也在不断涌现，这些企业和机构正在探索或已经初步实现区块链在物联网多个领域中的应用。

区块链在物联网领域的应用主要集中在物联网平台、设备管理和安全等方面，具体包括智能制造、车联网、农业、供应链管理、能源管理等领域。目前，国内外在智能制造、供应链管理等领域有一些已经成熟的项目，其他领域的项目多处于研发阶段。

比较成熟的应用有：2016 年 10 月 Bluemix 平台下的区块链项目，在物联网云平台的基础上加入区块链服务，根据用户需求实现不同功能；Blocklet 项目把各种电子设备登记在区块链上来建立物联网，同时将区块链应用在智能农场里来确保精准农业数据不被篡改；京东和科尔沁农业于 2017 年 5 月进行了基于区块链技术的全程牛肉的追溯案例。

总而言之，具备分布式特性的物联网与区块链之间具备天然的关联，两者结合所产生的"化学反应"将让人类社会加快智能化步伐，人与人、物与物、人与物之间的交流与互动将更加高效便捷，同时商业活动也将发生全新的变革，实体世界将进一步与数字世界同步。

5.6.3　区块链与人工智能的融合

区块链，本质上是一种去中心化分布式账本数据库。区块链系统中，各节点通过共识机制彼此信任，不再需要中介机构；数据记录以时间线形式同步存储到各个节点，公开透明且难以篡改。人工智能是使智能机器和计算机程序能够以人类智能的方式学习和解决问题的科学和工程，包括自然语言处理和翻译、视觉感知和模式识别、决策等。

区块链重心在于保持记录、认证和执行的准确，而人工智能则助力于决策、评估和理解某些模式和数据集，最终产生自主交互，二者优势互补，具有很大的应用潜力。区块链和人工智能有以下三个主要共同特点和需求：

(1) 数据共享。各个节点进行高效数据共享，是分布式数据库的一个重要特点。人工智能需要大数据，尤其依赖数据共享，可供分析的开放数据越多，机器的预测和评估就越准确，生成的算法也更可靠。

(2) 安全。区块链承载大规模和高价值交易时，对网络安全性有极高需求，这可以通过相关协议和技术手段不断提升。人工智能对机器的自主性控制也有很高的安全需求，因此要尽可能避免意外事件的发生。

(3) 信任。区块链上，信任是各节点间进行交易和记录的前提。人工智能为了使机器间的通信更加方便，同样需要设定不同层次的信任级别。不管是区块链、人工智能还是其他新兴技术，信任都是其发展和进步的必要条件。

数据、算法和算力是人工智能技术的三个核心，在区块链与人工智能技术结合时，也必须与大数据技术联系起来，这三者之间相互兼容、互为条件，是通往未来之路不可或缺的技术力量。

在以区块链技术为基础的网络上，大数据的流通性将显著提升，这将极大激发人工智能技术的潜能。下面从四个方面来看待区块链的作用。

(1) 激励高质量数据的共享。在区块链与大数据技术结合时，区块链的特性将推进大数据的流通性，同时也将构建一套大家认可的数据交易、交换机制，让数据真正成为一种生产元素。区块链技术能够帮助各机构打破“数据孤岛”格局，促进跨机构间数据的流动、共享及定价，形成一个自由开放的数据市场，让人工智能可以根据不同用途、需求获取更加全面的数据，真正变得“智能”，演化出更好的模型。

(2) 促进数据的更新与修正。基于区块链的去中心化平台可以提供更多不同种类的数据给人工智能系统，其透明性特征则方便更多专业人士对现有的数据和模型进行指正及修改。

(3) 保持人工智能系统的稳定。在人工智能系统中，稳定的算法模型和数据源是其稳定运行的基础。基于区块链的人工智能网络可以设定一致、有效的设备注册、授权及完整的生命周期管理机制，有利于提高人工智能设备的用户体验及安全性。区块链可以保障数据的一致性，加之不可随意篡改的特性让数据源相对稳定，也能方便人们对人工智能设备记录进行查询和监督，提升人们对人工智能的信任和接纳度。

(4) 促进新的经济模式的形成。若各种人工智能设备通过区块链实现互联、互通，则有可能带来一种新型的经济模式，即人类组织与人工智能、人工智能与人工智能之间进行信息交互甚至业务往来；而统一的区块链基础协议则可让不同的人工智能设备在互动过程中不断积累学习经验，从而进一步促进人工智能的发展。

在应用层面，人工智能与区块链技术结合的优势已初现。在版权认证方面，企业利用区块链技术确认版权的归属，以人工智能技术跟踪与标记侵权使用者；在医疗领域(谷歌的深脑(DeepMind)人工智能技术是最好的应用案例)，在个人健康信息及病例管理的基础上，人工智能可构建强大的医疗诊断模型；在智慧城市建设方面，人工智能技术可以根据城市交通、能源、居民日常行为等数据预测未来，科学分配公共生产生活资料。

通过现实的应用我们可以清楚地看到，区块链系统与人工智能应用的融合，不仅会继续在整体上提高系统效率，而且也将改变区块链单点效率低下的问题。由单点效率提升向协同式多点效率提升方向改进，是互联网技术进一步发展的必要条件。

参 考 文 献

[1]　安俊秀，靳宇倡．大数据导论[M]．北京：人民邮电出版社，2020．

[2]　(英)维克托·迈尔-舍恩伯格．大数据时代[M]．杭州：浙江人民出版社，2013．

[3]　(美)艾伯特-拉斯洛·巴拉巴西．爆发：大数据时代预见未来的新思维[M]．北京：北京联合出版公司，2017．

[4]　夏道勋．大数据素质读本[M]．北京：人民邮电出版社，2019．

[5]　林子雨．大数据导论[M]．北京：人民邮电出版社，2020．

[6]　李德毅，于剑．人工智能导论[M]．北京：中国科学技术出版社，2018．

[7]　王万良．人工智能及其应用[M]．5版．北京：高等教育出版社，2020．

[8]　史荧中，钱晓忠．人工智能应用基础[M]．北京：电子工业出版社，2020．

[9]　林子雨．大数据导论：数据思维、数据能力和数据伦理[M]．北京：高等教育出版社，2020．

[10]　王辉．智慧产业[M]．北京：中信出版社，2018．

[11]　聂明．人工智能技术应用导论[M]．北京：电子工业出版社，2019．

[12]　周志华．机器学习[M]．北京：清华大学出版社，2016．

[13]　李嘉璇．TensorFlow技术解析与实战[M]．北京：人民邮电出版社，2017．

[14]　张砚．云计算环境下的数据安全问题与防护策略分析[J]．电子世界，2021(06)：9-10．

[15]　冯子煦．云计算技术应用实践[J]．中国新通信，2021，23(06)：112-113．

[16]　黄亮．新时代云计算技术优势及应用分析[J]．电子元器件与信息技术，2020，4(11)：18-19．

[17]　权洁，王丽．基于云计算技术的数据挖掘平台建设策略[J]．计算机产品与流通，2020(11)：11．

[18]　张浩，庞艳艳，韩梅梅．云计算技术发展分析及其应用探讨[J]．农村经济与科技，2020，31(16)：291-292．

[19]　安娜 PARKER．从"特洛伊咖啡壶"开始：详解物联网的前世今生[EB/OL]．OFweek物联网．https://iot.ofweek.com/2016-11/ART-132209-5800-3066427.html．

[20]　中国5G用户超过1.1亿 计划2020年底5G基站将超60万个[EB\OL]．中国新闻网．https://www.chinanews.com/cj/2020/09-15/929/800.shtml．

[21]　赵国锋，陈婧，韩远兵．etal.5G移动通信网络关键技术综述[J]．重庆邮电大学学报(自然科学版)，2015，27(4)．

[22]　廖申雪．基于物联网的智能家居系统设计与实现[J]．计算机时代，2016(6)：29-31．

[23]　顾鸿铭．从"Amazon Go"看人工智能时代无人超市实现方案[J]．数字通

信世界，2017(3)：151-152，154.

[24] 无人超市兴起背后的物联网崛起[EB\OL]. 中国数字科技馆. https://www.cdstm.cn/gallery/zhuanti/ptzt/201707/t20170724_536055.html.

[25] 游世梅. 智慧医疗的现状与发展趋势[J]. 医疗装备，2014(10)：19-21.

[26] 彭秀萍，黎忠文. 共享单车背后的物联网技术解析[J]. 信息与电脑(理论版)，2017(18)：151-153.

[27] 郎为民. 大话物联网[M]. 北京：人民邮电出版社. 2020.

[28] 张飞舟. 物联网应用与解决方案[M]. 北京：电子工业出版社，2019.

[29] 预见 2021：《2020 年中国区块链产业全景图谱》. 前瞻产业研究院.

[30] 卓先德，赵菲，曾德明. 非对称加密技术研究[J]. 四川理工学院学报(自然科学版)，2010(05)：562-564.

[31] 林小驰，胡叶倩雯. 关于区块链技术的研究综述[J]. 金融市场研究，2016，000(002)：97-109.

[32] 马昂，潘晓，吴雷，等. 区块链技术基础及应用研究综述[J]. 信息安全研究，2017，3(11)：10-22.

[33] 丹尼尔·得雷. 区块链基础知识 25 讲[M]. 马丹，王扶桑，张初阳，译. 北京：人民邮电出版社，2018.

[34] 袁勇，王飞跃. 区块链技术发展现状与展望[J]. 自动化学报，2016，42(4)：481-494.

[35] 李政道，任晓聪. 区块链对互联网金融的影响探析及未来展望[J]. 技术经济与管理研究，2016(10)：75-78.